U0155804

意大利古建筑散记

陈志华 著

王瑞智 编

· 长沙 ·

图书在版编目（CIP）数据

意大利古建筑散记 / 陈志华著；王瑞智编．-- 长沙：湖南美术出版社，2023.12
ISBN 978-7-5746-0235-9

Ⅰ．①意… Ⅱ．①陈… ②王… Ⅲ．①古建筑－建筑艺术－意大利 Ⅳ．①TU-095.46

中国国家版本馆 CIP 数据核字 (2023) 第 192570 号

YIDALI GU JIANZHU SANJI
意大利古建筑散记

出 版 人：黄　啸
著　　者：陈志华
编　　者：王瑞智
选题策划：后浪出版公司
出版统筹：吴兴元
编辑统筹：尚　飞
责任编辑：王管坤
特约编辑：张露柠　刘　君
营销推广：ONEBOOK
封面设计：李　易
装帧制造：墨白空间・李　易
内文制作：龚毅骏
出版发行：湖南美术出版社（长沙市东二环一段 622 号）
　　　　　后浪出版公司
印　　刷：北京盛通印刷股份有限公司
开　　本：720 毫米 ×1000 毫米　1/16
字　　数：296 千字
印　　张：26
版　　次：2023 年 12 月第 1 版
定　　价：158.00 元
印　　次：2023 年 12 月第 1 次印刷

读者服务：reader@hinabook.com 188-1142-1266
投稿服务：onebook@hinabook.com 133-6631-2326
直销服务：buy@hinabook.com 133-6657-3072
网上订购：https://hinabook.tmall.com/（天猫官方直营店）

后浪出版咨询(北京)有限责任公司
投诉信箱：editor@hinabook.com　fawu@hinabook.com
本书若有印装质量问题，请与本公司联系调换，电话 010-64072833

初版题记

从一九八一年冬到一九八二年夏，我在罗马城住了多半年。我是到国际文物保护研究所去“参与”文物建筑保护研究班的。这期间不断出游，访问了意大利的许多历史文化名城。

在我到过的国家里，文物建筑，当然数意大利为第一，数量多，质量高。从古希腊以来欧洲建筑发展的所有阶段，都在意大利留下了一批代表性建筑物。意大利又是保护文物建筑最领先的国家。不但决心大，不惜代价，而且形成了成熟的科学和理论，对世界的贡献很大。意大利丰富的文物建筑是重要的财源，旅游业的收入快要赶上工业的收入了，然而在那里看不到“开发”祖宗遗产，靠几千年文化积累诈人腰包的贪婪和愚昧。相反，他们是以文明的态度创造性地保护和阐释文物建筑多方面的价值，从而吸引了世界各地的“朝圣者”。他们发的不是单纯的“祖荫”财，我看到了他们的远见卓识、他们的勤劳智慧，也看到了他们在许多方面做出的牺牲。文物保护，在那里不是社会精英孤独的呼吁，不是政府部门专断的措施，更不是投资者为谋取高额利润而挂起来的“文化”幌子。文物保护，在意大利是一种民族自觉，一种人民素质，已经融入风尚习俗中去了。他们根本不能想象，怎么可以为了修马路、造新房，为了赚钱，为了吸引外资，去拆掉文物建筑或者旧市中心，那里有他们的历史记忆，有他们的感情寄托，有他们的人格尊严。

半年多的时间，我沉浸在意大利无比丰厚的文化积累里。当我摩挲着巴拉丁山上七零八落模糊难辨的废墟时，当我徜徉在阿庇亚大道残破不堪的遗迹上时，我心中充满了对意大利人的感谢之忱。罗马、那不勒斯、威尼斯、西耶纳等一大批历史文化名城里，古老市区的拥挤、破烂、败落和种种不卫生、不方便，使我非常吃惊。我不知道那里的居民怎样忍受那种环境里的生活，更不知道有什么办法能改善那里的环境。但是意大利人拿定主意要保存这些旧市区，留给世界，留给后代。在能力暂时不足以使居民们都过上现代化生活的时候，他们愿意等待。

意大利人并非没有才华，他们自诩是世界上最善于做形式设计的民族。意大利人并非不热爱生活，他们钟情于各种精神的和感官的享受。但他们为了文化事业，义无反顾地承担了艰巨的历史重任，甘愿牺牲一些眼前利益。我被深深地感动了，因而改变了我过去的一些想法。

回来之后，很想把所见所闻介绍给我们这个也有不少文化积累的国家。但是没有什么机会。积习难改，就写了几万字的“散记”。写的时候，根本没有想发表，因为它既不是学术性的著作，又不是文学性的游记，而我们刊物的专业“分工”十分明确，没有“蝙蝠”的寄身之处。所以，写起来漫不经心，连必要的案头工作都没有做。简简单单，文字也未加修饰。当然，写完之后就扔在抽屉里了。

十几年过去了，日前为了撤掉一张书桌，偶然把它翻了出来。“出土”之后，重新草草看了一遍，想起我们当前文物建筑和历史文化名城的遭遇，心里不免沉痛。一些无知而又蛮横的“建设”拍板者，一些利欲熏心的城市“开发”者，一些眼见文化凌替而漠然无动于衷的修身养性者，以及一些为了洋钱可以无所顾忌地出卖一切者，他们正天天破坏着我们珍贵的文化遗产。我想，我写的“散记”，虽然水平不高，但还值得给关心文化事业的人看看。

于是，我冒昧地把它交给了中国建筑工业出版社。初意不过是想在《建筑师》杂志上摘要刊载一部分，不料，“建筑文库”主编杨永生先生和出版社领导却愿意出一本小册子。这很使我感动，毕竟我们还有些有志于文化事业的人。

由于写作时心绪不佳，下功夫不够，这些散记的体例不一致、着眼点不一致、详略不一致，甚至文笔也不一致。总之，失之于散，失之于浅，视野不开阔。但是，振作起精神来，重写一遍，当然是不可能了，于是，就只好这样出版。但愿以后有人再认真写一写。

有几个重要的城市，我去了，却不知为什么当时没有写，如彼鲁迦（Perugia）、蒂伏里（Tivoli）、巴勒斯特里纳（Balestrino）等，它们都很重要。尤其不该不写的是波仑亚，那个城市的历史中心面积很大，保护得最好，因为那个城市的议会和官员们几十年来坚定而巧妙地与房地产投资商进行了有效的斗争。不遏制房地产投资者，要保护城市里的文物建筑和历史文化中心就很难，如果官员们再为虎作伥，那么，一切都完了，什么“夺回古城风貌”都不过是不切实际的滑稽口号。我当时没有写波仑亚，很可能是因为觉得它的经验值得专门着重写一写。好在我手头还有些旧的和新的材料，待有了情绪再好好介绍一番罢。

中国人在中国办中国的事情，中国特色当然是避免不了的。但又有哪一个国家没有自己的特色呢？意大利就是一个很有特色的国家，法国、英国、德国、南斯拉夫、俄罗斯，都有。所以，“特色”不能成为拒绝汲取外国经验的借口，重要的是用开放的心态去认真研究世界上一切先进的、有用的经验，科学没有国界。同时还要小心，免得在弘扬传统文化时把封建糟粕掺和进来。比如，前些年，有人论证“中国式的”文物建筑保护，就主张继承“善男信女”重建庙宇的“传统”。

在我们这个国家，做理论工作的不能不时时警惕封建糟粕的危害。

陈志华

一九九五年五月于清华园

修订版题记

这本书曾经在一九九六年出版过，作为杨永生先生主编的“建筑文库”中的一册。那是很不起眼的一本小册子，没有什么卖相，但看的人倒不算少，有些朋友到意大利之前先买它一本，带着，据说有点儿帮助。

二〇〇三年年初，“花生文库”的王瑞智先生相中了它，决心把它再出一版。这几年，他和我一样，眼看着我们国家大量无比珍贵的历史文化遗产被利欲熏心的开发商在极短的时间里毁灭，心痛得要命。情急加上无奈，只好再一次求助于我们其实早已不再相信的老话“知识就是力量”，希望这本小书能够把当今世界上先进的关于文物建筑保护的理念传达给更多的人，期望人们能接受一种非功利的文化精神，从而起来保护我们的历史文物。

我们决定把这一版做得比初版更有说服力，于是有两方面的改进，第一是增加我的一篇文章，原来收在我编译的《保护文物建筑和历史地段的国际文献》（台湾博远出版有限公司，一九九二年）里的，叫作《欧洲文物建筑保护的几个流派》，用意在说明，保护文物建筑绝不是一般的修缮旧房子，它有深刻的、系统的理论和相应的原则，这些理论和原则是许多国家的学者和专业人士在长期的探索中形成的，直到上个世纪后半叶才逐渐完善成熟。而把保护文物建筑等同于修缮一般的房子，则是我们的许多文物建筑遭到破坏的重要的原因之一。第二是增加大量的图片，给读者一些感性的认识，由王瑞智负责去做。他还把工作扩大到绘制地图、编译名对照和编制建筑物年表上。这项工作难度很大，尤其是收集图片。他不想只有一些大家早就看熟了的“标准像”，千方百计去寻找古画、老照片、航拍片等，历史地、多角度地去展示意大利那些历史遗产的价值，从而打动我国读者的心。虽然这样做会提高书的价格，损失一点儿普及性，冒一点儿经济风险，但是同时也提高了书的品位，从而让读者领悟保护文物建筑这件事的严肃和庄重，产生使命感。

这本书的工作大部分是在“非典”时期做的。王瑞智骑着一辆破自行车到处跑，从意大利大使馆的文化处到五道口和北京大学校园里卖旧书的地摊，都一次又一次地去找。找到了一些，便如获至宝，拿来给我看。那时候，我居住的小区采取了严密的保护措施，外人不能进来，我就到小区门外去会他，两个人坐在马路牙子上，一张一张欣赏那些图片，决定取舍。好在那两个多月，正是北京天气最舒适的时候，太阳不毒，风也不大。可惜汽车多，来来往往扬我们一身的土。王瑞智后来说，那段时间，除了往我住的小区跑，就是待在蔚秀园的小院子里编书、给外地躲“非典”的亲友打打电话，过得倒也很快乐。

等到图片编定，“非典”也过去了。制止“非典”，靠的是科学，是政府的组织工作，专业人员的奉献精神和大家的齐心协力。我们想，保护好历史文化遗产，同样要依靠这几种力量，我们弄出这本书来，就是为了希望对这件工作做点儿平民百姓的贡献。

在本书的编辑过程中，得到了意大利驻华使馆文化参赞萨巴蒂尼先生、驻华使馆文化处梅礼小姐、中国国际广播电台的加博列拉·唐云小姐的帮助，在此表示感谢；同时还要感谢安徽教育出版社的曹露明先生、包云鸠先生。

陈志华

二〇〇三年七月

目 录

第一篇

罗马

罗马是意大利的中心。

罗马城初建于公元前八世纪。两千八百多年历史中，各个时代都留下了它的建筑古迹。可以说，整个罗马城就是由文物建筑累积而成的。这些古迹风雨斑驳，有些已经是废墟。它们给现代化的城市建设带来很多困难，但意大利人没有把它们当作“包袱”，一拆了之，好在“一张白纸”上画“最新最美的图画”。为了发展人类的文化，为了丰富未来人们的精神世界，提高他们的生活品位，意大利人甘愿担负起保护这些历史文化遗产的责任，不惜付出沉重的代价。在保护这些遗产的工作中，他们一丝不苟，为文物建筑保护的理论建设和实际操作方法的探索做出了巨大的贡献。因此，罗马城就成了全世界文物建筑保护最好的课堂。

终于，意大利人从旅游业的发达得到回报。但他们真诚地说，我们是为了文化而珍重历史遗产的，不是为了卖钱才珍重它们。看了他们所做的一切，我们不得不相信他们的话。这是我们从罗马学到的最重要的一课。

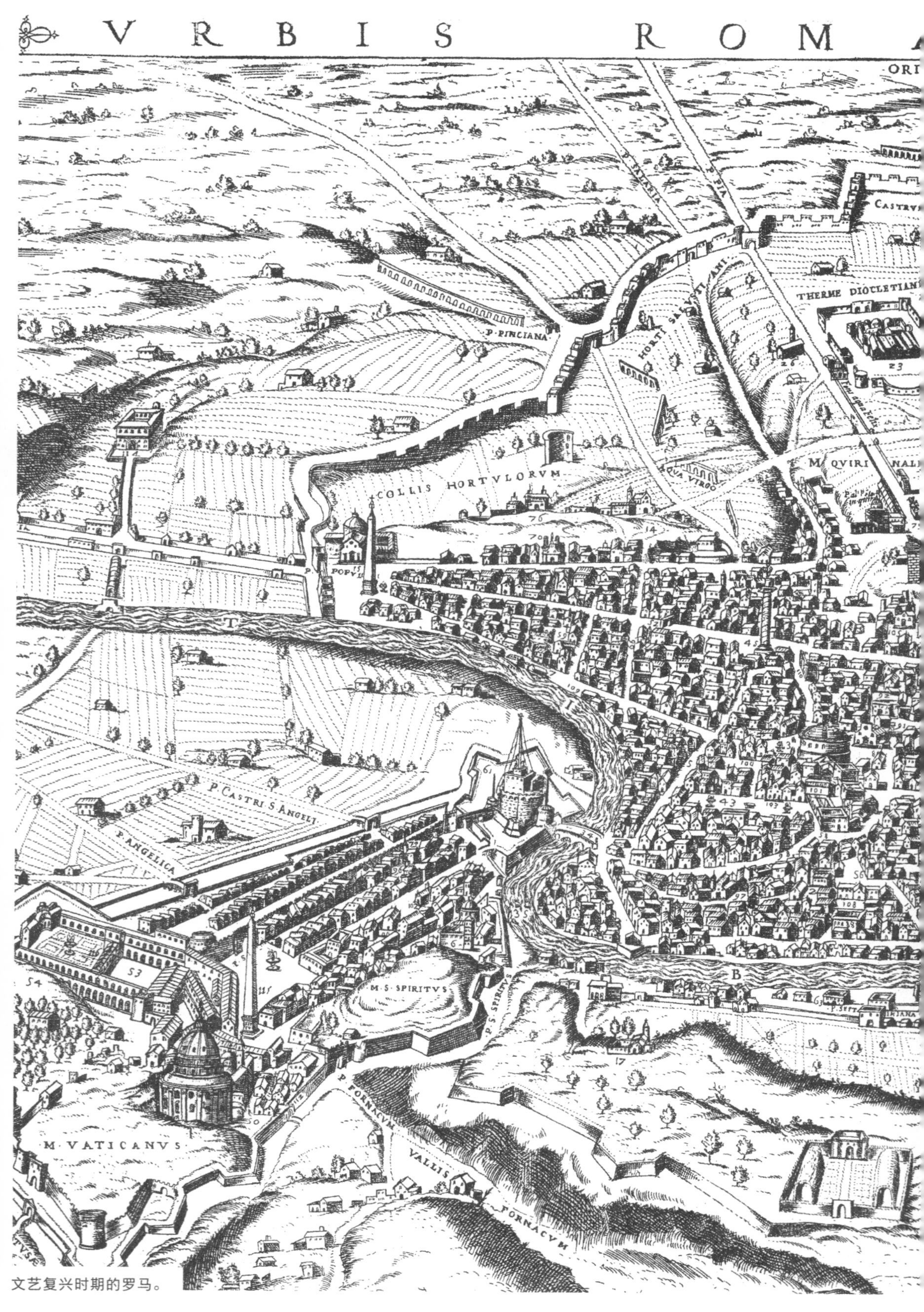
VRBIS ROMA
P·SALARIA
P·PIA
THERME DIOCLETIANI
P·PINCIANA
HORTI SALVSTIANI
COLLIS HORTVLORVM
AQVA VIRGO
P·CASTRI·S·ANGELI
P·ANGELICA
M·S·SPIRITVS
P·S·SPIRITVS
M·VATICANVS
P·FORNACVM
VALLIS
FORNACVM

文艺复兴时期的罗马。

D E S C R I P T I O

S. LAVRENTII
VIA TIBVRTINA
P. S. LAVRENTII
P. MAIOR
VIA PRENESTINA
VIA LABICANA
AQVA MARTIA
EXQVILIAE
AQVE DVCTVS
M A R A N A
P. S. IOA
COELIOZVS
CLAVDIAE
P. LATINA
S. SIXTI
ANTE P. LATINAM
P. S. SEBASTI
M. COELIVS
THERME ANTONIANAE
M. PALATINVS
SEPTIZONIVM
CIRCVS MAXIMVS
AQVA CRABRA
CAPITOLINVS
M. AVENTINVS
P. S. PAVLI
SEPVLCRVM C. CESTII
M. IANICVLVS
Campus Iudeorum
M. TESTACEVS
P. PORTVENSIS
S. PAN CRATII

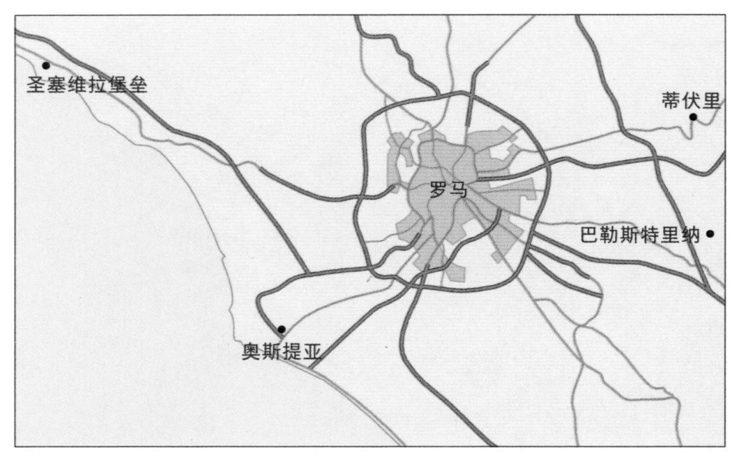

罗马周边地图。

罗马现代城区地图。

一

意大利遍地是文物建筑，或者不如说，整个意大利就是一件大文物。

历史的原因加上地理的原因，好多支重要的文化到意大利来演出过。最早有伊达拉里亚人（Etruscan）和希腊人，古罗马人把这两支文化发展到了辉煌的高峰。中世纪，北部有拜占庭文化和哥特文化的舞台，南部则有阿拉伯文化的舞台，但舞台演出的都是意大利本土的戏剧。文艺复兴时期和巴洛克时期，意大利的文化又一次登上辉煌的高峰，而且与法兰西文化产生了频繁的交流。这些文化在意大利半岛留下的，都是它们自己的第一流作品。

几乎每一座意大利城市，都有古色古香的历史中心，那简直是文物建筑的堆积：中世纪的钟塔挨着文艺复兴的府邸，巴洛克的教堂对着古罗马的剧场。你上街买菜，市场就在大公爷府东边，但丁（Dante Alighieri，一二六五至一三二一年）像的前面；你上街寄信，邮局就在帕拉提奥（Andrea Palladio，一五〇八至一五八〇年）设计的府邸里；下雨了，推开一座小小教堂的门，进去避一下，一看，墙上是乔托（Giotto di Bondone，一二六六至一三三七年）的壁画，祭坛上有唐纳泰罗（Donatello，一三八六至一四六六年）的浮雕。

村庄也是这样。文艺复兴时代教堂的穹顶和钟塔是它们的标志。曲曲折折的小巷不断地穿过券洞，两侧总有些中世纪的石头房子，墙缝里长着小树。阳台上细巧的栏杆，虽然已经破旧，却能告诉你它是什么式样，属于哪个年代。村后的山坡上，有巴洛克的花园别墅，村前的山脚下，有伊达拉里亚人的墓葬。一条古罗马的大路从旁边经过，大石板上刻着深深的车辙。

海边，渔村造在古罗马的船埠码头上；山顶，橄榄林围着的是法国人的堡垒和拜占庭的修道院。

要是说，站在意大利的任何一个地方，一眼望去，都可以见到文物建筑，这话可不算夸大。

因此，意大利是一所最丰富的文化博物馆。它地方不大，但是在任何一本欧洲文化史里，它都要占一多半篇幅。

这所博物馆的中央大厅是罗马城。

罗马城从公元前八世纪中叶诞生，到现在有两千八百年的历史了。它是古代最强大的罗马帝国的首都，从公元前一世纪到公元四世纪初，罗马帝国极盛的五百年间，罗马城的人口一度超过一百万。空前富庶和繁荣化成了无数大理石的建筑物，包括能容二十五万人的跑马场、八万人的角斗场、三至五万人的剧场等。光是能供一千人以上同时使用的浴场就有十一个，中小型的有八百多个。那时候罗马城号称“永恒的城市”。罗马帝国灭亡之后，从六世纪起，它一直是天主教的首都，天主教传布到哪里，那

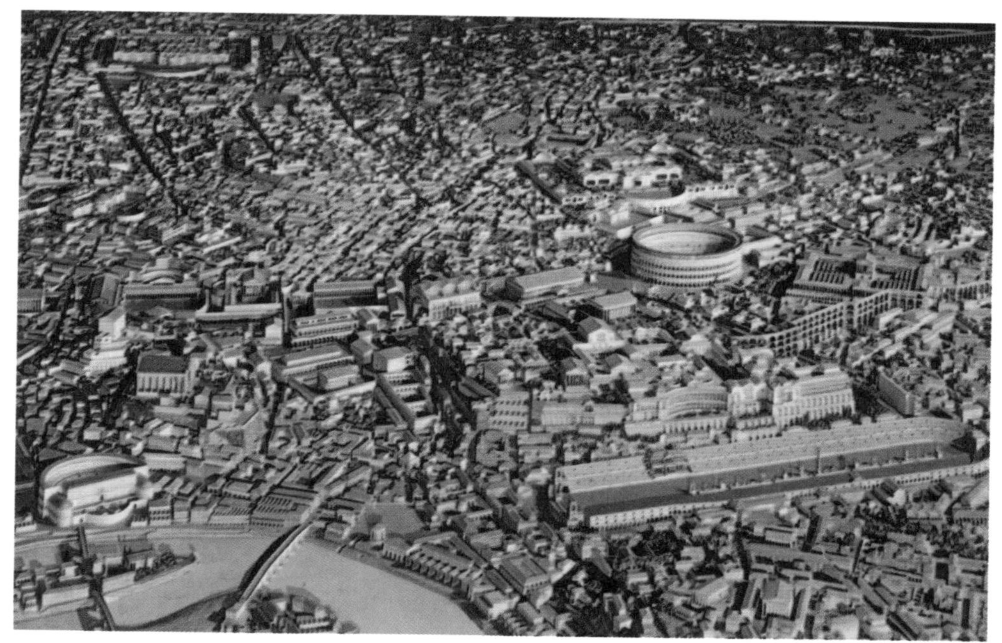

罗马城历史博物馆里的古罗马城模型。对着它，你可以努力想象那世界帝国首都当年的壮观伟丽。

罗马帝国鼎盛时期的罗马城区地图。

里的财富就源源运到罗马城来。十六和十七世纪，盛期的文艺复兴和巴洛克艺术受到教皇的庇护，在这里达到灿烂的高峰。一八七〇年，新统一的意大利国家在罗马建都，教皇仍然保留了它西部的梵蒂冈。所以，罗马城实际上是个双重首都。

有这样光辉的历史和文化背景，罗马城文物之丰富，远远不是世界上任何别的城市所能比的。在它大约一千公顷的历史中心区里，问题常常不是要鉴定哪一座建筑物是文物应该保护，相反，倒是常常要舍得确定哪一座建筑物可以不算作文物。从巴拉丁山上新石器时代小屋的遗址，到伊达拉里亚王朝城墙的残迹，古罗马帝国的宏大壮丽的公共建筑物和庙宇，中世纪质朴的教堂和钟塔，文艺复兴庄重的府邸，巴洛克精巧的喷泉，洛可可诡谲的广场，十九世纪古典主义的纪念碑和后来的政府各部门办公大厦，甚至二十世纪三十年代法西斯统治下的新古典主义公共建筑物，都代表着欧洲建筑发展的各个重要历史阶段，都是那个时期历史的实物见证。就是十九世纪末年以来大量的居住建筑，摹仿文艺复兴府邸的式样，也都比例稳妥，色彩鲜明，很有价值。

我住在罗马泰伯（Tiber）河右岸的新市区，那里在古代是城外，凯撒大帝的田庄。我住的胡同不长，南口有一对教堂把着，东边的是巴洛克的，西边的是早期基督教的。它们的斜对过是大诗人但丁的旧居，我每天就在它门前上下电车。从但丁故居往南走，不远就是古罗马的城岛，还有半截古代的石拱桥横在河中央。桥那边是古代罗马国家的发源地，巴拉丁山，山头上有一圈郁郁葱葱的树木，包围着从奥古斯都大帝（Augustus，公元前二七至公元一四年在位）以后许多皇宫的断壁残垣，不用太仔细看便能领略到它们当年的辉煌。

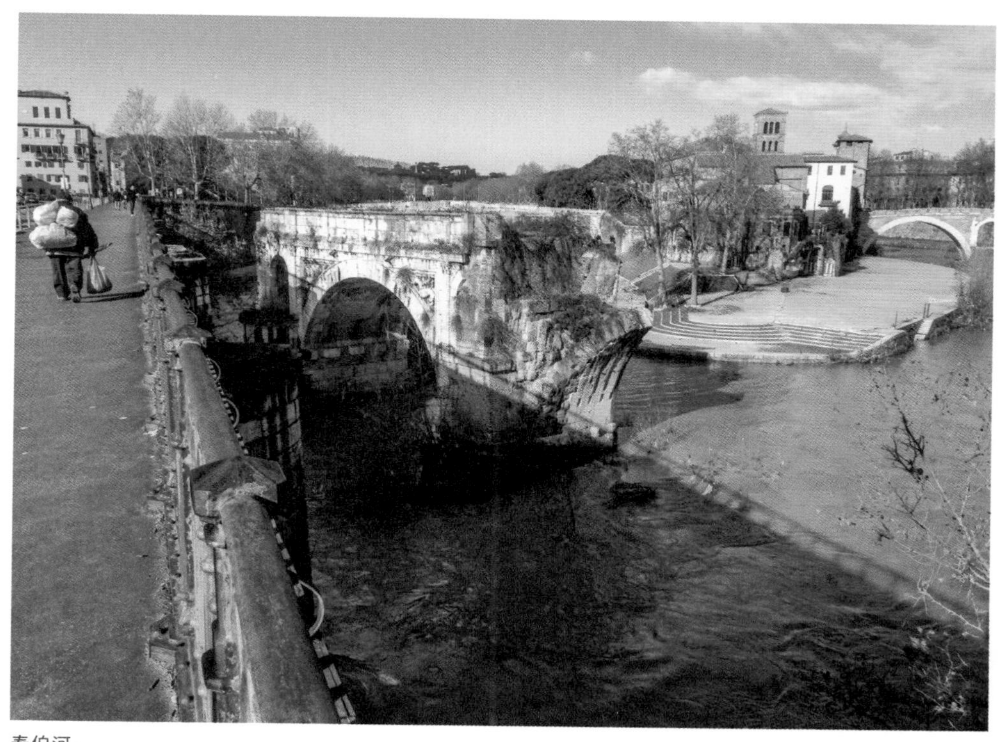
泰伯河。

从我的住处往北拐，是一座圣玛利亚教堂（Santa Maria in Trastevere，三三七至三五二年，十七世纪重修），它可能是罗马最早被正式承认的基督教堂。循教堂背后的石级登甲尼可洛山（Gianicolo / Janiculum Hill），半山腰上一座教堂的修道院里，是盛期文艺复兴建筑的第一个代表作——勃拉孟特（Donato Bramante，一四四四至一五一四年）设计的坦比哀多（Tempietto，一五〇二至一五一〇年）。再往上走是巴洛克的保罗喷泉（Fontana dell' Acqua Paola，十七世纪）。山顶上可以眺望整个罗马城，只见浓绿的树林和赭红色的房舍中间，一座座饱满的穹顶勾画出跳动的轮廓线。碧蓝的天空下，隐隐可以见到远处的雪山闪着白光。文艺复兴时期的诗人塔索（Torquato Tasso，一五四四至一五九五年），死前就来到这里向人世诀别。现在这里是加里波第广场（Piazza Garibaldi）。解放意大利的英雄、革命家加里波第（Giuseppe Garibaldi，一八〇七至一八八二年）和他的文武双全的巴西籍夫人安尼妲（Anita Garibaldi）各有一座骑马铜像。加里波第像的座上刻着他的名言“不得罗马，决不生还”；夫人像的座上刻的是:“我来了，而且我站在这里。”翻下山坡，有一座文艺复兴的花园，兰特别墅（Villa Lante）。我每礼拜天到梵蒂冈圣彼得大教堂（Basilica di San Pietro）去，都喜欢翻越这座小山。那是一份丰盛的文化享受。

不但地面上有数不清的文物建筑，地面下还埋着几层。有一些是本来就造在地下的，比如大量的陵墓和个别的教堂。圣彼得大教堂下面就有一个公元一世纪的墓葬群，一座墓是一所三合院住宅，比真的只略小一点，它们组成几条街道，可以说是古代居住区的模型。另一些在古代就被新房子压在底下，例如尼禄（Nero，五四至六八年在位）一把火烧掉了旧罗马城之后，把他的皇宫造在旧皇宫之上，图拉真（Trajan，九八至一一七年在位）又把他的浴场造在尼禄皇宫上，甚至用拱顶盖住它的院落，以致奥比欧山坡（Oppio Hill）上尼禄皇宫一组金碧辉煌的大殿，现在成了地下宫。中世纪的教堂也很喜欢造在古罗马晚期教堂的废墟上面。有些中世纪的教堂把古罗马建筑当作它的地下墓室或者举行宗教秘仪的大厅，规模很大，还保存着古代的壁画和雕刻。更多的是因为罗马城现在的地面已经比古代平均高了五米，在这五米里埋藏着两千年的文化沉积。罗马城现有的地下铁道有很大一部分穿过这个文化层，破坏了不少遗迹。例如，开挖火车总站底下的地铁站时，就发现了古代城墙、住宅和公共浴室。在罗马一些冷僻的绿地里，可以见到铁栏杆围着大堆的大理石柱子、檐部、雕像和花盆之类的装饰品的残块，其中许多是造地铁时挖出来的。为了避免破坏地下的古代遗址，政府已经决定，以后的地下铁道要加深两倍。

坦比哀多，盛期文艺复兴建筑的第一个代表作，勃拉孟特设计。

一个星期天，我跟美国女教师珍妮漫步山冈间，在一个山坡上看见一大堆破损的古代大理石像，那些断肢残骸那么健壮，那么美丽，仿佛温暖的血还在里面流动。珍妮激动起来，大声地喊："意大利人太富有了，太富有了！"不久之后，我跟德国小伙子马丁在郊外古罗马的阿庇亚大道上散步，两边本来密密地排列着各式各样的陵墓，现在还有一些很完整的大理石像站在老松树下。马丁也激动起来，也同样大声地喊："这些应该进博物馆的，意大利人太富有了，太富有了！"

又有一天，坐在波波洛广场（Piazza del Popolo）边树荫下的咖啡座上，我对罗马大学的建筑史教授玛丽娜说："到意大利来之前，我看过不少书，对罗马的壮丽多少也有些了解，但是，一到罗马，仍然大吃一惊，

十二世纪造的圣克莱门特（S. Clemente）教堂下压着一座四世纪的教堂，它的圣坛之下又压着三世纪的一组公共建筑物（密特拉地下洞窟，Mithraeum），包括街道和仓库等，而这一组建筑下又有古罗马共和时代的建筑遗址。这幅照片是那一组公共建筑的局部。

陈列于卡比多里广场雕刻博物馆前院里的君士坦丁大帝雕像残片，我们平日看到的大多是雕像的头部，所以并不知道雕像有多大。当图中一对幸福的新人站在君士坦丁的手边时，我们才不禁惊叹当年雕像的高大。

感到意外，尤其是古罗马建筑，那角斗场（Colosseum，七五至八〇年），那浴场，那万神庙（Pantheon，一二〇至一二四年）、宫殿和广场等，都大大超出我的想象。”我问：“为什么两千年前的古罗马有那么大的建设智慧和能力？”

她咯咯地笑了起来，说：“许多外国朋友都对我说过同样的话，问过同样的问题。初来罗马的人，不这样说，不这样问，大约是没有的罢。不过，老实说，我这个搞了一辈子建筑史的意大利人，也还要这么说，这么问。古罗马建设的宏大规模，到现在还没有完全弄清楚。每一块地方往下挖，都能发现古遗址，而且都又大又精又华丽。谁知道还有多少？不能想象，太不能想象了！”

地上地下，城里城外，那么多的建筑文物，我经常在外面疯跑，半年多了，仍然是看不过来。快要回来了，我最后一次登上一百二三十米高的圣彼得大教堂的穹顶，坐在小亭子里俯瞰着罗马城，回忆那一处处的文物古迹，满心的怅惘。要离开它们，那是很不容易的。我默默思考着：意大利人，自古以来富有创新精神，古希腊文化那么灿烂辉煌，古罗马人继承了它，但他们又以极大的勇气突破了它，超越了它。文艺复兴、巴洛克、古典主义，意大利人都开风气之先，领导了欧洲潮流。即使中世纪，意大利的罗曼建筑和哥特建筑，在欧洲也是独树一帜，而且达到很高的水平。意大利北部的拜占庭建筑和南部的伊斯兰式建筑，也都个性极其鲜明。到了现代，是意大利人首先发出了《未来主义宣言》，那些大胆的奇想，曾经大大地活跃了二十世纪上半叶欧洲的创造精神。在现代建筑运动中，意大利人始终是最活跃的一分子。没有突破和创新，文化是可怜贫乏的。但是，如果一代一代都不珍重前人成果的积累，那末，文化也是贫乏的。一

登上一百二三十米高的圣彼得大教堂的穹顶，坐在小亭子里俯瞰着罗马城，回忆那一处处的文物古迹。

方面创造自己一代的新文化，同时又爱惜历代的文化遗产，世界的文化才会越来越丰富、厚重，有越多色彩。意大利之所以成了世界的博物馆，就是因为它既创造，又积累，这才对人类做出了巨大的贡献。

我的一些意大利朋友，都满怀着对罗马城的热爱和自豪。罗马大学东方文化中心的鲁奇迪教授常常邀请我一起吃饭。每次见面，她都要问我，这几天到哪里去了，看了些什么。我说完之后，她总要再三追问："你觉得美吗？"我说美，她就长吁一口气，闭上眼睛，向后倒在椅背上，说："呀！美丽的罗马，美丽的罗马！"我离开罗马的前几天，她特地在古罗马的拉丁大道（Via Latina）边上，老松树林深处一家中世纪农舍模样的饭馆里，请我吃了一顿十分精致的晚餐。吃完之后，鲁奇迪又盯住我问：

特列维喷泉。罗马人有一个美丽的传说，一个即将离开罗马的人，只要背对这喷泉，向后抛一枚硬币到水池里，他就会有机会再来罗马。费里尼的影片《甜蜜的生活》里的阿妮塔·埃克贝格缓缓走进特列维喷泉的那一幕，永远定格在人们的脑海里。

“你觉得罗马美吗？你愿意再来吗？”我又一次回答，而且带着深沉的感情：“罗马很美，我希望再来！”她高兴得紧紧搂住我，狠狠亲了几口，说：“你真是个好人，我喜欢你！”泪水沾到了我的脸上，这是意大利人为他们祖国文化的光辉灿烂而自豪的泪水。

这样的城市，这样的人，真叫人留恋。走下圣彼得大教堂，我来到了特列维喷泉（Fontana di Trevi，一七六二年完成）。罗马人有一个美丽的传说，一个即将离开罗马的人，只要背对这喷泉，向后抛一枚硬币到水池里，他就会有机会再来罗马。我掏出了口袋里全部硬币，抛了进去，屏住呼吸听着硬币落水的叮咚声，我也流泪了，我多么希望能再来呀！

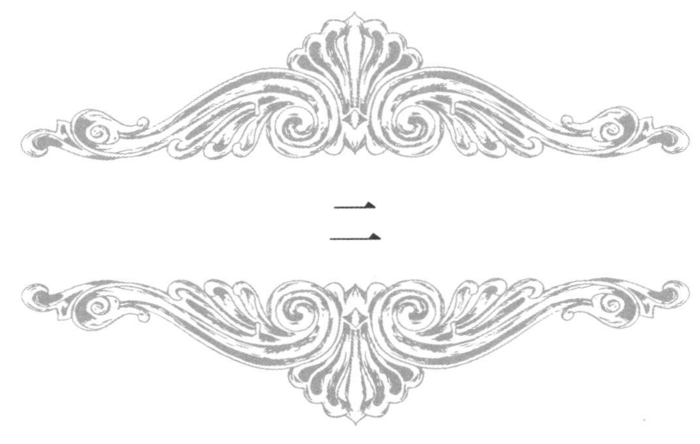

二

意大利无比丰富的文化遗产，从世界各地吸引来大批的观光客，四季不断。

我很喜欢看这些观光客。年长的人们，在古罗马集会场的废墟里慢慢徘徊，仔细辨认残碣上快要湮灭的铭文，并且互相致意，用各种语言试探对方的国籍，如果语言相通，就聊上一阵。年轻人大多背着旅行袋，成群结队地跑来跑去，脸上晒得通红，一层层地脱皮。一个人捧着导游书大声朗诵，其他的默默跟着，一边听，一边东张西望。他们在花市广场（Piazza Campo de' Fiori）上，念着布鲁诺（Giordano Bruno，一五四八至一六〇〇年）纪念像石座上的铭文——“火刑柱就在这里”，神情庄重肃穆。最有趣的是小学生，胸前挂着一片硬纸牌，写上国籍、姓名、住址和学校名称，在壮丽的古罗马庙宇的柱廊下，听老师说：“我给你们讲过，奥古斯都大帝夸耀：‘我得到的是砖造的罗马，留下来的是大理石的罗马……’”老师们很辛苦，浑身挂满了各式各样的挎包，过马路的时候，把孩子们一个个背

鲜花盛开、游人如织的西班牙台阶，建造于十八世纪上半叶。一百三十五级石阶连接上下两条街，平面像个花瓶。这里不知道演绎了多少像影片《罗马假日》一样的爱情……

着、抱着、夹在胳肢窝下。每当遇到这种场景，我都要站住，看他们全部过完马路，心里浮起自己小时候老师们一张张慈祥的脸。

旅游者把历史文物当作教材，学习了欧洲的历史，学习了艺术和建筑，他们在意大利吃、住、交通，给意大利带来了大量的旅游业收入，文物的文化教育效用产生了经济效益，并不用处处设卡卖票。

不过，意大利人跟全欧洲的人们一样，真正认识文物建筑的意义，还是晚近的事，在这之前，两千年来，破坏多于保护。而十九世纪到二十世纪初年，保护又不得法，往往等于破坏。现在看到的文物建筑，虽然数量还很大，毕竟只是历经千难万劫幸存下来的一小部分，而且大多满目疮痍，带着破坏的痕迹。

我曾经多次真诚地对意大利的朋友们说，要好好学习他们保护文物建筑的经验。他们都非常遗憾地告诉我，还不如汲取他们破坏文物建筑的教训好。罗马大学的鲁奇迪教授介绍我看一本书，法国人写的，叫《文物建筑破坏史》。我看完之后，她问我有什么感想，我说："触目惊心。"她说："对了，反面的震动往往比正面的宣传更有力量。我们也是损失了许许多多宝贝之后才醒悟过来的。"这本书的出版曾经一度唤醒全欧洲人的文物建筑保护意识，大大推动了文物建筑保护事业。

古罗马帝国无数宏伟壮丽的建筑物，都用天然火山灰混凝土建造，加上大块的凝灰岩和大理石，本来十分耐久。中世纪一位朝圣者说："只要大角斗场屹立着，罗马就屹立着；大角斗场颓圮了，罗马就颓圮了；一旦罗马颓圮了，世界就会颓圮。"他把古罗马雄伟的建筑和世界的命运联系起来了。在他看来，帝国是永恒的，不会灭亡，所以大角斗场永远不会倒塌。

大角斗场，全世界熟悉的罗马名片。中世纪一位朝圣者说：“只要大角斗场屹立着，罗马就屹立着；大角斗场颓圮了，罗马就颓圮了；一旦罗马颓圮了，世界就会颓圮。”

我抚摸着凯旋门、大角斗场和万神庙，它们那么厚实、坚固和稳定，我相信古罗马人对这些建筑物的自豪大体是正确的。但它们毕竟是少数残余了。我到罗马南郊的新城去参观罗马城历史博物馆，那里有一个很大的古罗马城模型，对着它，努力想象那世界帝国首都当年的壮观伟丽，心情激动不已。难道铜驼荆棘，千古兴废，是不能逃脱的轮回？

破坏都是人为的。中世纪的时候，许多古罗马的建筑物被拆掉去造天主教堂。罗马城里现在还有不少早期的教堂，拆来的柱子，大小、粗细和式样都不相同，只把高矮截齐就凑合到一块儿了。市中心的集会广场群和一些剧场，连大角斗场在内，成了贫民窟，房子虽然破烂，材料倒挺讲究，用的都是古建筑上的大理石，有的还带着雕刻。

文艺复兴时代的建筑师又不爱惜中世纪的教堂，到需要修理的时候，就按照当时的式样去改造它们，或者干脆推倒重来。所以，虽然中世纪有一千年的历史，现在罗马城里已经找不到一座地地道道纯正的中世纪教堂了。十六世纪、十七世纪，教皇们和教会贵族们大规模建造教堂和府邸，所用的材料又大多从古罗马建筑上拆来。大角斗场、卡拉卡拉浴场（Thermae of Caracalla，二一一至二一七年）、帝国广场群（Imperial Fora）的公共建筑物和庙宇，都成了采石场。它们就是这样被毁掉的。一五一九年，兼任罗马文物建筑总监的拉斐尔（Raphael / Raffaello Sanzio，一四八三至一五二〇年）给教皇利奥十世（Pope Leo X，一五一三至一五二一年在位）写了一封信，大骂教皇们的野蛮行为。他说："……有许多教皇……恣意破坏和歪曲古代庙宇、雕像、凯旋门和其他建筑物，……很多教皇仅仅为了弄到石灰，就去挖掘墙脚，于是建筑物很快就倒塌了。多少古代雕像和其他装饰品为烧制石灰而糟蹋了。我敢说，整个新罗马，我们现在所见的一切，装饰得华丽宏伟的宫殿、教堂和其他建筑物，它们所用的石灰，都是古代大理石变的。”想起我在罗马城所见到的，我不能不怀着深深的惋惜：有多少美好的东西被毁灭掉了。

建设罗马最起劲的是巴洛克时期的教皇乌尔班八世（Pope Urban Ⅷ，一六二三至一六四四年在位）。他为了造圣彼得大教堂祭坛上的华盖，拆走了万神庙门廊里的鎏金铜质天花和大梁；为了造自己的府邸，拆走了大角斗场和卡拉卡拉浴场大批的石头。乌尔班八世姓巴巴里尼（Barberini），意大利人把灭亡古罗马并大肆破坏罗马城的野蛮人叫巴巴里安（Barbarian），所以当时流行一句挖苦话，说：“巴巴里安没有做的事，巴巴里尼做了。”

这样的破坏一直持续到十八世纪中叶。一七四九年教皇才下令禁止再拆大角斗场。但是，另一种破坏却开始了。统一的意大利国家在十九世纪下半叶成立，十九世纪末，为了造国王维多利奥·艾玛努勒二世（Vittorio Emanuele Ⅱ，死于一八七八年）的纪念碑（Monument of Victor Emmanuel Ⅱ，一八八五至一九一一年），拆掉了卡比多山（Capitolium）北峰上古罗马时代最重要的庙宇之一朱诺神庙（Temple of Juno）的遗址和一座中世纪的修道院，拆掉了山脚下的古罗马住宅，还拆掉了山前文艺复兴早期的威尼斯宫（Palazzo Venezia，一四五五年始建，完成于十六世纪）的一个院子。纪念碑完全毁掉了北峰的悬崖，而这悬崖就是公元前三九〇年高卢人围攻罗马时，发生“白鹅救罗马”故事的地方。这座纪念碑的规模、风格和色彩也跟古老的市中心的建筑环境格格不入。

最后一次严重的破坏是在墨索里尼的法西斯政权时期。墨索里尼为了他的政治需要，竭力突出古罗马帝国的大型文物建筑，而完全鄙弃以

建造维多利奥·艾玛努勒二世纪念碑（图中间偏下的巨大白色建筑物），拆掉了古罗马最重要的庙宇之一朱诺神庙的遗址和古罗马住宅，完全毁掉了公元前三九〇年高卢人围攻罗马时，发生“白鹅救罗马”故事的北峰悬崖。纪念碑的规模、风格和色彩也跟古老的市中心的建筑环境格格不入。后来，墨索里尼为了炫耀武力，要在他住的威尼斯宫的阳台上检阅军队，从大角斗场到威尼斯广场造了一条八百米长的很宽的马路（图中左侧的那条大道），穿过刚刚挖掘出来的帝国广场群，又把它们百分之八十四的面积重新埋到路下。

后各时期的遗物。他下令清除掉了大角斗场和马尔采拉剧场（Theatre of Marcellus，公元前四四至公元前一三年）里以及集会广场群上所有中世纪和文艺复兴时期的建筑物，造成了历史的空白。但是这个法西斯头子，为了炫耀武力，要在他住的威尼斯宫的阳台上检阅军队，所以，从大角斗场到威尼斯广场造了一条八百米长的很宽的马路，穿过刚刚挖掘出来的帝国广场群，又把它们百分之八十四的面积重新埋到路下。为了集结机械化部队，大角斗场周围的一些古代的小建筑物也被夷平了。卡比多山西北面大量中世纪和文艺复兴时期的住宅也拆除了，为的是给游行过来的军队让路。

所以，真正下功夫全面严格地保护文物建筑，其实不过是第二次世界大战以后的事。

有一天，美术史家罗贝多陪我参观，站在维多利奥·艾玛努勒二世纪念碑前面，他指着威尼斯广场说："这里本来是公共汽车停车场，一九八一年，我们在报上大造舆论，现在改成了绿地，我们还要继续造舆论，在这里种上松树，跟纪念碑两侧的松树连成一片。"我问："那么，岂不是就把纪念碑挡住了？"他愤愤地回答："就是要挡住它，把它隔出去，那家伙太可恶了。"然后，他用无限怀念的心情，描述建造纪念碑之前这一带的情况。

痛定思痛，意大利人很爱护文物建筑，国家、学校、民间机构和私人，都把它们当作宝贝。跟欧美大多数国家一样，保护的对象越来越扩大。从二十世纪六十年代起，已经不但要保护纪念性建筑物，而且要保护一般的建筑物，要保护它们的环境，进一步保护城市和村庄的历史中心以及一些小城市和村庄的整体，现在，趋势是还要保护得更多。另一方面，是坚决地保护废墟，甚至散在各处的建筑物的几块残石。二十世

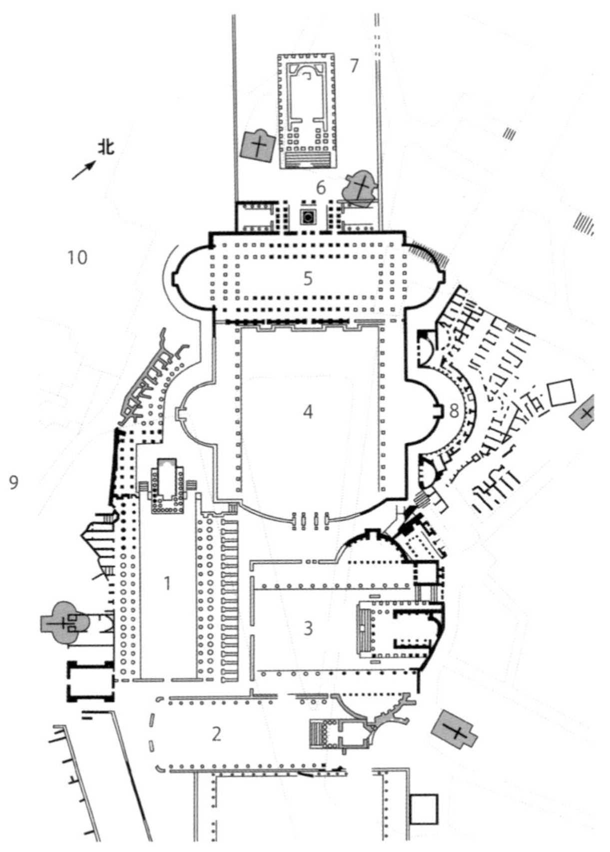

帝国广场群平面示意图
1. 凯撒广场
2. 纳尔瓦广场
3. 奥古斯都广场
4. 图拉真广场
5. 图拉真巴西利卡
6. 图拉真纪功柱
7. 图拉真庙
8. 图拉真市场
9. 共和时代广场群位置
10. 维多利奥 · 艾玛努勒二世纪念碑位置

纪初年，新建筑运动早期各种探索性流派的作品，跟在其他欧美各国一样，都已经成了重要的文物建筑。

意大利政府在一八九二年第一次通过了保护古建筑的法律，以后陆续增加。例如，一九三九年规定了两千个保护区，其中就包括一些城市的历史中心；一九六八年制定了专门为保护城市历史中心的法律，把管理的权力从中央下放到地方。一九七一年的法律对城市历史中心区的再生工作提出了一些原则。不过，这项工作更多取决于城市当局的政策。做得最好的是北部的波仑亚（Bologna）城，那里的议会是共产党和社会党联合执政，因而对房地产投机的斗争最坚决。

一八八九至一八九〇年，通过一项法律草案，规定米兰的高等工业学院需开设古建筑保护的研究、保护和修复的课程。一九六〇年，罗马大学建筑系设立了古建筑保护的研究生院。一九六六年，在罗马设立了文物保护和修复研究国际中心，这是一个国际性的教学组织，简称伊克洛姆（ICCROM），是在联合国教科文组织支持下由几十个国家组成的，我就是在那里研习了半年多。我们听报告，常常跟罗马大学的那些研究生一起。

意大利政府有文物保护部，还设立了文物修复研究所和全国文物普查登录所。只有专门的文物建筑保护师才有资格做保护工作。文物建筑保护师总是建筑师出身，不过要经过有资格的机构加以培训，学习一定的课程，才能得到专门的执照。伊克洛姆里从各国来参加研习的人，除了我和东德的马丁等少数几个之外，都是为了要得到一纸结业证书，回去好领执照当文物建筑保护师，因为这行业现在很热，而且前景很好。马丁已经在东柏林当文物建筑保护师，不过，有了伊克洛姆的结业证书，就比较容易弄一个博士学位，那很有好处。

罗马的整个旧城区是一件大文物，严格地保护起来。那里面有一大批古罗马时代最重要的建筑物和废墟，都像陈列品一样，只供人凭吊。还有一大批中世纪、文艺复兴时期和巴洛克时期的教堂、府邸、广场、喷泉之类，这些大部分都在使用，不过可以参观，连当作总统府的基里纳尔府邸（Palazzo del Quirinale，一五七四年）都可以参观。夹杂在罗马城里面的近代住宅、商业街道等也都一起保护下来，那些建筑物也都很精致。

最教我动心的，还是对城墙、输水道、道路和各种不知名的遗迹，甚至几块残石的保护。那才真正使人感觉到每一代人在文物保护上对祖先和子孙的庄严责任。

罗马东南部的圣保罗门，城门前面是一座白大理石金字塔式的古罗马陵墓，完好无恙。

古罗马城有过两道完整的城墙，一道叫赛尔维墙（Servian Wall），是公元前三七八年造的，十一公里长，全用大块的凝灰岩砌成。另一道叫欧瑞里墙（Aurelian Wall），造于公元三世纪后半期，长十九公里，有十八座门，三百八十一座碉楼，全是红砖砌的。赛尔维墙除了火车总站前面还有比较整齐的一段以外，其余只剩下了残迹。但所有的残迹，哪怕只有几块石头，不论在街道上还是居民区里，都精心保护着，围上小小一片草地。从火车总站到圣彼得大教堂去的纳齐奥那勒大街（Via Nazionale），在接近帝国广场的地方，有一个三角形小广场，好几条街道在这儿相交。就在这很小的广场中央，有十几块赛尔维墙的大石头，用花坛围着，尽管在交通高峰时刻，车辆在这里常常长时间堵塞，这几块石头仍然神圣不可侵犯。

我花了整整一天时间，沿欧瑞里墙走了一趟，它基本完整无缺，只有新辟的干道穿过的地方，开几个券门或者架上钢梁开一个大方口子。东北的彼阿门（Porta Pia），据说经过米开朗琪罗（Michelangelo Buonarroti，一四七五至一五六四年）的改建，虽然有一条最重要的干道在这里通过，也不动它分毫。交通在它两侧新开的券洞出入，把门前横过的环城路埋到隧道里，跟进出城门的路立交。在北部，城墙走在很繁华的意大利大街（Corso d' Italia）中线上，墙里半壁街，墙外半壁街，现代化的建筑跟古色古香的城墙相辉映，产生浓厚的历史情趣。凡在干道穿过城墙的口子前，意大利大街的车行道都沉入隧道，只在罗马东南部的圣保罗门（Porta San Paolo）东侧，拆掉了几十米城墙，开辟了一个广场，因为城门外是火车站，好几条干道交会，实在不好办。城门初建于四〇二年，经过修复，它前面的一座白大理石金字塔式的古罗马陵墓（The Pyramid of Gaius Cestius，墓主死于公元前一二年）仍然完好无恙。

顺欧瑞里墙走了一趟，很引起了一些朋友们的兴趣，在一个极明媚的春天的假日，德国建筑师马丁自告奋勇，陪我去古罗马的阿庇亚大道（Via Appia）。从第一次见面那天起，这小伙子就自认为有责任仔细照料我，对于我独自沿欧瑞里墙走了一趟，觉得很不安。

古罗马帝国大建驿道，尤其在意大利本土，驿道密布如网。现在乘火车或者汽车在田野上奔驰，还常常可以见到它们，铺着大块石板。古话说，条条道路通罗马，其中最重要的一条，是从卡普亚（Capua）直达罗马城中心广场的阿庇亚大道。这是自凯撒大帝以来，历次重大战役之后，军队凯旋，到中心广场去举行仪式的典礼性大路。接近中心广场的一段，已经改造成现代化的马路，而初进城门和城门外的，都还是原来的石板路，两千年前战车铁轮碾成的深深车辙也原样未动。在城

条条大路通罗马，鸟瞰阿庇亚大道，图中上方是马克辛奇赛车场，中间圆形建筑物是卡莎尔 · 洛东达圆形墓。

阿庇亚大道，从卡普亚直达罗马城中心广场，是自凯撒大帝以来，历次重大战役之后，军队凯旋的典礼性大路。

输水道的片片段段在城里几乎到处可以见到，图为翁贝多街上的一截，尽端的一个立脚在街中央，来往车辆都躲开它，电车轨道也绕了弯。现代的礼让古代的，这是历史文化名城保护的一条重要原则。

里，它两边基本没有新建筑物，都是绿地，树木很茂盛。城外，大道边是古罗马的几百座坟墓，大大小小，虽然都已残破，但荒草间卧着断碑残碣，还有一些精美的雕像，依然可以看出当年这条“墓街”高贵典雅的面貌。“墓街”以远，还有古罗马的别墅和公共建筑物的遗址，最重要的是马克辛奇赛车场（Circus of Maxentius），造于三〇七年，长五百一十三米，宽九十一米，有两万八千个观众席位。这些遗址散布在一望无边的牧场中，只有绿草里缓缓移动的白羊跟它们做伴，意境悠远。在一九六七年的罗马城总规划中，阿庇亚大道两侧要建设大约两千五百公顷的国家公园，不再造房子，以保护它的历史环境。

马丁和我走了八公里，到卡莎尔·洛东达圆形墓（The Casal Rotondo / Tomb of Cecilia Metella，公元前后）回转。这时太阳已经到了头顶，四野一片明亮的碧绿，衬托出大道边上一棵棵深色的松树，它们俯仰转侧，做出各种奇姿怪态，树冠都很收敛，团团如盖。二十世纪意大利著名音乐家奥多利诺·瑞斯菲基写过一首交响音乐诗，题目是《罗马的松树》，其中有一节就写阿庇亚大道的古松。我问马丁，这首音乐诗怎么样。他指着那些树说：“你看它们的动作，准是迪斯科音乐。”我嫌他太亵渎了这充满思古幽情的环境，他不好意思，岔开话题，一指路右侧远处，说：“你再看看它们。”那是克劳迪亚输水道（Aqueduct of Claudia，三八至八一年），现在还保存着绵延几公里的一连串发券，断断续续的，像龙钟的老汉，前后相跟着，蹒跚地走向城里去。

一共有十一条输水道通向古罗马城，都架在高大的石砌发券上，有十几公里长的，有几十公里长的。古代的罗马城靠它们才养活了一百万人口。因为泰伯河河床低，而罗马城又造在七八个小山上，就地取水非常困难。就是这些输水道供应着罗马大量的浴场和喷泉。

银塔广场中央的大坑。里面有罗马共和时期的四座神庙的残迹，一溜儿排着，还剩十几棵半截柱子。其中两座是公元前四世纪的，是罗马城里已知的最古的庙宇。

输水道的片片段段在城里几乎到处可以见到，甚至有在人家院子里的。最叫我难忘的，是火车总站南边的那一段，有十来个发券；后面三个横断半条翁贝多街（Via Principe Umberto），尽端的一个立脚在街的正中央，来往车辆都向边上弯一弯，躲开它，而都不去触动它的分毫。

新的躲开古的，这是当今城市建设的一条原则。有一天，我从圣乔瓦尼医院门前经过，见到一座新楼，底层完全架空敞开，拐进去一看，原来地下有一个几米深的坑，坑里有古建筑的残迹。这显然是基础施工的时候发现的，新楼因此让出了底层不用。后来在别的地方，例如采斯底亚街上，也见到过这样的处理。

路边和广场上，这种坑更常见。最著名的大坑在万神庙不远的银塔广场（Piazza del Argentina）中央。坑里有罗马共和时期的四座神庙的残迹，一溜儿排着，还剩十几棵半截柱子。这是一九二六年至一九三五年间发掘的。墨索里尼为了主办一九四二年的世界博览会，一九三八年打算在这广场造一幢当时欧洲最高的大旅馆。舆论界纷纷起来反对，旅馆终于没有造。这四座神庙里，有两座是公元前四世纪的，是罗马城里已知的最古的庙宇，价值很高。

受保护的遗迹不一定都有什么身份或很高的价值。罗马城里常常可以见到零零碎碎的几块石头、一小段残墙、不成样子的一堆火山灰混凝土，也都好好地保护着。火车总站的地下，有一个预售车票大厅，围着明晃晃的玻璃。一天，我从旁边走过，发现里面斜着一段红砖墙。走进去看，原来是挖地下厅的时候遇到的古建筑遗迹，没有弄掉，恭恭敬敬地留在大厅里了。残墙长约三米，高约一米。由于售票大厅的地面比残墙的底面还低，所以残墙下又砌了一段新砖墙把残墙托在半空里。

恭恭敬敬地保护古物，表现出现代意大利人很高的文化素养。那些零散的遗迹，既叫不出名字，也看不出样子，断砖烂瓦而已，并没有人去参观，当然没有什么经济效益。罗马人保护它们，几乎是一种风俗、一种习惯。他们并没有用破坏古物来表现自己的时代意识。但反过来，他们也绝不丧失时代意识，他们不会把新建筑搞成假古董，哪怕是在古建筑旁边造新建筑，也是一新到底。同时还能够保持新旧之间在尺度、构图、体积之间的协调。这比采用仿古的手法去求得新旧之间的协调，要难得多，也高明得多。意大利人自称是在造型设计上有天才的民族，大概是对的。

意大利的未来主义者在他们的宣言里诅咒一切古代遗迹，主张彻底横扫干净，非常热情也非常天真。毕竟是过于简单化了，并没有发生真正的作用。十九世纪的折衷–复古主义者，在罗马城造了不少假冒的文艺复兴式住宅，倒是把真正的文艺复兴建筑淹没在赝品的海洋里，一般人都很难识别了。

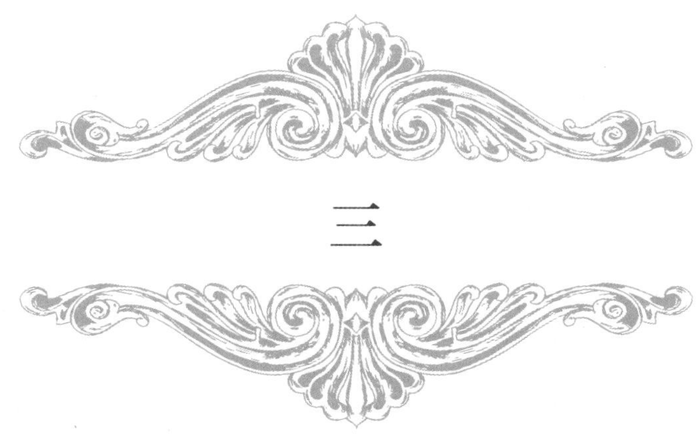

三

意大利人很为他们的语言自豪，说它是世界上最富有音乐性的。不过，意大利人说起英语来可不大好懂，一个个音节嘎嘣脆，像弹出来的。有一天，意大利文物部的一位官员邦都阿勒给我们做报告，说，任何建筑物，只要一造起来，就是文物，就应该保护。这说法对我过于陌生，所以我以为，不是他的英语差，词不达意，就是我的英语差，听错了。

不久之后，我们到文物部的负责普查和登录文物建筑的机构去参观。先听人讲解如何应用电子计算机来做登录检索工作，我听不明白，坐在一边开小差。但是，另一个人的一句话使我大吃一惊。他说，他们打算建立一个三千人的队伍，用五十年时间把有五十年以上历史的建筑物，不论在城里还是乡下的，统统立档入册，当作文物。我脱口而出地问了一句："五十年后，今天造的建筑物又有五十年的历史了，那岂不是所有的建筑物都要保护了？"他笑了一笑，说，是这样。不过近五十年的建筑，资料齐全，所以我们从五十年前的做起。这时候我才明白，原来邦

帝国广场在罗马城中心，断臂残柱占了一大片地方，它们给现代化的罗马城生色不少。

都阿勒没有说错，我也没有听错，那意思挺认真的。

我的同伴们议论纷纷。他们来自二十一个国家，没有哪一个国家采取这样的做法。奥地利文物建筑保护师阿德累阿斯说，他们国家的文物建筑保护工作倒是有这样的趋势。过去只保护十九世纪末叶以前的，现在把现代建筑早期新艺术运动的作品也列入保护名单了。不过，无论如何，离把每一幢建筑物都登录立档，那还是差得老远老远的。

英国人福克纳对意大利的做法也大惑不解。他还说，在英国，文物建筑的普查立档，常常遇到老百姓的抵制。因为大量文物建筑是私产，虽然文物机构把它们列表入册，主人往往不顾这一套，仍然是要改就改，要拆就拆。文物机构拿了该国文物法去制止，主人就抬出宪法来打官司。宪法规定，私有财产权不可侵犯，这权利是完全的，就是说，主人要拆要改谁也管不着。文物法当然硬不过宪法，文物机构打官司总吃败仗。另一种情况是，老百姓听说什么时候文物机构要到某个地区来普查文物建筑了，就抢在前面把有点年头、有点特色的建筑物拆掉，免得入册后麻烦。福克纳问邦都阿勒，难道他们就没有这种困难?

邦都阿勒哈哈大笑，笑得岔了气，把烟斗呛出嘴来，砸在桌子上，赶快伸手去抓，碰翻了矿泉水瓶。乱过去之后，他说，几十年以前，意大利人也这样。这些年可不同了，他们比政府更关心保护文物建筑。什么人不爱惜文物建筑，就显得不文明，缺乏教养，因此不大体面。相反，谁家的房子被认定为文物建筑，那就很光荣。文物级别越高，就越光荣。所以，已经没有什么人会跟文物机构打官司了。

在我这个中国人看来，意大利政府是“民主无边”，一来二去就要倒台，一年倒两次台是常事，倒三次的事也发生过。但文物保护部门是铁腕专制，管得很严。我在罗马住了多半年，差不多每个礼拜都能见到一次小型的罢工游行，为了加工资，为了争假期，为了什么福利待遇，都会打着旗子上街，但从来没有见到过为了抗议文物保护部门干涉他们对私有房产的处置权利。

这种情况很叫我的伙伴们羡慕，听罢邦都阿勒的话，他们把嘴唇咂得一片响。造成这样的风气，主要靠老百姓里的积极分子。他们往往自动组织起来，业余研究他们所住的街上或者社区里的建筑历史。据说，工作做得比文物机构还细，研究成果有出版了的。有些建筑物，文物机构还没有定为文物，他们自己就定了，严格保护，大门边钉上铜牌子，刻上房子的建造年代和负责保护的建筑师的名字，这位建筑师必定是取得了文物建筑保护资格的，城市规划部门也只好听他们的。

SPECIALE SCUOLA — L'Educazione ambientale tra Scuola e Lavoro / Contributo del XIV Corso nazionale di aggiornamento per insegnanti di Italia Nostra / Introduzione / L'Ambiente come problema culturale / Quali nuove professioni per l'ambiente / Cultura ambientale e mass-media / Formazione universitaria per l'ambiente / Conoscenza e professionalità nell'educazione ambientale / Come impostare una nuova cultura del lavoro nella Scuola dell'obbligo / Formazione pluridisciplinare e scelte professionali per l'ambiente / I gruppi di apprendimento. Introduzione alla dinamica e al lavoro di gruppo.

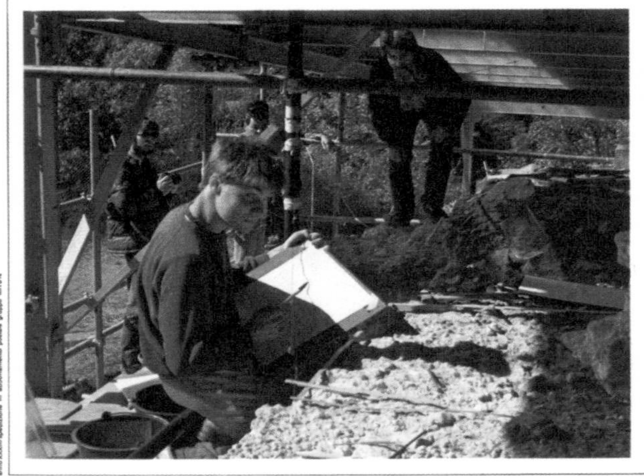

“我们的意大利” 出版的期刊《我们的意大利》封面。

意大利各地都有正式的保护文物建筑的民间组织，工作很活跃。其中最大的是“我们的意大利”（Italia Nostra）。它是全国性的，成立于一九五五年，宗旨是宣传保护历史文化遗产和自然环境，在国内外有一百多个分部，十几万会员。国会里和法律界都有它的会员。这是一个“施加影响的压力集团”，压力当然是向着政府的。“我们的意大利”有资料机构、研究机构、出版机构和教育机构，所以它不但是舆论力量，而且是一个学术性的实体。从成立以来，它打过大大小小许多仗。例如，争取国会通过了保护彼斯顿（Paestum）古希腊遗址和威尼斯水城的法律，通过了保护各城市的历史中心的法律，等等。它制止了在一些历史地段兴建工厂的举动。它影响最大的胜利有两件，一件是挫败了很有势力的一批房地产投资商，促使国家制定法律，把罗马城外的古阿庇亚大道两侧保留为国家公园，不许再造房子。这公园出城门迤逦十公里，宽度大约是两公里。另一件是，使国家制定法律，规定凡有一定历史的城市的规划，都要有总建筑师、总文物保护师和总考古监督三个人联合签署才有效。这几个战役的胜利，不但提高了政府对文物建筑和历史地段的重视，也大大提高了老百姓对文化遗产的认识。“我们的意大利”对形成意大利人珍惜文物建筑的风气是有大贡献的，它也受到国际文物保护界的尊重，已经成了榜样，影响很大。

我们应邀去参观了它的总部。总部在很繁华的维多利奥·艾玛努勒大街上，我们坐在三楼的客厅里听主人介绍，还被街上的汽车声闹得心烦意乱，坐立不安。介绍之后，请吃午餐，正在大嚼之际，不料“我们的意大利”总部里几个刚刚访问过中国的人围住了我，纷纷批评我们对文物建筑不重视，批评我们修缮文物建筑不得法，损害了它们的历史价值。我对他们提到的情况毫无了解，穷于应付，十分狼狈。幸亏国际文物保护研究中心主任艾尔达过来说：“各国人民对自己的文化有自己的看法，他们有权自己决定怎么办。”把那几位热心人劝开了。不过，我实在不知道中国人民对中国文化遗产有什么看法，不知道我们对文物建筑决定怎么办。那顿午餐的滋味可没有吃出来。

东柏林古建保护师马丁告诉我，在他们国家，这种民间组织也起很大作用。骨干分子都是些退休的老头老太，对文物建筑很有感情，保护起来认真得很。在苏联，文物保护协会有几百万会员，每人交五六戈比的会费，能有相当大一笔钱，用来保护文物建筑，很管用。每年假期，

罗马城区的一部分，图中那个屋顶中央有空洞的圆形建筑就是古罗马的万神庙，它在这一片建筑中是最高的。

报纸上公开登启事，征求大学生义务参加保护文物建筑的劳动，报名的人也很踊跃。这种劳动同时起了向青年人宣传保护文物建筑和普及有关知识的作用，一举数得。

爱什么，就得为什么付出代价。意大利人为保护文物建筑付出的代价是很大的。在一九六七年由罗马市议会通过的罗马城总规划里，有两个重要的大项目，一个是历史中心，就是一八七〇年时的旧市区的保护和再生，另一个是考古区的划定和规划。

旧市区面积一千四百一十六点四公顷，大约占欧瑞里墙里一半的样子。关于这个历史中心的原则是：未经批准，房屋的内外部都不得改动；

经当局审批后，成片地进行有计划的内部改建，以提高居住水平，但总居住面积不得减少；维持相应的手工业、商业和服务业，力争保住原来的生活特色；大型建筑物逐渐改变为文化设施，如博物馆、文化中心等，迁出一些公司总部之类的第三产业，以提高历史中心的文化意义；建立步行区，禁止或限制机动车辆进入；保护空地，不得在它们上面建房子。

我参观了几处改建工程，房屋的外貌严格不变，只重新粉刷而已，内部重新划分空间，甚至有把相邻的房子打通的。设备则一律现代化。就住宅来说，由于隔墙减少，布局合理，所以居住面积略有增加。同时，拆除了内院里的破棚子和吊在楼上廊子外面的棚子，增加了新设施，所以居住水平提高了不少。不过，历史中心毕竟过于古老，建筑拥挤不堪，街巷狭窄，没有阳光，没有新鲜空气，也没有绿地，孩子们和老人们都只能在小小一片空地上松散一下。机动车辆限制进入之后，生活环境会改善，但居民们又失去了交通的便利。而且，古城区的维修和更新的速度很慢，现在的房子很破旧了，居民们要修一修，哪怕仅仅是阳台栏杆，都得请有正式资格的文物建筑保护师设计，由文物主管部门批准。而审批的手续又很慢，一拖几个月。我问私人执业的文物建筑保护师皮昂各，居民们有什么意见。他说，近年来，居民们跟政府合作得很好，能耐心等待。但是，实际上，罗马古城区每年都有上万人口外迁。一八七〇年的时候，罗马大约二十二万人口，全部住在这个旧市区里。后来大量增加，但近年人口外迁，现在，这里的人口已经低于二十万，不足罗马总人口的百分之十。看来，迁出的人里还是有不少人是因为这里生活质量提高毕竟有限。

至于考古区，指的是古罗马的遗址。在欧瑞里墙之内，划定了九个

罗马考古区的一部分：卡比多山、共和广场、巴拉丁山和大角斗场，当年米开朗琪罗在设计卡比多里广场时把它调转朝向，背对考古区，就是为了把城区的发展引开，以保护考古区。左下角的建筑是圣玛利亚·阿拉科里教堂（S. M. in Ara coeli），右上角有郁郁树木的是巴拉丁山，共和广场遗址的东端是大角斗场。

古罗马戴克利先大浴场残存的建筑。一部分改为教堂，一部分改为美术馆，一部分改为修道院，一部分改为住宅，还有街道和广场建在它的地段上。

考古区，包括城中心[卡比多山、巴拉丁山、古罗马共和时期中心广场（The Roman Forum）、帝国广场群、大角斗场、大赛车场等]、卡拉卡拉浴场、戴克利先浴场（Thermae Diocletiani，三〇五至三〇六年）、阿芳丁山（Aventine）等区。它们占了城圈内大约另外一半面积。城外还有一个古阿庇亚大道区。在这些区里要进行发掘、清理、绿化等，并且使它们联系起来，完整地展现古罗马城的格局和雄伟的面貌。

这项工作的难处，在于考古区内古罗马的遗址上已经造起来的一些建筑物，也很有价值。例如，图拉真庙（Temple of Trajan，一〇九至一一三年）的位置上有一座文艺复兴时期的和一座十八世纪的教堂，图拉真巴西利卡（Basilica Ulpia，一〇九至一一三年）的东端有几座住宅，西端跟艾玛努勒二世纪念碑接触。戴克利先浴场早已被后来的建筑物分割得零零碎碎。我看了这些考古区的规划图，它们的指导思想好像并不一致。城中心区的规划比较平稳，凡后来中世纪和文艺复兴时期的建筑物基本不拆，只拆掉压在遗址上的道路和绿地等。而卡拉卡拉区的设计比较猛，几乎要拆光以后的所有建筑物。这些分歧怎么处理，我没有进一步打听。或许是因为卡拉卡拉区的新建筑物都是十八世纪以后的折衷-复古作品，历史价值比较差，而古罗马遗址的价值又很高。

这些规划有的已经着手实施。横过古共和广场北部的一条大路已于一九八一年冬天拆除；大角斗场周围正在发掘；从大角斗场穿过古共和广场经赛维路斯凯旋门（Arch of Septimius Severus，二〇三年）登上卡

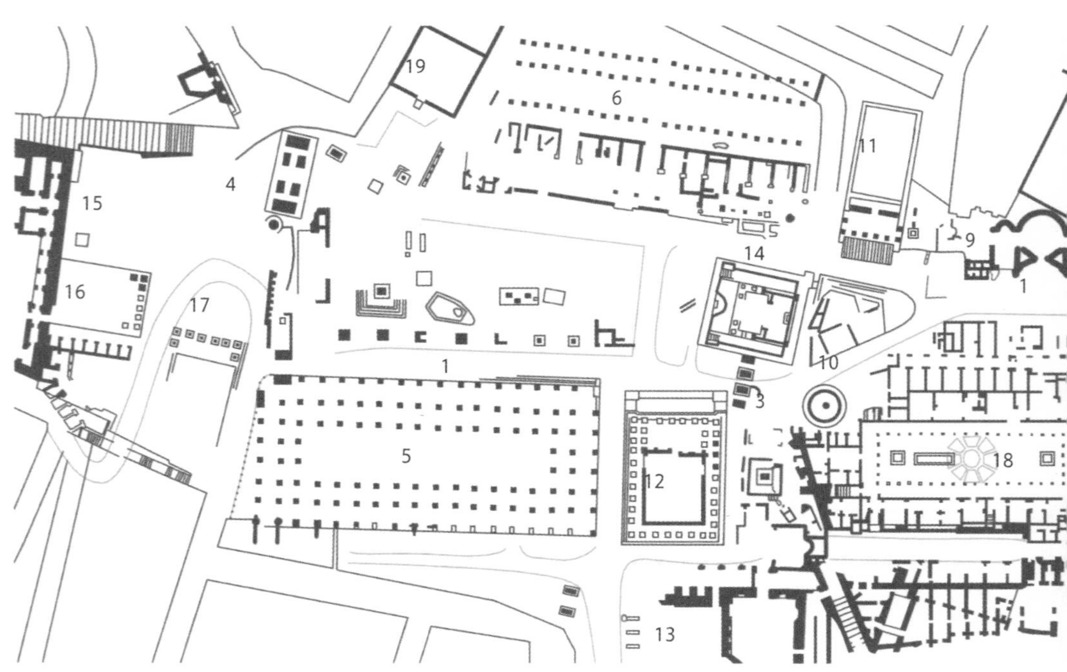

比多山的古代“神道”已经清理出来。从大角斗场到威尼斯广场的八百米长的帝国大道（Via dei Fori Imperiali），压在几个帝国广场上的，也准备拆掉。这条大道现在每小时有两千辆汽车通过，交通量很大，据说要用地下道代替，这笔投资可是够大的。意大利政府已经下定了决心，政府的决心就是选民的决心。意大利人民为保护他们珍贵的历史遗产，是准备付出很大的代价的。

意大利无比丰富的历史文物确实大大促进了旅游业。但是，保护文物并不是为了旅游，这是文化事业。现在，意大利文物建筑的参观人数已经超过合理容量太多，以至不得不采取一些措施来限制一般的参观，免得文物建筑遭害。所以，大规模的保护措施，包括拆除帝国大道之类，主要是人民文明程度的表现。普遍比较高的文明程度，是文物建筑保护工作的根本。

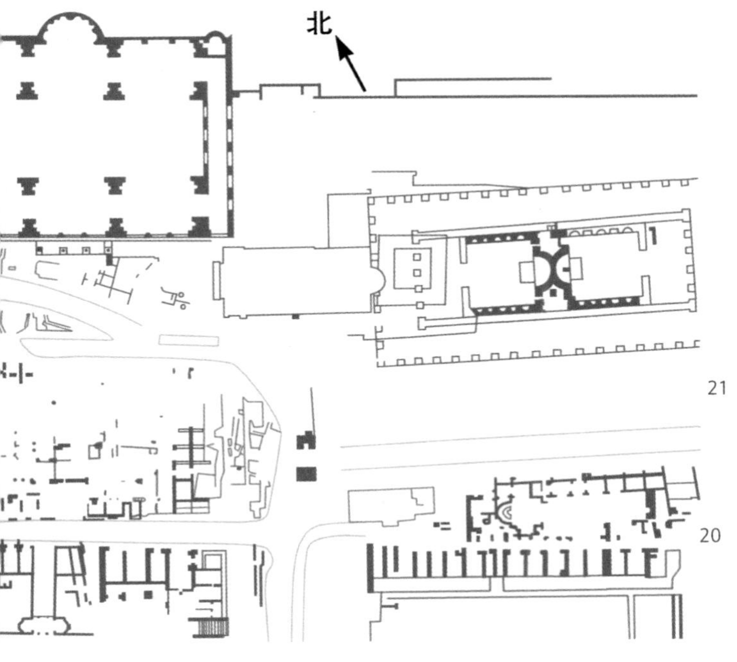

古罗马共和广场遗址平面图
1. 神路
2. 第度凯旋门
3. 奥古斯都凯旋门
4. 赛维路斯凯旋门
5. 朱利亚大会堂
6. 艾米利亚大会堂
7. 君士坦丁大会堂
8. 维纳斯和罗马庙
9. 罗慕路斯庙
10. 灶神庙
11. 安东尼努斯和福斯蒂娜庙
12. 双雄庙
13. 奥古斯都庙
14. 凯撒庙
15. 和谐庙
16. 韦斯巴香庙
17. 莎都尔纳庙
18. 灶神庙女尼居所
19. 元老院
20. 公共浴场
21. 大角斗场位置

文化资源并非就是旅游资源。不能一概加以开发，当摇钱树。有大量的文物建筑其实并不能赚钱。巴拉丁山和古罗马广场在罗马城中央，以房地产“开发”的眼光看来，那是寸土寸金的宝地。现在那里的古建筑只剩下断断续续的墙脚和几段残柱，除了考古专家之外，别人已经看不出什么名堂。但是，这些废墟被精心地保护着，丝毫不能触动。更何况其他大量精心保护着的遗址残迹，看上去不过是破破烂烂的一堆砌体，甚至不过是几块石头，既不好看，也未必有人知道它们过去究竟是些什么东西，而且散在各处，很难看得见，没有一个旅游者会注意它们，为它们付钱。但是，它们照样得花钱维修管理，这就得把旅游收入统筹考虑，不能各自为政，否则，有许多很有价值却不可能直接有旅游收入的文物古迹就没有了维修经费。意大利的经济在欧洲只占第七位，但在保护文物上实在还是舍得花钱的。不但在罗马城，而且在全意大利，到处都有维修古建筑的脚手架。还有许多地方要发掘，连罗马城中心最重要的巴拉丁山，发掘工作都还差得远。维修和发掘都是极细致的工作，人不能多，进度不能快，中间还夹着大量科学研究和试验，所以，脚手架和围栏，一设就是几年，甚至十几年。态度很严肃，决不因为旅游业的需要而草率从事。例如，图拉真纪功柱（Trajan’s Column，一一三年）和君士坦丁凯旋门（Arch of Constantine，三一五年），要洗去污染，既不能刷，也不能冲，而是喷雾，待积垢软化了之后再弄下来。一小段一小段地搞，每段喷三个月。我们被允许去参观，主事的人告诉我们，对它们的研究工作是一厘米一厘米地做的。

因为需要做的工作量太大，所以，在罗马城和全意大利，失修的文物建筑还是不少。有一些新问题，例如，汽车废气和轮胎磨下的粉末对文

图拉真纪功柱，上面雕刻的战争、生活的场面，为我们提供了想象，了解古罗马的重要信息。

君士坦丁凯旋门，建于公元三一二至三一五年。

物建筑的污染很厉害。尤其在罗马城里，因为大量文物建筑是用灰华石造的，这是一种孔隙很多很大的石灰石，特别容易被废气和轮胎粉末污染，所以，在路边的灰华石大都已经变成乌黑色，而清洗又很难，有一所文艺复兴时代的法国教堂，被选作试验品洗了一洗，结果是孔隙里的黑色洗不掉，变成了许多大大小小的麻点，非常难看。旅游也会造成古建筑的损坏，倒不是有意的刻划敲打之类，这几乎是没有的，而是一些意想不到的事。比如圣彼得教堂的维修专家给我们说，对教堂里壁画最大的祸害是每天几万个参观的人发出的蒸汽和二氧化碳，包括呼吸和皮肤散发的。人体的蒸汽和二氧化碳有酸性，对壁画和大理石有腐蚀作用，所以文物管理部门正在和旅游企业商讨限制游客数量的办法。又比如，欧洲所有城市里都大量繁殖着的野鸽子，对古建筑也是很大的威胁，它们的粪便酸性很强，不但伤害石头，甚至伤害教堂的彩色玻璃。但文物建筑保护家们不敢惹它

波洛米尼设计的圣卡洛教堂。立面柱子的材质是灰华石，已经被汽车尾气和轮胎橡胶粉末污染发黑。

们，因为老百姓喜爱，有不少老头老太把喂鸽子当作最愉快的晚年消遣。东柏林的文物建筑保护师马丁悄悄告诉我，在东德，是要用毒饵药杀鸽子的，当然也不敢声张，而且并不赶尽杀绝，还留一些点缀风光。

不过，我当时以为，在我接触的意大利知识分子中，不少人洋溢着过多的感旧怀古的情绪。他们陶醉于古代的一砖一石，仿佛只要能在古城的历史中心里住下，就可以容忍一切的不便，认为那里的文化氛围足以补偿。我因此也常常跟他们抬杠，但他们总是充满了自信。他们的自信，又常常使我动摇。

四

从我住的地方乘环城电车到罗马大学去，半路上有一个站，叫麦乔累门（Porta Maggiore）。它位于公元三八至五二年间造的克劳迪亚输水道和新阿尼欧输水道（Aqueduct of Anio Novus）的交会点，一列红砖发券在这一段里同时架着两条输水道，它们的水槽上下摞着。公元二七一年，建造欧瑞里墙的时候，在这一带利用了输水道，堵死发券就成了城墙。原先有两孔相邻的发券，各被一条驿道穿过；于是就把它们用大理石装饰起来，造成一个城门，这就是麦乔累门。靠北的那一个发券外面，不过几米远，有一座罗马共和末期的一位面包作坊老板和他妻子的合葬墓，正好挡住发券的一半。早先，驿道出了发券就斜向东北走，躲开了坟墓。造城门的时候，没有拆掉这座墓，不但驿道照旧是斜的，甚至把城门洞的侧壁也顺驿道做成斜的；这座麦乔累门因此在世界上很有名，被它当作古罗马人爱惜文物建筑的例证。

我对美术史家罗贝多说到这座门。他挺神气地说：“我们罗马人从古就很有文化修养，懂得历史文物的价值。”我说：“那么，为什么在中世纪和文艺复兴时期你们拆毁了那么多的古代建筑？”他着急起来，因为英语很不熟练，紧紧握住我的胳膊，说：“不，那是哥特人、拜占庭人和教皇们干的，他们都不是罗马本地人。墨索里尼也不是！”

对这样天真的热情是不能泼冷水的，我只好说了几句恭维罗马人的话。他很高兴，以后常常陪我去看一些文物建筑保护工程。

有一天，他把汽车在泰伯河西岸大堤上停了下来。堤后大约十米处是法尔尼西纳别墅（Villa Farnesina，一五〇五至一五一一年），跟东岸的法尔尼斯府邸（Palazzo Farnese，一五二〇至一五八〇年）正好对着。这别墅我参观过，里面有拉斐尔等人的壁画。这段大堤我也经过许多次，没有看出什么特别来。罗贝多告诉我，大堤上的汽车道几年前加宽之后，交通量很大，尤其是重载车辆很多，因此影响到法尔尼西纳别墅，有点震动。文物专家提了意见，靠近别墅的这段路就挖开改筑了，加了橡胶垫层防震。我问他，这一段有多长？他比画了一下，我估计，有二百来米。我表示佩服意大利人为保护历史遗产所做的牺牲，他自豪地说，早在一百多年前，修筑从威尼斯广场到品巧山（Pincio / Pincian Hill）去的大路时，为了保护基里纳尔府邸，大路就从府邸下挖几百米隧道过去。那真叫不惜血本，而那时候根本还没有旅游业。“我们不是为可以卖文化赚钱才热爱文化的。”他说。另外一次，他带我到泰伯河东岸的屋大维亚（Octavia）敞廊街，这条街上有一些文艺复兴早期的老住宅，都是砖的，看上去造的时候质量就不高。但它们造在古罗马屋大维亚敞廊的遗址上，住宅的墙根上可以看到高低不齐的白大理石的敞廊残迹。在住宅的墙上，零零星星镶着建造时从敞廊的废墟里捡来的雕刻、铭文、线脚，还有一

古罗马屋大维亚敞廊的遗址，残存的十几棵小半截柱子，大约六世纪的时候，在它后面造了一座天使教堂，后来被当作水产品市场。

些门框、檐口、阳台板和断柱之类。

街的东头，还残存一排小半截柱子，有十几棵[①]，它们接着一个五开间的科林斯式门廊。这门廊是敞廊的一块小小遗物，大约六世纪的时候，在它后面造了一座天使教堂，它才成了门廊，后来被当作水产品市场。它有两棵柱子坏了，中世纪时发了一个占三开间的宽大砖券来代替坏柱子支承额枋，它的样子因此显得很古怪。罗贝多告诉我，屋大维亚敞廊本来是规模很大的建筑物，造于公元前一四九年。奥古斯都把它修缮了之后用来荣耀他的妹妹屋大维亚。这条街，是它的南侧的痕迹。

他煞有介事地微笑着，问我看到了什么。我说："看到了很少，联想了很多，一部历史小说的背景。"他拍拍我的肩膀，高兴地说："你真是个感觉细腻的人。"他说："这是罗马城里最富有色彩的一条街，既有古

① 编者注：柱子的量词"棵"是作者的语言习惯。

代的辉煌，也有中世纪的愚昧，还有文艺复兴时期对美的向往。这是一座非常别致的文化史博物馆。”

随后，我们拐出了街的东口，来到著名的马尔采拉剧场前面。这剧场是奥古斯都造来荣耀他的外甥、屋大维亚的儿子的。立面虽然残破，但是收拾得干干净净。罗贝多说：“你看，这个立面多么单调、枯燥。”他说，中世纪以来，各层券廊里都是些五光十色的小店铺，从一些券洞像鸟笼一样吊出来，是穷人的栖身之处。但是，一九三二年法西斯统治时期，把店铺和阁楼都清理掉了，只剩下古剧场冷冷清清的残骸。他说：“历史没有了，生命没有了，成了博物馆里的鲸鱼骨架。”好在墨索里尼

古罗马的马尔采拉剧场。

财力不雄厚，没有把那条街和剧场里面的迷宫似的小住宅群拆掉。

罗贝多说的生命和历史，是文物建筑从它诞生之日起，在整个存在过程中获得的全部有价值的特点和信息，是它跟现实生活的联系，并不是提倡把文物建筑变成住宅、商店或者游乐场。

阿德良皇帝像（公元一一七至一三八年在位）。

在意大利，文物建筑和历史古迹里是没有商业也没有游乐设施的。偶然有一个小摊子，也只卖导游地图、说明书或者明信片。吃喝都不供应。离罗马二十八公里的阿德良离宫（Hadrian's Villa，一二五至一三四年），面积大约有一百二十公顷，离罗马二十三公里的古奥斯提亚城（Ostia），面积将近七十公顷，它们的文物都很多、很重要，参观起来每一个至少要大半天，但是没有商店、餐厅、酒吧。到阿德良离宫去的汽车站上，贴着一份告示，请游客自带干粮。只有奥斯提亚在古剧场底下有一间小门面卖饮料，这是因为剧场有时还有演出。在意大利的文物古迹里，弥漫着的是文化气息和思古的幽情。游览的人手里捧着的导游书，都是些有相当高学术水平的著作，有一些甚至是名著。中小学也把文化古迹当作历史课堂。看到这些，我常常想起我们的北海、颐和园、天坛甚至故宫，商业服务业往往占据着最显要的位置，在最应该获得历史文化知识的

蒂伏里艾斯塔花园别墅中的“百泉路”。花园大门之外的村街上才有商业，花园别墅中有一间咖啡厅。

地方和最应该陶冶审美情趣的地方，大吃大喝，遍地狼藉。那种贪婪和愚昧，实在叫我脸红心跳。

至于要保存文物建筑在存在过程中获得的全部有价值的特点，那是欧洲人在摸索了一百多年后才得到的认识。这包括不要轻率补上缺失的，也不要轻率去掉增添的。因为缺失和增添可能都是历史有意义的见证。而文物建筑的主要价值就是它们携带着丰富的历史信息。

在罗马城的中轴线考尔索大街（Via del Corso）的西侧不远，有一座交易所大厦，它的正面原本是公元一四五年造的阿德良庙（Temple of Hadrian）的北柱廊。十一棵雄伟的科林斯式柱子，十五米高，就嵌在交易所正面上。考尔索大街东侧不远，特列维喷泉旁边有一座圣玛利亚教堂，一幢多层住宅造在它上面，把它的立面贴在住宅立面上。虽然阿德良庙和圣玛利亚教堂比交易所大厦和住宅有价值得多，把交易所大厦和住宅拆去，庙宇和教堂的建筑艺术魅力能够充分发挥出来，但是，不允许这样做，因为这样就会失去它们的一段历史。

另一类例子是大角斗场，它的内外都残损得很厉害，最外一道墙的大部分没有了，里面的观众席和表演场的地表也都没有了。我问罗贝多，能不能恢复八分之一或者十六分之一，教人看看原来的样子。他使劲儿摇头说："不行，不行。"补上缺失，也会失去文物建筑的历史。

文物建筑所携带的历史信息是不许歪曲的，必须严格保持它的真实性。要做到这一点，就得把文物建筑首先当作文物，而不是建筑。所以，文物建筑保护工作的一个潜在危险，就是建筑师以自己的专业眼光来看待它们，恢复它们的构图完整、风格纯正、功能完善，等等。那样，会把一个真古董搞成假古董。这就是为什么许多罗马古迹，包括城里的古中心共和广场、帝国广场、巴拉丁山宫殿建筑群和郊外的阿德良离宫、奥斯提亚城等，都严格保持着废墟的样子，决不重建。连道路都不造，除了古代残存的石板路面之外，就是参观者踩出来的土路。偶尔点缀一些树木，也是零零散散，像是天然从石头缝里长出来的，决不成行成列或者修剪得整整齐齐。断壁残垣、荒烟蔓草，诉说着两千年的风风雨雨，那意蕴实在是醇厚得很。我刚到罗马的时候，聊天中常常对朋友们说文物建筑的"修复"。稍稍熟了一点之后，国际文物保护研究中心的主任很有礼貌地纠正我，说："不能说修复，要说'干预'。"所谓"干预"，就是防止文物建筑的继续破坏。干预而不修复，这是欧洲文物建筑保护工作的一项基本原则。

此外，文物建筑保护的另一个重要原则是，不允许造假古董。不但假古董本身毫无价值，它还会因真假莫辨，连带着使真古董也贬损了价值。所谓"假作真时真亦假"。

这幢紧挨着圣彼得大教堂、灰白色的长方形现代建筑，就是梵蒂冈音乐厅。

罗贝多带我去参观梵蒂冈博物馆。博物馆是文艺复兴时期的建筑物，严整的柱式构图，装饰富丽堂皇。二十世纪八十年代初，给它扩建了一翼，这一翼，竟完全是当代最新颖的建筑风格，连它内部的陈列架陈列方式和照明等，都完全是最新颖的，骤然一看，简直像个机械车间，跟原来的建筑物毫无共同之处。我一直觉得罗贝多很保守，以为他一定不喜欢这个异端式的扩建部分，要知道，这是在梵蒂冈宫墙里面呀！没想到，他说："这很好，就应该这样。"新的就是新的，旧的就是旧的，清清楚楚，不论在什么环境里，新的都不应该去摹仿旧的，不该造假古董，以免真假不分，混淆了历史。

罗贝多说，不但文物建筑的扩建要采用最新的风格，以拉开历史距

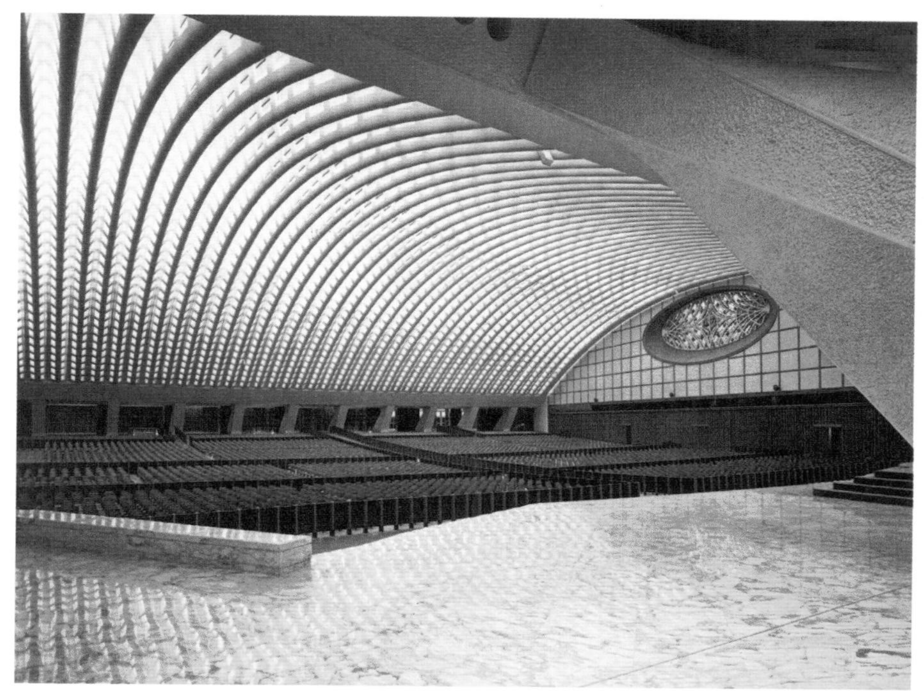

音乐厅的内部。

离，在历史地段里造新房子，也不能仿古，要采用最新风格。他拉着我匆匆走出梵蒂冈宫，穿过圣彼得大教堂前面的广场，绕到教堂的南侧，指着一幢灰白色的长方形建筑物告诉我，这是著名建筑师奈尔维（Pier Luigi Nervi，一八九一至一九七九年）设计的音乐厅，虽然在梵蒂冈城里，紧挨着圣彼得大教堂，还是用当代风格，而且用悬索屋盖，强调它形式的新颖。

他问我，对这种做法能不能接受。我立刻回答说："能！"我告诉他，罗马城里虽然有许多文艺复兴盛期的建筑杰作，也有巴洛克时期的精巧的教堂，但是我在街上来回溜达，常常找不到它们。我说："十九世纪末叶和二十世纪初年，罗马造的那些仿文艺复兴和巴洛克的建筑物，形成了假古董的海洋，把真古董淹没了。这是个很大的损失。"他把两个手掌按在我的胸口，说："我们可以用同一张嘴说话！"

第二天是周末，他把我、马丁和厄瓜多尔的女文物建筑保护师伊纳

圣塞维拉堡垒。

丝带到他的别墅里去。那是西海岸，一大片浓密的松树林紧靠着柔软的沙滩，几十幢别墅就隐藏在松林里，另外还有一家精致的餐厅和一家冷饮店。公路边上有个小小的商业中心，一半做过路人的买卖。沙滩南头是个突出到海面上的圣塞维拉（Santa Severa）堡垒，造在公元前七世纪伊达拉里亚人的码头上。码头是典型的伊达拉里亚式巨石砌筑，不规则的石块，接缝严密，工程非常雄伟。加上堡垒高高的石墙和墙头高高的瞭望塔，在黄昏的阳光下更加庄严。堡垒里住着一批作家和画家，收拾得清清爽爽，随人参观。

晚上，我们到松林里捡来枯枝，在沙滩上生一堆火，伊纳丝烤鱼给我们吃。我问罗贝多，如果有人在这里买块地，造起高楼大厦来……他说，办不到！因为这个“社区”里的人不会答应。只要社区的人反对，任何人都不能在这里造大楼。凡新建筑，都要所在社区的公民同意，在城里也一样，这是有法律规定的。

于是我们什么烦恼都没有了，灭了火，看月光在海面上跳跃，听堡垒的剪影叙述一千年前骑士们的冒险故事。

五

一位私人开业的文物建筑保护师布拉奇，兴致勃勃邀我到他负责维修的一座堡垒去参观。汽车跑了一个多小时，来到了罗马东北方的一座小山。山腰往下是灰绿色的橄榄林和紫青色的葡萄园。往上差差参参是个小山村。村子里有油坊、酒坊，橄榄油和葡萄酒的香气浓浓地飘。山顶上耸立着那堡垒，俨然统治着好大一片地方。堡垒是克瑞顿乔家族在十一世纪造的，十三世纪到十七世纪，归出过好几个教皇的奥尔西尼（Orsini）家族所有。堡垒像通常的那样，大块石灰石砌的墙，上面有雉堞、望楼，墙外有一圈干壕，一道吊桥跨在门前。进门是不大的前院，有个很深的地下贮水库。水库陡壁上有门洞通一条地道，直达山下远处。堡垒的另一边还有一条这样的地道。都是为遭到长期围攻时逃跑用的。房屋是两层的，沿外墙建造，形成一个不整齐的内院。

刚下汽车，堡垒高高的毛石墙的那种粗犷庄严气势，很打动了我。可惜，顶上的塔楼，外墙面却抹了一层灰，很脏的黄绿色。布拉奇告诉

修缮完成的威尼斯某府邸内部，屋内的白色屏墙是新加的，与原有建筑有着明显的不同，对比强烈，有意大利新旧建筑之间的历史差距。屏墙与原建筑的墙保持一段距离，一方面明确表明它是后加的，一方面让原建筑清晰可见。而且，这种屏墙又是随时可以拆除而不损害原建筑的。

我，那灰是十八世纪抹的。我立刻问，为什么不把它剥掉？他说，不能剥，那是历史。我说，太难看了。他说，我们无权评价好看不好看，我们不能根据好看不好看来工作。给我们之间当翻译的，是他的儿子法比欧，罗马大学的力学教授。法比欧好像觉得他爸爸太迂，对我耸耸肩膀。但布拉奇的全部修缮工作都必须在地方文物部门的严格监督下进行，所以他说，即使他想剥掉那一片十八世纪抹的灰，也不可能，因为文物部门不会同意。

堡垒目前的所有者也是一位罗马大学教授，他想把它整修一下，用来租给各种国际学术会议，也可以当旅游旅馆。

在院子里先看到的是房子的门窗，只有少数几个还保存着古老的旧物，大多数早已缺失，新补上去的一律是极细巧的铝合金框子，镶大块褐色玻璃。进得房子，看到楼板和屋盖本来是木结构，梁檩之类全部露明，一部分朽坏的，换成了型钢的平桁架。桁架不加丝毫修饰，就以本来面目跟剩下的木梁并排着。有几棵木柱子换成了钢筋混凝土的，都是毛面，露着模板印子。西边的一道墙，向外闪出了几十厘米，现在已经加固，所用的拉杆、钢板、螺栓等，全都不加掩饰，可以看得一清二楚。原来的两道石砌盘旋楼梯损坏得很厉害，新加的钢梯，钢踏板一头焊在中心的钢柱上，另一头悬挑着，跟墙面保持一个明显的间隙。布拉奇说，必须让人可以看到原来可以看到的一切，包括每一块石头，所以，这间隙很重要。

我早就知道，维修文物建筑的一个基本原则叫“可识别性”原则，说的是，凡必须添加上去的一切，都要跟原物有明显的不同，避免以假乱真。罗马大角斗场是灰白色石灰石造的，十九世纪以来加固的部分全用红砖，就是这个意思。不过，像布拉奇在奥尔西尼堡垒这样有意拉大历史距离，对比如此强烈，倒也不多见。

堡垒内部净空很高，有些房间改成现代化的卧室，办法是加个夹层，上面放床铺和浴厕，下面放桌椅沙发。这夹层用很轻快的型钢结构做，四面不靠墙，像个玲珑剔透的陈列架。厨房里新装了灶具，也都用细巧的钢架托着。因此，不论在卧室还是厨房，人们都可以清清楚楚看到堡垒内部的原样，连厨房里原有的灶台之类老设备也都照旧不动。

所有新加的钢结构，都很容易拆除，而且拆除的时候不会伤损古建筑一丝一毫。这种做法，叫作“可逆性原则”，也是文物建筑修缮的基本原则之一。

内部重新抹了灰。不过，凡过去壁画、图案、线脚等装饰的残迹，有多少就保留多少。一个很有意思的情况是，施工过程中，铲掉旧抹灰层后，发现墙体曾经多次修补，每次所用的砖和灰浆不同，砌法也有差别。于是，新抹的灰，就在墙体的每个变化部分留出一小块空白，显示这些变化，不过这些空白的位置、大小和形状很讲究，都仔细推敲过，形成很和谐的构图。

内部的这些处理，就叫作展现文物建筑的历史，使它的历史具有可读性。这个历史可读性，也是文物建筑保护的一项基本原则。

堡垒里有一间礼拜堂。它的圣坛和东墙上画着大幅壁画。十八世纪时，礼拜堂一度成了马厩，拦腰砌了一道横墙，把东墙壁画切断了，把圣坛封闭在很局促的一侧。这是一道粗劣的墙，没有任何装饰，而且早

经过修缮加固的路加天主教堂博物馆内部，现代化的钢索和原有的屋梁对比虽然强烈，倒也和谐。

已没有用处。但是，这次修缮仍然把它保留了，只在它靠着东墙的地方拆出一条窄窄的缝来，叫人侧着头刚刚能看清东墙壁画的全貌。又在这道墙当中开一个小洞口，通过它可以看圣坛上的壁画。

我对布拉奇说，这道墙我无论如何不能容忍。他笑笑，回答："第一，它也是历史；第二，我也无权拆它，文物机构不会同意的。"他对那条缝和那个洞还挺觉得有意思。他的儿子法比欧又一次对我耸耸肩膀。

堡垒二楼的南部本来是个仪典性大厅，已经完全倒塌。在它的位置上打算重新造一间会议厅，补足这座府邸。布拉奇拿出图纸给我看，所设计的会议厅，全用玻璃幕墙，一个透明的盒子。它夹在两翼残存的毛石墙之间，粗犷与轻巧对比，响亮得很。

东侧的底层，有几间房间要当作堡垒历史陈列室。这里有一间原来的监狱，墙特别厚，开一个小小的高窗。布拉奇打开灯，叫我看，窗口之下，地面上有一个坑，他说是被监禁的人的膝盖磕出来的。他们跪着祈祷自由，前面的墙上，歪歪斜斜画着许许多多十字。这些都要保留，作为奥尔西尼家族凶恶残暴的铁证。

奥尔西尼堡垒的维修工作，虽然使它适合了完全现代化的使用，但是对原有部分仅仅做了加固，"干预"而没有变动，所有添加上去的部分不但跟原有的明显区别，而且不妨碍原有部分的展现，甚至有意展现了它的历史。由于设计精心，水平高，所以，抹灰层上的空块和各种轻型金属结构等，都相当美观，并没有杂乱的感觉。这些做法，完全符合欧洲占主导地位的文物建筑保护各项原则。它成了体现这些原则的极好例证。

后来我在别的城市，如波仑亚和维晋寨（Vicenza），也见到许多同样的例子。不过，也有一些例子并不严谨到这种程度，是不是由于文物建筑的“级别”不同，我倒没有一一问清楚。

出了堡垒，脚下是个十户的小村子，绕村围一圈大石头砌成的高墙。村里小石板路曲里拐弯，两边是一两层的小房子，石头的，挑着细巧的阳台，偶然见一个精致的铁花店招，店面也不过是临街一扇窗子。顺着高高低低的台阶上上下下，在路灯杆下折过去，常有一片空地，面对山谷里的橄榄林。丁香花下的条凳上，暖暖的阳光照着几位老太太抱着猫儿聊天。我很受这种宁静安逸的生活气氛感动，心境大概有点儿仙化，仿佛人间一切现代文明都不过是多余的纷扰，于是，对法比欧说：“能保护住这整个村子，甚至整个的小山和山谷就好了。”法比欧笑了，说：“所有到这儿来观光的人都这么想，所有住在这村里的人都不这么想。罗马城里也一样，住在历史中心的人，出去旅游，总希望看到人家古色古香的东西，一回到家里，就希望修马路、造新房子。”我们一齐哈哈大笑。布拉奇听不懂英语，莫名其妙，问他儿子，他儿子不肯说。我交往过的一些意大利高级知识分子，大多把子女从小就送到美国读书，讲一口漂亮流利的英语，当然也不免学来美国人的价值观。法比欧就是这样的青年，他不大能理解父亲的思想感情。布拉奇知道他们父子之间的“代沟”，很警惕地注意法比欧对我说了些什么，但由于语言隔阂，莫可奈何。

我们在一家餐馆坐下。餐馆完全是中世纪的式样，桌椅都是白木的，不刨光，留着斧子印。餐厅的一边是个大烧烤架子，火焰熊熊，铁钩子上挂着牛腿、兔子和鸡。两个很美的小姑娘，长长的辫子，黑色长裙上有几块红，跑来跑去服务，小皮靴子嘎嘎地响。我们边吃边聊，旁边有几个小青年，听见我们聊古建筑保护问题，就走到我身边，问："你们中国人为什么连长城都拆？"我按照出国前"培训"时学到的方法，把一切罪过都推给"四人帮"，但一个小青年说，不对，现在还在拆！我一听，在"我们的意大利"总部的那一幕又要重演，有点发窘。正在支吾之间，法比欧把那几个小青年打发走了。我问布拉奇，拆长城之类的事他们怎么知道的，比我还清楚。他说现在文物建筑保护是世界性大热门，你们中国人还拆的拆、改的改，使用也不适当，谁不知道？报纸上常常有议论。这顿饭，质量比"我们的意大利"总部那一顿高得多，我又没有吃出滋味来。

奥尔西尼堡垒的做法，在目前的意大利，很有代表性。各处的维修工作，具体做法有出入变化，基本原则都是一样的。这些原则，就都写在《威尼斯宪章》(*Venice Charter*)里，这是"国际文物建筑和历史地段保护议会"在一九六四年通过的，目前被普遍认为是纲领性的文献。

我所在的国际文物保护研究中心设在罗马的圣米启尔大厦(S. Michael)里。这大厦是十六至十九世纪间陆续造起来的，规模之大，在罗马占第二位，仅次于梵蒂冈宫。我在的时候，它也正在修缮，也算得上是按《威尼斯宪章》办事的一个例子，不过争论还是很激烈。

它有好几个院落，最北头的一个过去是监狱，研究中心就占用这个院落。外立面保持着老样子，内部按当今的需要现代化了。安上电梯，铺上地毯，装了上下水和暖气，墙面也全部见新。不过对建筑内部空间和结构并没有实质性的变动。中央院落的建筑本来就很考究，维修也很严格，原状基本不动。厚厚的墙体正在加固，办法是在墙体上钻许多孔，各个方向的，塞进钢筋用螺栓在两头拧紧，再用高压泵把水泥砂浆挤进

古罗马灶神庙，缺失了的檐部没有补齐，只在柱头上搭个轻屋顶了事。

这幅画是十九世纪欧洲盛行“壮游”时期的古罗马共和广场一角，那时人们看到的就是遗址，但比二十世纪时的要好不少。

去，不但灌满钻孔，而且塞到一切缝隙中去。这种做法是为了加强砌体的抗震能力，有些因地震或火灾酥裂了的砌体也用这办法抢救，在意大利普遍应用。但是，这办法也引起了许多批评。一种批评是，这样处理之后，墙体强度不匀，万一再有地震，可能更容易破坏。另一种批评是，这做法没有可逆性，水泥注入缝隙之后，再也弄不出来了，而《威尼斯宪章》规定一切维修措施都应该是可逆的。批评尽管批评，但提不出更好的加固酥裂墙体的方法来，这种方法还在应用，它的第一位研究者还送了我一本有关的书。

不论哪个国家，修缮古建筑的时候都会遇到“死马当活马医”的问题。墙体酥裂就是这样的问题。不修不安全，要修，目前只有两个办法，一个是拆了重砌，一个就是打孔加筋灌浆。两个办法都有损于古建筑的“原初性”，相形之下，拆了重砌对“原初性”的破坏甚于打孔加筋灌浆，不得已只好采用这办法。和其他一切工作一样，理论原则不能让步，一让步便什么都守不住了，但在实际操作上又不能不做些必要的让步，不让步也什么都做不成。书呆子习性和无原则主义都是有害的。

中央院落的所有房间，格局一律不变，重新抹灰粉刷，但保留原有一切壁画和其他装饰，哪怕是七零八碎的一点点痕迹。院子四周的券廊里有壁画，因此用大玻璃把发券封死，加以保护。在阁楼上布置了一个会议厅，非常现代化，还有自动化的玻璃活动隔断。但所有的新设施都好像是浮搁着的，整个建筑环境依旧是阁楼原状，屋顶的木结构全部裸露着，上阁楼的楼梯，保留着残破的原有石条，只在楼梯井中央加一部电梯。

院子里外墙面的粉刷，用什么颜色大费斟酌。原来的粉刷，经过多次维修，有许多层，每层颜色都不一样。各部分的维修情况不同，所以粉刷的层次又彼此不同。现在新的粉刷，究竟应该用哪一层的颜色？我初到研究中心的时候，已经开始试色，半年多之后，我要走了的时候，还在试色。古建筑保护研习班的主任诸葛力多，从他家的窗口可以看到那院子里去，常常在早晨笑着告诉我："院子里的颜色又变了。"国际上把古建筑的材料分为永久性的、半永久性的和非永久性的三类，粉刷属于第三类，这一类是允许更新的，不过当然要十分慎重，所以那个院子才试了又试。

人类大约从会造房子起就会修房子，但是，文物建筑保护是十九世纪中叶以后才有的事。此后一百多年，就是一个使文物建筑保护工作科学化的过程。有尝试有失败，有收获有损失，一直到二十世纪中叶，这才摆脱了老工匠修旧房子的传统，摆脱了建筑师重建、改建旧房子的传统，摆脱了老百姓添添改改或者翻新旧房子的传统，确立了对文物建筑系统的、科学的认识和相应的保护理论和方法。这些理论和方法是欧洲一百多年经验教训的总结，具有普遍的意义，现在正越来越被各国接受，不管它自己的传统如何。借口"民族传统"来拒绝科学、拒绝进步是我们国家一些人的老思路、老办法，至今还起作用，但愿今后我们会更聪明些，更实事求是些，不要顽固不化。

六

旧市区，或者叫历史中心，是罗马城的骄傲。在这个一千四百一十六点四公顷的范围里，有从古罗马共和国到一八七〇年的各种建筑物，其中有许多是建筑史、城市史、美术史和文化史里不能不认真地写一写的重点。而且，作为一个整体，旧市区所携带的历史信息和文化价值，以及它所起的心理上的认同作用，远远超过任何一个单独的文物建筑。因此，它整个儿就是个文物。罗马人很引以为荣的事实是，他们第一个提出了旧市区的整体保护问题。所谓整体保护，就是说，不仅仅保护建筑物和其他城市体素，还要保存它的生活方式、文化氛围和风尚习俗。

罗马的旧市区像一座大大的迷宫，街巷曲曲折折，很狭窄，而且幽暗，两边三五层高的砖房子，逼得紧紧的。墙壁粉刷成赭红、土红或者土黄色，年久了，斑斑驳驳。稀稀拉拉可以看到一些阳台，放满了盆花。窗台上也有放盆花的，浇了水，滴滴答答往下漏，常常打进行人的脖子里，凉飕飕的，吓一跳。门框大多有些装饰，甚至用大理石。复活节插

罗马的旧市区，或者叫历史中心，在这个一千四百一十六点四公顷的范围里，有从古罗马共和国到一八七〇年的各种建筑，其中有许多是建筑史、城市史、美术史和文化史里不能不认真地写一写的重点。而且，它所携带的历史信息和文化价值，以及所起的心理上的认同作用，远远超过任何一个单独的文物建筑。

圣母堂的哥特式玫瑰窗在罗马是非常少见的，它建筑在古罗马密涅瓦神殿基础上，波洛米尼设计的憨态可掬的大理石像站在教堂前，背上的方尖塔是公元前六世纪埃及的遗物。

建于十六世纪的乌龟喷泉。

古罗马的万神庙现状。

长着“伯尼尼耳朵”的万神庙，现在，“耳朵”没了。

在门边铁架子上的花束，干枯了，还在微风里摇来摆去。房子的转角上，会有一个小小的神龛，雕饰得很精巧华丽，供着圣母像，前面有一支烧残了的红蜡烛，或者还有几炷香，升起袅袅的蓝烟。住在底层的居民有开小铺的，只不过在门里放几层货架，跨门摆个摊子，在门框四周挂上几件颜色鲜艳的商品。它们在古老的街巷里很照眼，常常引起旅游者的兴趣，请出小铺的女主人来，站在门口，照一张相。咖啡馆和烤饼店大多一两间门面，通常倒是新式装修的居多，玻璃门明晃晃，把整个旧市区都浸没在浓郁的咖啡香气里。

在这样的街巷里信步走去，隔不多远就会有一个小广场、一座小教堂、一池小喷泉，巴洛克式的，装饰着雕刻。你稍稍定神看一看，就会觉得面熟，原来是书上读到过的著名作品，出自大师之手，例如伯尼尼（Giovanni Lorenzo Bernini，一五九八至一六八〇年）和波洛米尼（Borromini，一五九九至一六六七年）。有时候转一个弯便猛然见到古罗马的纪念性建筑物，万神庙、浴场、凯旋门，巍巍然，更加壮观。这些珍贵的文物建筑使旧市区生色；旧市区的尺度、色彩、气氛、情调，衬托着文物建筑，也使它们生色。文物建筑和旧市区是一个整体，分不开的。墨索里尼喜欢把古罗马建筑周围拆干净，修建广场，把古建筑“亮出来”，其结果是使文物建筑失去了跟历史环境的有机联系，孤孤单单。最典型的一个例子，就是奥古斯都的陵墓（Mausoleum of Augustus，公元前二八年）。给它配了三幢新建的灰白色大楼，把它围在绿地中央，跟旧市区隔开了。本来为了尊崇它，实际上是剥夺了它的历史环境，使它失去了一部分历史价值。

保护旧市区还有两个比较重要的理由。一个是，维修和更新旧住宅，比新建住宅省钱得多，工期也短，因此是解决眼下住宅问题的有效办法。另一个是，有人认为旧市区生活质量比新市区好。这里商品和服务都比较便宜，而且布点经过长期的调适，对居民很方便。这里的居民大多是住了多年，甚至几代的了，大家彼此熟悉，而且在紧凑的以步行活动为基础的小尺度环境里，人们在附近的咖啡店、菜市场、小空地和教堂常常见面，容易相互产生亲切感，使这里的生活更富有人情味。这种人情味是以汽车活动为基础的大尺度新住宅区里所没有的。所以，保护旧市区，就要保护它的生活方式、文化氛围和风尚习俗。这也就意味着，要留住原有的居民。

我住在泰伯河西岸旧市区的一条短短的巷子里，搬进去的当天下午，女房东就对左邻右舍打了招呼，第二天早晨我一出去，巷子口几家小铺的掌柜就隔着玻璃橱窗跟我问好。虽然我极少去买东西，他们的亲切始终如初。有一天，我请几位朋友来吃饺子，到小铺去买葱，没有了，小姑娘问我什么时候要，我告诉她晚饭要用，到七点多钟，她把葱给我送来了。我邀她一起吃饺子，她大大方方留了下来。隔壁一家咖啡店，也是派个小姑娘按时到各家送咖啡。我住了不到一星期，巷子里的孩子们就都跟我问早安晚安，到第三个星期，居然收到了参加婚礼的邀请。在“我们的意大利”出版的一本提倡保护旧市区的小书里，有一个人就抱怨在新区住了几年都不认识楼上楼下的邻居是谁，而在旧市区里则有沁人心脾的温暖。

这大约是事实，不过，这是事实的一半，另外一半是，旧市区里没有阳光，没有新鲜空气，没有绿地，设施落后而且不可能有比较大的改善，交通也很不方便。罗马的旧市区里，有相当大的部分，有相当多的杂居大厦，是地地道道的贫民窟。有一天，我跟美国姑娘卡塔琳娜到旧市区里转，看到一些古老大厦里的居住情况，简直像看根据狄更斯小说拍的电影。卡塔琳娜几乎要哭出来，对我说："这太可怕了，我不能接受保护旧市区的思想。"我跟诸葛力多讨论这些问题，他说，文物建筑和古老的城市是人类历史的见证，它们不只属于意大利，不只属于我们，它们也属于世界，属于未来。我们的责任是保存它们。生活质量的提高是可能的，只不过要花钱，要花时间而已，我们能承担，乐于承担。这样的使命感挺神圣的，我无话可说，倒觉得我们太功利了，太短视了。

整体地保护旧市区，跟旧市区的现代化，这之间的矛盾实在太大了。当然，保护旧市区的原则跟保护文物建筑的原则是相似而又不大一样的。正确地说，欧洲人并不叫"保护"旧市区，而是叫"复活"旧市区。这"复活"，就意味着不去拆改，而是使它适度现代化，但是又要使旧市区保持它的原有体素和风味。这谈何容易。不但有极复杂的技术问题，而且有其乱如麻的许多社会问题、经济问题和政治问题。所以，文物建筑的保护有了《威尼斯宪章》，而二十多年之后，旧市区的"复活"却没有什么比较具体的原则，供国际上共同遵守。

这问题在资本主义国家当然就更加难办。一位罗马市的有关官员来做报告，说到旧市区的居民二十多万人，绝大多数是低收入的。罗马市政府是以共产党为主的左翼联合政府[①]，给一九四九年以前造的房子规定了一个相当低的最高房租限额。据说房租不足以抵偿维修费用，以致房主不修房子，任它破烂下去，弄得不能居住，逼得低收入的房客只好搬

① 编者注：一九七〇年代到一九八〇年代初期是罗马市左翼政府时期。

家。然后，房主修缮房子，房租随着提高，低收入的当然住不起，于是就吸引比较有钱的人去住。有钱的居民多了，旧市区的商品和服务的档次和价格就提高了。另一方面，政府的“复活”措施，同样也会使房租上涨，低收入的居民更苦了。穷人被迫外迁，富裕人家搬了进来。城市的历史中心中产阶级化了。虽然从一八七〇年以来，罗马城的人口增加了十几倍，但旧市区的人口在一度膨胀之后又渐渐降低到一百年前的水平，而且还略略低一些。只占全市人口的不到百分之十，而且继续减少。随着历史中心的中产阶级化，有传统特色的商店、作坊、服务行业消失了，使旧市区引以为豪的历史风貌跟着逐渐褪色，它的价值也大打折扣。所以，要整体地保护历史中心，就必须保证它由原住民居住，不要中产阶级化。北部的波仑亚城，几十年来都是共产党联合左翼党派执政，扼制了历史中心的中产阶级化，市中心的“复活”工作做得比较好。

交通问题也越来越麻烦。古话说，条条大路通罗马，罗马形成了以旧市区为中心的放射形道路网。这格局一直维持到现在，因此，虽然历史中心的人口只占罗马的百分之十，但步行和汽车交通量占百分之二十。偏偏这儿的街巷又窄又多又曲折，所以，车辆堵塞是家常便饭。罗马人好像对交通堵塞已经很习惯，他们把胳膊肘放在汽车方向盘上，叼着烟斗，静静地发呆。而那些急救车则能像跳蚤一样在看来比它还小的缝隙里跳过去。那司机真神了。

有一天，我从维多利欧菜市场回家，平常只要二十多分钟的路，竟在电车上耗了将近两个钟头，以致误了听研究中心的课。我对班主任诸葛力多说起这件事，他说，这只能靠改善新城区的交通，把车辆吸引过去。至于旧市区，却只能扩大步行区。如果旧市区的街道拓宽了，反而会招来更多的汽车。汽车能带来交通的便利，但也会使居住区的生活质量下降。比方说，孩子们不能成群在街上玩了，他们会失去终生难忘的童年和几十年生死不渝的友谊。诸葛力多说，不能要求旧市区具有新市区的一切优点，但它也有新市区不可能有的优点，这就是它的历史文化素质，它的人情味。两两抵消，旧市区还是有人喜欢住的。

这事情太复杂，我没有什么发言权，只好听着。既然阔佬们都喜欢住到新市区的绿荫下的新房子里去，那么，至少目前，旧市区的居住质量比较差，总是事实。不过，旧市区里的极大部分房子的基本质量相当好，其中有一些还相当精致，只要好好维修，适当地增加现代设施，拆掉乱七八糟增添的部分，以降低建筑密度，就有可能住得舒服，这倒也不假。

因此，旧市区的“复活”问题，基本上是个社会问题，是个立法问题。在整个资本主义世界，旧市区“复活”的立法问题，是一个大热门，它牵涉到居民、房地产主、包工头、建筑师、店主、小业主等各种人的利益。

从实际出发，罗马旧市区的保护分三级。在第一级里，包含一些有重大历史和艺术价值的建筑物，只有确实为居民的健康和安全所必要，才许使建筑物见新，而建筑物的形式、颜色和内部结构都必须严格地保持不变。在第二级里，重要性不如第一级，但总体面貌仍旧十分重要，只要建筑物的外形和颜色不变，且总建筑面积略有增加，就可以见新。第三级，区内的建筑特色不能变，可以造些新房子，不过总面积不得超过原有总面积的三分之一，而且要保有停车场。

对于全中心区都适用的一些规定是：不能有任何多于一百名工作人

员的公私单位，不能有超过二百张床位的旅馆，不能有大的商店。允许设置的单位是：公司总部、办事处、新闻编辑部（不包括印刷车间）、零售店、手工作坊、剧场、电影院、餐厅、旅行社、博物馆、文化设施等。高层建筑在全意大利历史文化名城里都没有，只有米兰、热那亚、那不勒斯几个大工商中心和航海中心才有。

修缮，“复活”，不鼓励一家一家单独地干，而是经过设计，一批一批地干，一干就是一片。不过，至今还是试点。我去看了几处，有一处在古庞贝剧场（Theatre of Pompey，公元前五五年）遗址旁边，包括拉斐尔设计的卡发瑞里府邸在内。它对面也是一幢文艺复兴时期的府邸，外墙上有很华丽的粉画。现在，其他的房子粉刷一新了，那幢府邸的外墙面粉画没有触动，对比之下显得十分陈旧，看起来很怪。

近年来，旅游者对旧市区的兴趣大大增加了。它确实很富有色彩。景观变化大，而且多数变化是由历史的偶然性造成的。建筑和街巷的尺度小，很亲切。店铺也大有特色，手工艺品特别多，还有一些旧货店、文物店、珠宝店、画店等。从著名的纳沃那广场（Piazza Navona）北头向西到维多利奥·艾玛努勒桥（Ponte Vittorio Emanuele）头，有一条考洛纳里街（Via dei Coronari），很窄，一家挨一家全是古旧店。小小的店面，一两个柜子，但货物琳琅满目，也有些稀奇古怪的。这条街已经成了罗马最有吸引力的旅游街之一，看来破破烂烂，一天的交易额却很大。

一本关于罗马建设规划的书里说，在普遍很穷的时候，旧市区的保护问题不大，因为本来就没有力量去改变它。在很富裕的时候，问题也不大，只要大量贴钱进去，总有办法。最难的是中间状态。有点钱想改

罗马考洛纳里街的小巷。

善、想建设，却又没有足够的钱按理想状态去建设、改善，这种时候旧市区最容易毁掉。这大约是很确切的。我们的一些历史文化名城，正处在这种尴尬的境况之下，尤其是逢到一些当权人的文化水平不高，而且

纳沃那广场的四河喷泉，由伯尼尼设计，是典型的巴洛克风格。分别象征着四条天堂河流（多瑙河、尼罗河、恒河及普拉特河）以及已知世界的四个角落（欧洲、非洲、亚洲和美洲）。

目光短浅，急功近利。所以我们的历史文化名城正在失去历史信息，失去文化积累，终于也会在不久的将来失去历史文化名城的一切价值。靠造假古董是夺不回那些价值的。

罗马旧市区，左上角瘦长型的广场就是著名的纳沃那广场。

第二篇

那不勒斯海湾沿岸

罗马的东南方，以那不勒斯为中心的那不勒斯海湾沿岸，曾是古希腊人的移民地，当年经济文化都很发达。古罗马帝国时期，这是避暑胜地，皇帝们和学者们都常常来居留。这里保存着大量古希腊和古罗马的建筑遗迹，这些遗迹大多已经是废墟一堆，只有专业人士才看得出来是什么，非专业的游客少而又少。但是意大利人小心翼翼地认真保护着它们。参观过这些荒凉的遗迹，对意大利人在保护文物建筑方面的执着和非功利精神，不能不肃然起敬。

最使我受到强烈震动的，是我亲眼见到，在一个被地震严重破坏的极其偏僻的山村里，一群那不勒斯大学的学生们，冒着生命危险，上上下下对断壁残垣做详细的观察、测绘和做一些临时性加固。天下着雪，他们住在帐篷里，没有一文钱的报酬，心甘情愿地忙碌着。我更感受到了那些古迹的价值。

那不勒斯以优美的民歌著称于世，但那个城市被水手糟蹋得不成样子，然而意大利人以他们独有的信心和韧性保护着它，他们不着急。

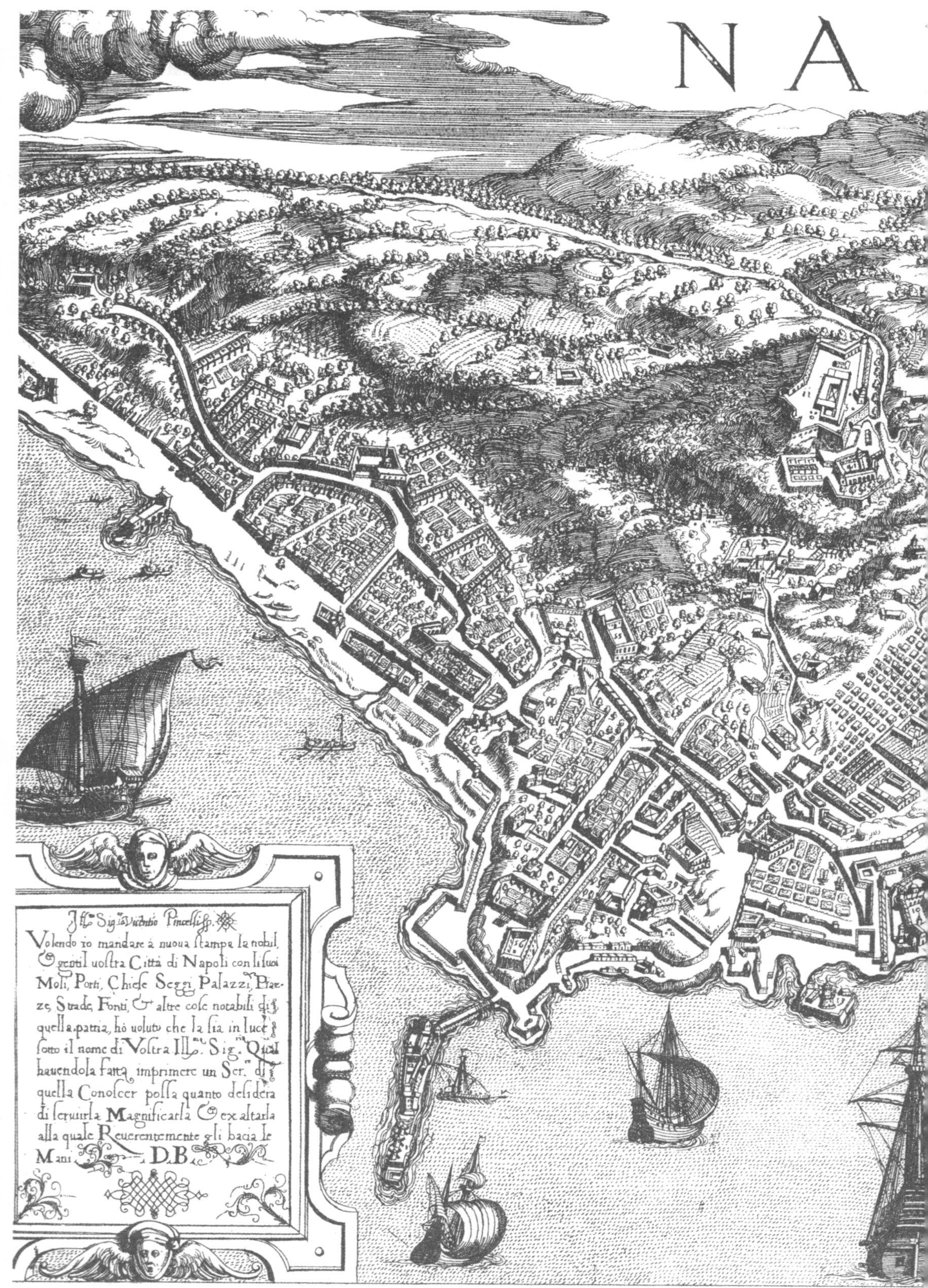
NA
Volendo io mandare à nuoua stampa la nobil,
& gentil uostra Città di Napoli con li suoi
Moli, Porti, Chiese Seggi, Palazzi, Piaz-
ze, Strade, Fonti, & altre cose notabili di
quella patria, hò uoluto che la sia in luce
sotto il nome di Vostra Ill.ma Sig.ria Qual
hauendola fatta imprimere un Ser.re di
quella Conoscer possa quanto desidera
di seruirla Magnificarla & exaltarla
alla quale Reuerentemente gli bacia le
Mani D.B.
文艺复兴时期的那不勒斯。

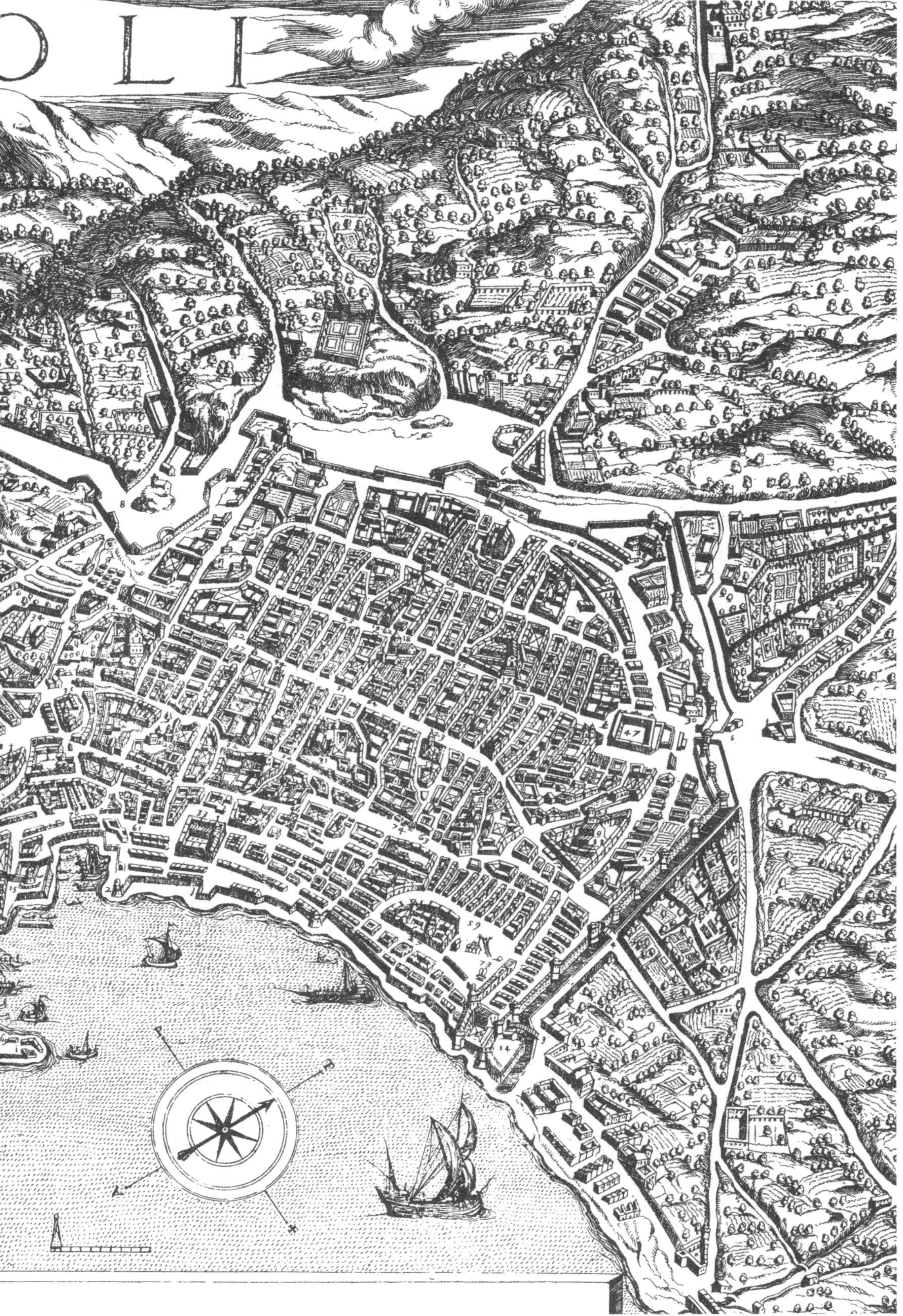
OLI

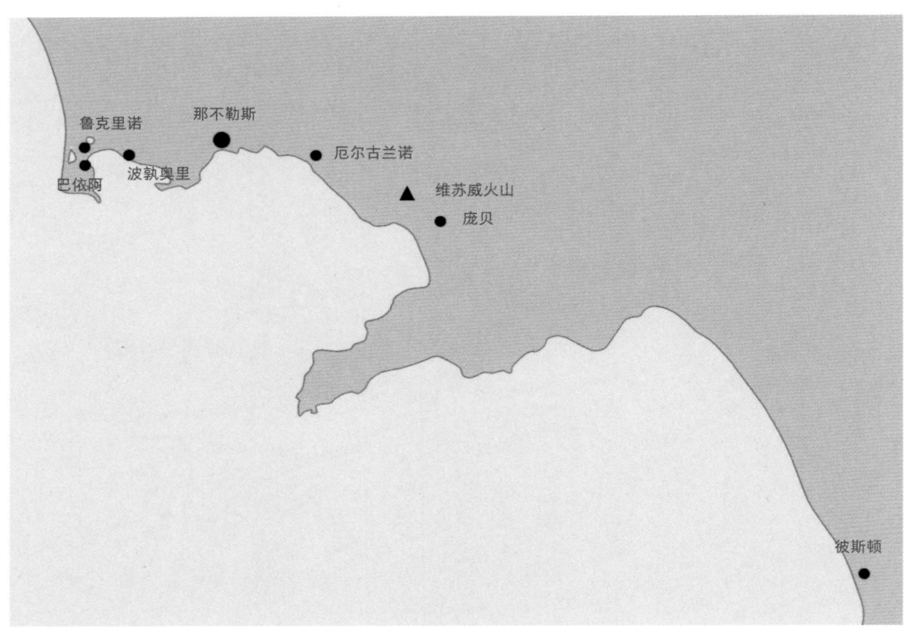

第二城市位置图。

古希腊神话大力士海拉克尔的雕像，现存意大利那不勒斯国家考古博物馆。

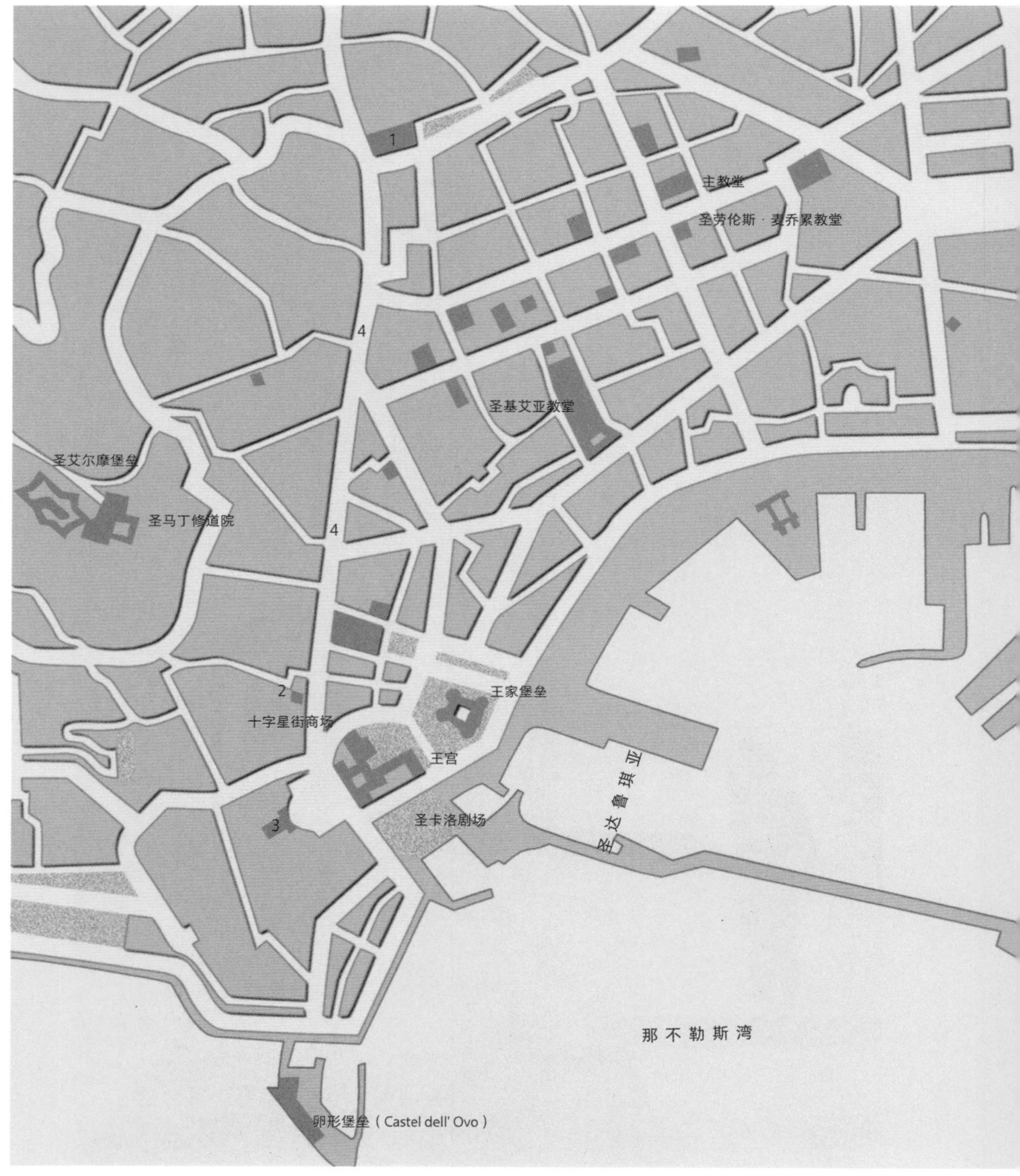

那不勒斯城区地图。

1. 国立考古博物馆（Museo Archeologico Nazionale）
2. 斯帕尼奥利居民区（Quartiere Spagnoli）
3. 圣弗朗西斯科教堂（San Francesco di Paola）
4. 多莱铎大街（Via Toledo）

那不勒斯

意大利人有一句谚语，说：“到过那不勒斯，死可瞑目。”另外还有一句谚语，说：“从那不勒斯起，往南是非洲。”两句话针锋相对，倒比众口一词的赞美更教人想去看看。

三月份，暖风一吹，我们就到那不勒斯去了。一路看两边的农地，耙得像镜子一样平，土碎得像粉末。那样的精耕细作，我从来没有见到过。果园里，梨树下搭着矮矮的葡萄架，葡萄刚刚抽芽，下面的蚕豆已经开花。上下长着三层作物，怪不得意大利的农产品那么丰富，供应着全欧洲一半以上的需要。

旅馆在市政厅旁边。放下行李，就绕过王家堡垒（Castel Nuovo，一二七九至一二八二年）和王宫（Palazzo Reale，一六〇〇至一六〇二年），到圣达鲁琪亚（Santa Lucia）海岸去了。暮色渐深，星星亮了，望着闪光的大海和远处维苏威火山的侧影，心底响起一支熟悉的歌：“看小船多美丽，漂浮在海上，随微波起伏，随清风摇荡……”

美丽的圣达鲁琪亚海岸，“看小船多美丽，漂浮在海上，随微波起伏，随清风摇荡……”

海里有一座堡垒，高高的墙脚下开着一家餐厅，灯影摇曳，音乐声随潮拍上岸来。岸上，夜总会的霓虹灯快活地变幻着图形和颜色，咖啡的浓香在海风中弥漫。往西不远，长长一带花园，草地上情人依偎，灯下，一支乐队正在准备演奏。

意大利人把那不勒斯叫作“永恒的游乐场”，圣达鲁琪亚是那不勒斯的销金窝儿。我们匆匆一看，现代化的寻欢作乐，已经闯进了那首歌的梦幻境界里，逼得它快要褪尽了。我想起歌词的最后一句：“来罢，夜色将阑，来罢，离开那尘嚣的岸。”

我们这个小团体，一共二十三个人，倒有二十一个国籍。第二天，乘车到那不勒斯以东大约一百公里的几个村子去。那是一九八〇年十一月二十三日一次大地震的震中，目的是去看地震后古建筑的维护、测绘以及制订修复方案。几个村子都在亚平宁山的深处，海拔一千七八百米。汽车在陡峭的盘山公路上转来转去，每一个急转弯处，都有几个纪念物，有的是小小的石龛，有的是一块小石碑，也有简单的一个石坛，大多镶着有人像的瓷片。我很觉奇怪，问研究所的土耳其籍助教，她说，这条山路很险，常常出车祸，这些小东西都是悼念车祸遇难者的。大约转了两个小时，就进了积雪区。白皑皑一座座大山，波起浪逐，气象十分壮观。康帕尼省（Campania）的一位官员，在车上向我们介绍情况说，本省的农村在意大利是最穷困的，而这个震区，又是穷中最穷的。于是，我心中产生一种不大体面的希望：也许可以看到最有乡土特色的古老山村。但是，奇怪，所过的山村，全都是现代化的独家住宅，设计很新颖，看得出设备很齐全。我心里有点儿失望，也有点儿羡慕，说不出是什么滋味。进了震区，可以看到一些村子的抗震棚，也全是现代化的活动房屋。想起几年前唐山大地震之后我们的抗震棚来，真觉得我们活得多么凄惨。最后，汽车爬上了群山围绕中的一个孤峰，这里本来有一座十世纪时诺曼人造的圣安琪儿修道院和十三世纪的一座罗曼式教堂，旁边聚拢了极小的一个村子。这些建筑在地震中全部倒塌了。

在修道院的半堵残墙下，几个年轻人给我们看他们的测绘图，包括修道院和整个村子。这时，天气一忽儿晴朗，一忽儿下雪，十分钟就能变一变。冷风嘘溜溜地吹，嘴唇冻麻木了，说话很费劲。我们这个小团体里早就有人吃不消了，但那几个年轻人还是一本正经地讲解。等讲解完了，急急忙忙到废墟里去看，一看，我的心跳得咯咯响。在这样一个小山村里，至少可以说绝大多数人家有烧柴油的暖气、两个四大件成套的浴厕，地面和楼梯是大理石的，有一些人家安的是铝合金门窗，不锈钢的厨房设备。看得出，房子远没有在半路上见到的那么新颖，但都是新式的砖墙瓦顶，相当宽敞。我有点遗憾，我在这里再也看不到乡土风味的古老山村了。但我也很羡慕如此山高路险偏僻的小山村里，居民们生活现代化了，享受物质文明的最新成果，而我这个三十年工龄的大学教师生活条件比他们还差得远。我不久就冷静下来，年轻人告诉我们，这些村子是作为文物单位要保护的聚落。一座文物建筑，它的身份第一是文物，第二才是可用的建筑，作为保护对象的聚落当然原则上也一样，不过，那些现代化的住宅设备，是被允许的，如果不允许，村子就留不住居民，没有居民，这些村子要保护下去也很难。

我一路上想象的用木头杯子装着自家姑娘亲手挤的牛奶款待宾客的乡土风情，在一般情况下是保不住的了。只有极少数做“博物馆式”保护的聚落才可能有。

我们又转了几个村子，破坏情况比圣安琪儿轻一些。村子都很小，教堂可不小，有些村子甚至有两三个教堂。按规模说，足足可以装下现在全村人口的几倍。而且都相当精致，大多是巴洛克式的，跟罗马城里的一个味儿，装饰着壁画和雕刻，也有华丽的祭台、烛架、圣水池等。教堂在这次地震里虽然没有完全倒塌，破坏还是很严重，有塌了一半的，有倒了几开间的，有拱顶裂开的，有柱墩酥散的。断壁残拱，摇摇欲坠，看上去都怕。到处都有黄绳子拦着，挂上“非常危险，不可靠近”的警示牌，但每个教堂，都有一拨年轻人在加固、测绘、登记、挖掘、作修复设计。他们不顾危险，细心地、镇静地工作着。

这些年轻人都是那不勒斯大学的建筑系学生。一九八〇年地震发生后，三天之内，他们和一些教师就来到现场，在余震不歇，建筑物还在不断倒塌的情况下，着手抢救文化遗产，为了测量一个尺寸，观察一条裂缝，他们常常要冒险攀上摇摇欲坠的断壁残垣，简直是玩命。我们去的时候，他们还住在抗震棚里，多数时间在露天工作，有风有雪，气温在冰点之下。没有采暖设备，没有浴室，吃的是军用干粮。而且，工作没有分厘的报酬，全是志愿的。我们不由得肃然起敬。我也向意大利政府和人民致敬，那地方保护下一批历史见证，是一点经济效益也不会有的。世界上甚至不会有几个人听说过它们。我想起罗贝多说的话：“我们是为了文化才热爱文化遗产的，不是为了钱。”

修复方案大都在结构和构造上做种种推敲，至于建筑，很简单，就是复原。这跟《威尼斯宪章》的规定是不是符合，这次我们这个小团体里没有一个人提这个问题，虽然他们一向喜欢鸡蛋里挑骨头，谴责一切他们以为不合宪章的做法，他们被这群年轻人的献身精神震慑住了。其实，只要资料齐全而且可靠，适当的复建并不是完全不允许，但一定不要混充原物，而且不伤害残存的遗迹。

从山上下来，第三天下午开始，我们参观那不勒斯市内的古建筑。那不勒斯的历史很复杂。最初曾经是古希腊移民地。公元前四世纪被罗马人征服之后，地位一直很重要，皇帝如奥古斯都、提比略（Tiberius，一四至三七年在位）、尼禄，常来这里避暑，知识分子如维吉尔（Vergil，公元前七〇至前一九年）、西塞罗（Cicero，公元前一〇六至前四三年）、大小普吕尼（Pliny the Elder，二三至七九年；Pliny the Younger，六一／六二至一一三年）在这里常住。古希腊的文化，包括语言和风习，在那不勒斯和它的附近地区一直流行到罗马帝国末期。后来，拜占庭人、法国人、西班牙人、奥地利人，都曾经或者占领它建立长期的统治，或者对它施加很强的影响。因此，在那不勒斯可以见到各种各样风格的古建筑。

海边一座非常宏伟的王家堡垒是十三世纪末按照法国的样式造的，相邻的王宫是罗马巴洛克建筑师芳丹纳（Domenico Fontana，一五四三

西塞罗塑像，佛罗伦萨乌菲斯博物馆收藏。

至一六〇七年）在十七世纪初年设计的，城西伏末罗山（Vomero）上一座更大的圣艾尔摩堡垒（Castel Sant' Elmo），建于十六世纪，是西班牙式的。它前面的圣马丁修道院（Certosa di San Martino）本来是法国人统治时造的，十六七世纪时大大改建过。从那里俯视整个那不勒斯城、海湾和岛屿，遥望维苏威火山，景致壮阔而多变化。上山本来有缆车，现在已经拆掉了。后来我在奥维埃多（Orvieto）和圣玛利诺（San Marino）也亲眼见到拆掉缆车的事。缆车既破坏自然风光，也和文物古迹格格不入，近年来都在拆除，只余下居民区和滑雪场之类的地方才有。

带我们参观的是那不勒斯市的总文物建筑保护师和一男一女两个副手。主要是看旧市区的几个教堂。那不勒斯城的旧市区跟其他意大利城市的都不一样，它已经失去了古代和中世纪的诗情画意，只有十九世纪

法国样式的王家堡垒，一二七九年至一二八二年为法国来的统治者安茹的查理一世造的，屡经修葺。现在作为公共图书馆、省市议会会议厅和一个历史学会的工作场所。

和二十世纪初年工业城市的混乱拥挤，虽然单体建筑的质量倒还不错。所以，一路上，文物建筑保护师没有多少话可说，那位男副手兴致勃勃地告诉我们哪儿的烤饼店物美价廉，女副手则一再说，非喝那不勒斯的咖啡不可，而且必须一口一杯才有味道。

当地人最敬重的不是主教堂（Duomo），而是一座圣基艾亚教堂（Santa Chiara）。这是一三一〇年法国统治者按普洛旺斯（Provence）的哥特式样建造的。一七四二年至一七五七年间被改成了巴洛克式，一九四三年内部被炸毁。最近，又改回到严峻的哥特式了。但是，特地留下一开间巴洛克式的，作为历史的见证。另外，还有一所圣劳伦斯·麦乔累教堂（S. Lorenzo Maggiore），也是十四世纪初造的，同样曾被改造成巴洛克式的，而最近又改回到哥特式去，留下作为历史见证的，

圣基艾亚教堂内部。

是西立面背后的部分。我起初不了解他们为什么要这样做。多看了几个教堂之后，我终于明白了，实在是因为那不勒斯的巴洛克式教堂太多了，或者精确地说，中世纪教堂被改成巴洛克式的太多了，以致那不勒斯竟没有一所还保存着原样的中世纪教堂。目前好古之风盛行，这当然有损于那不勒斯教会的自尊心和旅游利益。而且，教会的财产，包括教堂，是不受政府管辖的，教堂之类的保护维修，政府管不到。这本来就是欧洲各国文物保护立法的一个大漏洞，至今没有好办法。不过这几座教堂由巴洛克向哥特的恢复工作当然做得很精细。

圣基艾亚教堂有两所修道院。在文艺复兴时期，女修道院的院落改成了花园。一七四二年，正值欧洲艺术的洛可可时期，造了一个十字形的廊子分花园为四等份。洛可可艺术的特点之一便是汲取中国艺术特色，廊子的柱子、靠背椅、屏风墙等全部是砖石造的，而且贴了黄色琉璃面砖。砖上用蓝绿色画着风景、田园生活和水果等，一看就是仿中国式的。长时期以来，欧洲人以为瓷片或者琉璃，是中国建筑的特色。明末遗民张岱在《陶庵梦忆》里记载南京大报恩寺塔，最后说："永乐时，海外夷蛮重译至者百有余国，见报恩塔，必顶礼赞叹而去，谓四大部洲所无也。"报恩寺塔外贴琉璃面砖，十八世纪上半叶，欧洲不少所谓中国式建筑物就常常模仿着用瓷或琉璃贴面。至于这座修道院的琉璃砖上作的画，则可以从当时大量出口到欧洲的中国瓷器上学到。那不勒斯的几家博物馆里，都有不少中国瓷器。我把这些告诉东德人马丁，他很高兴，并且告诉我，德累斯顿（Dresden）的那几座仿中国式建筑物，现在还保存得很好。远隔重洋，亲眼看见中国文化对世界的贡献，真是极大的快慰，可惜实在太少了。

总文物建筑保护师估计到那些水平不高的教堂引不起我们多大的兴趣，很抱歉地说，那不勒斯的古建筑和艺术品，确实比不上北部和中部城市。不过，又补充一句，市博物馆里的庞贝和厄尔古兰诺（Ercolano）遗物，那可是世界上独一无二的。

那不勒斯附近不仅有庞贝和厄尔古兰诺，还有巴依阿（Baia）和波孰奥里（Pozzuoli）的古罗马遗址以及彼斯顿的古希腊遗址，这些在建筑史里都是非常重要的。趁小团体解散休假一礼拜，我约了马丁一一去参观。

假期的最后一天，我和马丁决定在那不勒斯再转几圈。主要是转老区，一部分在伏末罗山的东坡，一部分在火车站到但丁广场之间。老区的范围比罗马的历史中心要大得多了。怎样来形容我们在老区参观时的心情呢？又可怕，又愤怒。我问马丁：“你记得恩格斯写的……”，他立即接茬说：“《英国工人阶级状况》。”我们想到一起去了。这里的情况，跟一百五十年前恩格斯描写的曼彻斯特工人区简直一样。当然，房屋要好得多，都是砖石的，有一些还看得出当年新的时候挺有点派头，一般是五至六层，甚至七至八层，但是，建筑总容积率和人口密度可是比当时曼彻斯特的高得多了。街巷非常狭窄而且曲折，半空中密密麻麻横着绳子或者竿子，叮叮当当挂满了滴水的衣服。一层又一层，遮天蔽日，弄得本来就很幽暗的街巷更加阴沉。房子年久失修，灰皮剥落，门窗破败，阳台摇摇晃晃地歪着，雨水管子断裂，两侧墙上洇了一大片水迹，长着黑绿色的霉苔。走进楼房底层黑洞洞的券门，一般是个小天井，抬头看，许许多多住户自己搭的小阁子，像鸟窝一样高高低低吊着，有的是破木板的，有的是废铁皮的，有的不知是用什么东西搞的。天井里因此只有一线微光。地上堆得乱七八糟，甚至有别处再也见不到的煤渣和白灰。

在这种环境里，人们的品性也沉沦得很恶劣。街巷很脏，垃圾不知有多少年没有人打扫了，抛弃的车轮、冰箱和洗衣机都已经腐烂掉了。妇女们提着大墩布往电线杆子上甩，弄得漫天的尘土。甚至有人在楼上窗口拍打地毯，半条巷子都呛鼻子迷眼。小贩们的食品摊，毫无掩盖地放在这混浊的空气里，人们买一小勺煮芸豆，拿起来就吃。地面上纵横流着黏糊糊的黑色臭水。我们看见几个孩子在水里玩，一个小不点点的女孩，在阴沟里掏呀，掏呀，忽然掏出一块泥浆糊着的破布或者也许是

那不勒斯旧城区，街巷非常狭窄而且曲折，半空中密密麻麻横着绳子或者竿子，叮叮当当挂满了滴水的衣服。

别的不知什么东西，举起来，高兴得哇哩哇啦地叫着，跑着，引得一大帮孩子跟在后面追。

主教堂后面一条小街上，有一溜半地下室，亮着刺眼的灯光，我们往里张望，原来是一堆堆的人在赌博，大叫大嚷，气氛非常紧张。还没有看太清楚，我们就警觉到，原来每个门前都站着三两条大汉，长满了毛的胳膊上刺着青花。他们斜眼注意着我们，我们不禁后背发凉，赶快走开。转过几个街角，心情稍微放松了一点，马丁叫我看地下，几乎遍地是废弃的毒品注射器。我们彼此看一眼，不敢多说，那种阴森森的气

那不勒斯老城，街边的小摊和小女孩。

息压得我们有一种莫名其妙的恐惧。后来在伏末罗山半腰一个没有什么人的角落，我们才敢试一试，弯下身来双脚原地转向，数一数注射器的数目，竟有二十四个之多。一路上有好几次，遇见一些女青年，嬉笑着向我们打招呼，问要不要照相。从罗马到那不勒斯，这个地区的居民据说是血统最纯的拉丁民族，一向以出美人闻名，好莱坞的名牌红星，大都来自这里。她们确实长得很美，弹力针织衫紧紧裹在身上。我们怕惹事，笑一笑就快走。后来，回到罗马，一位哥伦比亚朋友拿出一叠照片给我看，都是他给那不勒斯女青年拍的，原来，她们可以把人带回去，照不论什么样的相，毫不保留。我问这位哥伦比亚人，她们都是些什么人呢？他说，都是好人呀，又热情又浪漫，是店员，是职员、学生或者甚至教师。他说，我爱那不勒斯，这地方真浪漫，总叫人兴奋。

那天回到旅馆，我们打开导游书一看，吓了一跳。那上面明明写着，为了安全，最好不到老区去，如果要去，就得结队，在中午前后，而且要尽力不招人注意。后来我向罗马大学的鲁奇迪教授说起这次经历，她说，热那亚更糟，都是水手们搞的。

这样的老区，现在都一律当作保护区。保护旧市区的理由，各有各的说法。有的说是为了它的历史价值和审美价值。有的说是因为住在这些区里更有人情味，人与人的关系比较亲切。实际一点的人说，改建这些旧房子比造新的省钱而快，有利于解决居住问题。最老实的是到我们这个研习班来做报告的英国人林斯屈拉姆，他干脆连改建都不赞成，说，老区房租低，住的都是低收入的人，小商业和小服务业多，价廉物美，低收入的人离不开它们。如果房子和环境改造了，房租就贵了，商业和服务业也就高档化了，这些人就住不下去了。所以，改造旧区，反而会造成社会政治问题。这也就是反对旧市中心的中产阶级化，防止把低收入者赶到城市边缘去。

不管人们七嘴八舌怎么说，保护这座历史文化古城实在是一个大难题，不仅有经济的技术困难，更多的是社会和政治问题。不过，意大利人保护文物建筑和历史性城镇的意志很坚定，他们有勇气挑战困难，也有足够的智慧，而且他们不急不躁，我相信他们会成功。

傍晚，我们再出旅馆，从伏末罗山的南侧顺着陡峭的小巷子下了数不清的石级，来到了王宫左侧，看了看十九世纪著名的十字形街上覆盖着玻璃顶子的商场（Galleria Umberto Ⅰ，一九〇〇年）和圣卡洛剧场

意大利最大的剧场——圣卡洛剧场。它在剧场建筑发展史上有重要意义，一七三七年为法籍统治者查理·鲍顿（Charles Bourbon）建造。

（Teatro di San Carlo，一七三七年）。我们又到了圣达鲁琪亚海岸，这里，崭新的现代化旅馆一个挨着一个，反射玻璃耀眼地亮。游乐场开始热闹起来，豪华餐厅的大海鲜玻璃柜里，活生生的龙虾缓缓地爬动。

我们终于找到了答案。那不勒斯既是个能够尽情享乐，死也瞑目的地方，也是贫穷的阿非利加的起点。马丁说，这不就叫作资本主义么。是！那不勒斯不过把矛盾表现得比罗马或者别的城市更尖锐、更赤裸裸罢了。

我终于没有兴致再唱那首“圣达鲁琪亚”迷人的歌了。

厄尔古兰诺 庞贝

参观完了那不勒斯的教堂和博物馆之后，我们的小团体就放假了，大家自由活动。我打了个电话给从北京去的老黄，他赶到旅馆，把我和马丁接到他的住处。他住在鲁克里诺（Lago di Lucrino），在城西二十来公里。那是一个很美的海滨小村，后背靠山，侧面临海，自古以来以产龙虾闻名。古罗马时期，这小村有很多别墅，其中有公元二世纪初政治家、作家、雄辩家西塞罗的。尼禄皇帝的母亲被害死时就住在这里。现在，古代的别墅已经没有，小小的村子沉没在绿树荫里，家家园子花落花开，居民们大约也早已忘记那可怕的逆伦阴谋了。

在鲁克里诺住了几天，我们早出晚归，参观了厄尔古兰诺、庞贝、波孰奥里、巴依阿和彼斯顿。

厄尔古兰诺和庞贝本来都是古希腊人的移民城市，后来被罗马人占领。两个城市都在公元七九年因维苏威火山喷发而被埋掉。厄尔古兰诺在维苏威火山西麓的海边，一九二七年被正式发掘，掘出三条街道和被

正在迎战波斯皇帝的亚历山大，庞贝壁画中的亚历山大是我们今天能见到的最早的、出现频率最高的亚历山大形象。

它们分划的六个里坊，其余部分压在现在的城市下，无法发掘。埋掉厄尔古兰诺的是火山的泥浆，不是熔岩，所以虽然有的地方厚达二十米，凝结得很硬，但一切旧物保存得很好，连木器都还有完整无损的，包括家具、日用品、工具、门窗和建筑构件。

厄尔古兰诺本来是个五千来人聚族而居的小城，并不繁华，但是保留着比较多的希腊文化，建筑物很雅致。中庭式小住宅，有一些带个希腊式的围廊式后院，其中一幢的柱子看来还是希腊式的，大约造在罗马人进占之前。门厅、厨房、卧室、餐厅、起居室、客厅，一一分工明确。几幢大一点的，地面上有镶嵌画，保存得相当好，后院之后还有一个向西的阳台，对着那不勒斯湾。

六个坊里，有一个坊被半个体育馆占着，另外半个还没有被发掘出来；有半个坊被一所浴场占着。可见当时公共生活很发达。浴场造于奥古斯都时期，是个四合院，分男用女用两部分。男的有冷水、温水和热水三个浴室，女的没有冷水浴室。更衣室里，墙上满是大理石板做的方格子，供存放衣物用的，一客一格。男更衣室里还有一具尸体，据说是个侍者。可能是在火山泥浆袭来的时候，想到这里躲一躲，被埋在里面了。生火的房间在角落里，热气循陶质管子流到各处。男用的冷水浴室里，穹顶上有薄薄的灰塑装饰，题材是海洋生物，以蓝绿色作底，大约是表现海水。

我们找到头年参加过罗马文物建筑保护研讨班的智利人巴勃罗，他在那里工作，走后门参观了正在发掘的现场，在厄尔古兰诺西城墙外。这里本来是关厢地带，渔船码头，比城里低十米左右，现在比海面低三米。主持发掘的人最感骄傲的是找到了不少尸体。因为过去一直认为这个城的人在火山泥浆来到之时都已经几乎逃光，他的发现推翻了这个结论。我的兴趣却在一所小小的浴场，它保存得很好，连拱顶都完整无损。进门的小天井里，一架大理石座子上立着青铜雕像，工艺很精细。一间方厅里有大理石砌的浴池和墙裙。因为主持人还兴高采烈地带人们看尸体，我弄不清这是温水浴池还是冷水浴池。往里走，推开一扇又一扇的木板门，起初没有用心，后来忽然想起，据说庞贝城里门窗的青铜合页至今还能转动自如，莫非这里的也是？这才仔细地看并且推了一把，原来正是。这时，接待人赶来了，介绍说，连门扇都是原物，因为当时火山泥浆并不很热。这浴场里，最使我觉得意外的是窗玻璃。过去从书上知道古罗马有窗玻璃，但总以为是些小块。这浴场里有一块泥浆凝固

厄尔古兰诺遗址已发掘部分的全貌。

厄尔古兰诺遗址中的街道。

体，上面粘着许多玻璃碎片，浅咖啡色，十分光洁。最大的有巴掌那么大。这股泥浆是破窗而入的，细看窗框，玻璃块的大小大约相当一张对开的日报。泥浆进了窗子之后，落在一个大理石水盆里，照盆子的形状凝结成一块，碎玻璃就粘在弧形的表面上，像从模子里翻出来的。一个月之后，我在罗马的文物修整中心又看见一块窗玻璃，也是碎块，大约有二十厘米宽，三十厘米长，厚只有三毫米左右，竟是完全纯净透明。我问雷娜教授，这是什么时候的？她说从公元二至三世纪的遗址找到的，至迟是二至三世纪的东西。

从发掘现场爬上海堤，迎面是落成不久的厄尔古兰诺考古博物馆，房子的体和面的变化十分突兀，是标准的当代意大利建筑。古代遗址博物馆全用新式样，毫不求跟遗址建筑的任何形似或神似，拉开了历史距离，效果很好。

厄尔古兰诺壁画。

厄尔古兰诺的壁画，海拉克尔（Herakle）和台莱弗斯（Telephos）的故事，最早可以追溯到公元前二世纪。

庞贝跟厄尔古兰诺不同，它在火山喷发前是个手工业和商业很发达的海港，又是避暑胜地。罗马的富豪人家到这里造起别墅、大型住宅和花园。所以它的公共建筑也质量高，规模大，而且广场、街道都比较有气派。可是，庞贝城是被炽热的熔岩掩埋的，破坏得比厄尔古兰诺厉害，虽然埋得不很深，凝结的岩浆也不很硬，发掘出来的面貌却不如厄尔古兰诺完整。

庞贝城的大部分是住宅区，使我大为惊奇的是，虽然城市的发掘已超过了三分之二，却看不到很贫穷破落的房屋。从城墙脚跟起，一幢挨一幢，密密地排列着的住宅，都有相当好的质量，至少是中庭式，大多

庞贝古城，远处就是“造就”庞贝、让今天的我们有幸走进昔日古罗马生活的维苏威火山。

也许这正是公元七九年八月二十四日前的某一天，庞贝的市民们像往常一样，聚集在中心广场的朱匹特神庙前，全然没有感觉到背后的维苏威已经积累了足够的能量，就要凝固住他们，把他们带到两千年后的今天。

数带围廊式后院。火山灰混凝土的墙，抹一层灰，平而且硬，经过将近两千年，至今还有光泽。壁画很多。地面镶嵌画随处可见。后院的柱廊有用砖砌柱子的，也有石柱。城北部的维蒂府邸（Villa Vetti），专门用来供游客参观，后院的柱廊完整，壁画都在，还有大理石的家具和青铜的雕像。几个中年的画家坐在里面临摹片断壁画，卖几个钱，不贵。一座舞蹈家的住宅也很华丽，叫它舞蹈家住宅，倒并非考证出主人的职业、身份，而是因为院子中央有一尊青铜的舞者像。这类住宅，半室内半室外的敞开面积很多，比中国的四合院有更多空间和光影的变化。

古时，商业街道很繁华，店面相接，都是临街敞开，横着一个曲尺形柜台，很像中国南方的店铺。卖酒的，店堂里还摆着大瓮。街道两侧，墙上写着许多字，除了一些广告外，大都是竞选公职的标语口号，可见即使在罗马帝国时代民主政治还很活跃。街立面多少经过修复，现在看上去好像古罗马人还住在城里，只不过是午休时刻，有点儿寂静罢了，过一会儿，大街上就会熙熙攘攘。只要看一看路上石板深深的车辙，就能想见当年车水马龙的盛况了。

还有一点引起我注意的是，城里有许多大型的角斗场、剧场、浴场、体育场、巴西利卡等，足见公共生活的发达。但宗教建筑物却极少，只在中心广场上有几个，如阿波罗庙（Temple of Apollo），看来也不过是官样文章而已。意大利中世纪的城市和村庄，教堂密布，容量甚至大大超过人口。两相比较，对古典文化的人本主义性质，能有很深的印象。

庞贝城是被炽热的熔岩掩埋的，破坏得比厄尔古兰诺厉害，发掘出来的面貌不如厄尔古兰诺完整。

维蒂府邸内的壁画。

维蒂府邸内的壁画。

维蒂府邸柱廊修复后的后院。

“舞蹈家”住宅想象复原图。住宅的得名是因为小天井里有一尊青铜像，像个舞蹈家。

店铺想象复原图。繁华的商业，店面相接，都是临街敞开，横着一个曲尺形柜台，很像中国南方的店铺。

城门外的米斯特里别墅壁画，描绘了罗马人的祭祀、结婚等诸多场景。

壁画中的古罗马女性。两千年的时光斑驳，掩饰不住她们的美丽。

庞贝城的街头音乐家，马赛克画。

公元一世纪的庞贝马赛克画作。

庞贝和厄尔古兰诺被挖掘出来后，做了许多修复工作。现在看来相当完整的一些房屋中，有些当时不过只剩下四五十厘米高的残墙废墟，因此，虽然修复的工作有相当高的水平，现在仍然被认为是大错误。最“正统”的专家们痛心疾首地指责，遗址遭到了难以挽回的破坏。在这些专家们看来，真实性、原状，乃是文物的最基本品质，是它们的价值的命根子。所以，我所在那个国际文物保护研究所，根本不组织我们参观厄尔古兰诺和庞贝。

跟意大利所有的古迹名胜一样，现在，庞贝城里没有一家餐馆、咖啡馆，没有一个摊贩，连卖纪念品的小铺也没有。总之，没有一点商业活动，只在博物馆里卖导游图和画册。庞贝城东西长约一千两百米，南北最宽处约七百米，出了城门，大路两侧都是古代墓葬，也是重要文物，所以，一直要到墓葬区的尽头，才有卖纪念品和食品的。这么大的范围，细细地看，至少要一整天时间，要吃要喝自己带。后来我到法国，看到的文物古迹区也都是这样，这种做法实在很好，彻底避免了名胜古迹的商业化。

巴依阿 波孰奥里 彼斯顿

巴依阿离鲁克里诺很近，只有两公里的样子，本来是个希腊居民点，罗马帝国的时候，是很重要的海滨浴场和温泉浴场，有几个皇帝的离宫和不少贵族的别墅。一五三八年，因为火山喷发，大都沉到海里去了。现在，山坡上还有一处规模很大的公共浴场和几座庙宇的遗址。也有人认为这几座庙其实是另外几个浴场残存的大厅。

一下火车，右边山坳的葡萄园中立着戴安娜神庙（Temple of Diana），圆形的，穹顶还剩下一半，直径是二十九点五米。向左沿海岸走百十来米，是一座维纳斯神庙（Temple of Venus），外形八角，里面是圆的，直径二十六点三米的穹顶完全被毁了。上坡走到浴场里，因为买不到导游图，面对着一大片遗址，高高低低，不大看得明白。好像包括三个建筑群，中间一个局部有轴线，其余的就随便了。北头有一个圆厅，穹顶直径二十一点五五米，完整无损，中央有个圆洞，跟罗马万神庙一样。这

彼斯顿出土的古希腊壁画。

是万神庙之外唯一完整的古罗马大型穹顶。圆厅旁边还有一个小厅，盖着八瓣的穹顶，里面是一眼温泉，热气腾腾。这一带火山很多，曾经多次喷发，这两个穹顶和旁边的拱顶，居然无恙，可见技术水平相当高。而且巴依阿几个穹顶的直径，在整个古罗马时代都可以算得上是很大的。

浴场遗址还有许多大大小小的台阶和巷道通向各种房间，现在是荒草野蒿，颓败得很。只有壁画、镶嵌地面、青铜或者大理石雕像的地方，搭个简易的棚子保护。遍地是大理石的建筑片断，如柱头、檐口等。细看上面的雕饰，忍冬叶、串珠、盾剑等，都不是浮雕，而是镂空的透雕，只剩背后一点点连着。从几个没有雕完的柱头，可以看出雕镂的程序，先是用钻头打深孔，然后下凿子。这样才能雕出又细又薄的花样来，而且保证图式精确。有一块科林斯式檐口，在每两个小齿之间连着指甲大那么一对卷草芽，只有一两毫米厚，玲珑细巧，半透明的。这样的片断在罗马火车总站对面的古代艺术博物馆里也可以见到。古罗马的建筑物一般很高大，高处用浮雕，体积变化和光影对比不够强烈，简直不会有什么效果。正因为高，所以不但不能简化，不能放大细节，恰恰反而要夸张细节的精致，才见得建筑物的雄伟。至于说高处细节小了就看不清，白费功夫，那也是不对的。正是看不清，才显得建筑物的

维纳斯神庙。

巴依阿古罗马浴场遗址。

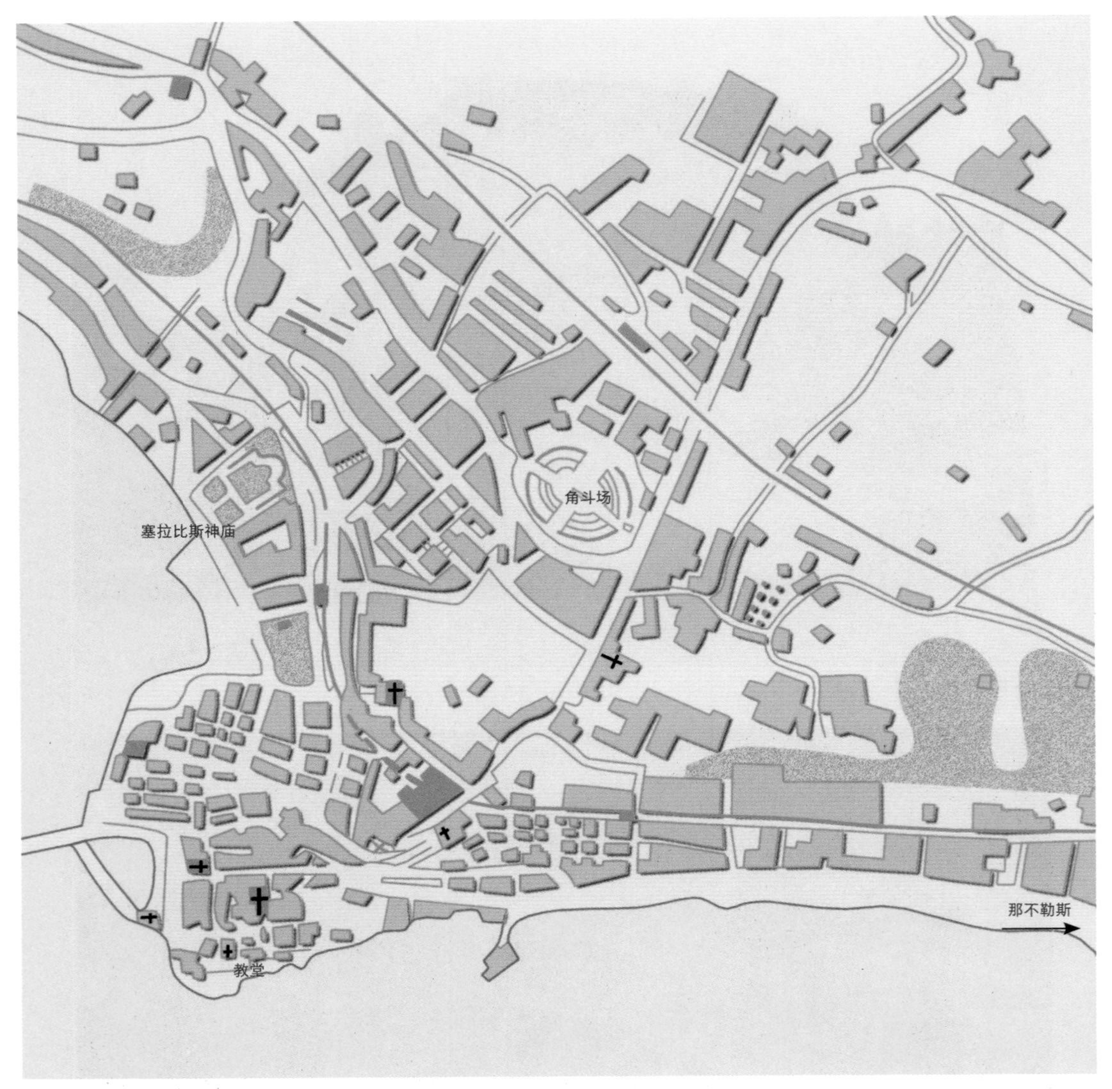

波轫奥里地图。

高；高处细节看清楚了，建筑物就显不出高来了。简化和放大细节，都只会使建筑物粗陋并且尺度失真。

巴依阿南端，有一座壁立的石矶插入海中，上面有座十六世纪的堡垒，规模很大，侧面高高的石墙足足有几百米长，气势极其雄壮。我一向很迷恋堡垒的浪漫主义气氛，远远望见了它，一定要去看一看。沿公路上坡，走了半个钟头，到门口，只见挂着军事要地的牌子，不开放。正在叹气，忽然走出一个人来，眼珠子布满红丝，问我们：想进去看看吗？当然想！给钱！多少？一万里拉。马丁跟他讨价还价，说妥了三千里拉。我刚掏出一张五千的，那家伙一把就抓了过去。我知道跟他要找头是不可能了，只好不动声色，跟他进了大门。进门是个小小的院子，栽着几株石榴树和松树。我们以为他会带我们再往里走，谁知他一摆手说，到此为止。我们抗议说，跟你说好了是参观这座堡垒，他说，我说的是让你们进门。我们知道无理可说，想在院子里看海景，这无赖又来撵我们，说天要下大雨了，快赶汽车去罢。看来他让我们进去也是冒了点风险的，怕我们久留。我们实在也不愿惹是非，就出来了。马丁一向好胜，受骗上当，他认为是大耻辱，恼怒了很久都不肯说话。

波孰奥里在鲁克里诺到那不勒斯的中途，离那不勒斯十六公里。它最初也是希腊人居住地，罗马人占领之后，成了意大利半岛上最重要的海港，直到公元三世纪才被奥斯提亚超过。这里有不少古罗马的大型建筑物，其中角斗场保存得最好。它造于公元一世纪晚期，规模在意大利境内居第三位，可以容纳四万观众。长轴一百四十七米，短轴一百一十七米，表演区的尺寸是七十二米长、四十二米宽。起初，有一条输水道通进角斗场，可以注水做海战表演。后来，造了地下室，输水道就废了。这地下室保存得比罗马大角斗场的那个好多了。从两个坡道下去，下面有三条过道，一条大体顺表演区的外周走一圈，另两条是纵向的，互相平行。过道两侧是上下两层小斗室，上层养猛兽，下层囚角斗士。表演的时候，通过竖井用吊杆把兽笼吊到表演区。角斗场的外立面是三层发券，同里面的三层观众席相应。

塞拉比斯神庙（Temple of Serapis / Serapeum，公元一世纪）即古代的贸易神庙，现在已经淹在海水里，四周的柱廊和店铺见不到了，中央一圈十六棵柱子还露出海面，别有一种奇趣。

波孰奥里对古罗马建筑史的最大影响是这里生产活性火山灰，就是一种天然水泥。古罗马建筑的伟大成就依傍出色的拱券结构技术，而拱券结构能够大量使用，依傍的是火山灰混凝土。有了混凝土，拱券结构才又快又廉价，而且可以使用没有什么技术的奴隶劳动。波孰奥里一带是火山地区，罗马城里的大型建筑所用的混凝土，就靠这里盛产的活性火山灰。

整个那不勒斯湾沿岸的城市，都是古希腊人兴建的。罗马时期，这里的希腊文化影响还依然很深。但现在能见到的完整的古希腊遗迹，就只有彼斯顿的几座神庙了，

火车到了彼斯顿，我们没有直驱希腊神庙，而是顺古老的城墙往南走，再折向西。城墙由古代的巨石砌筑，非常苍劲。我们走到南门附近，

塞拉比斯神庙，大部分已经沉入海中。

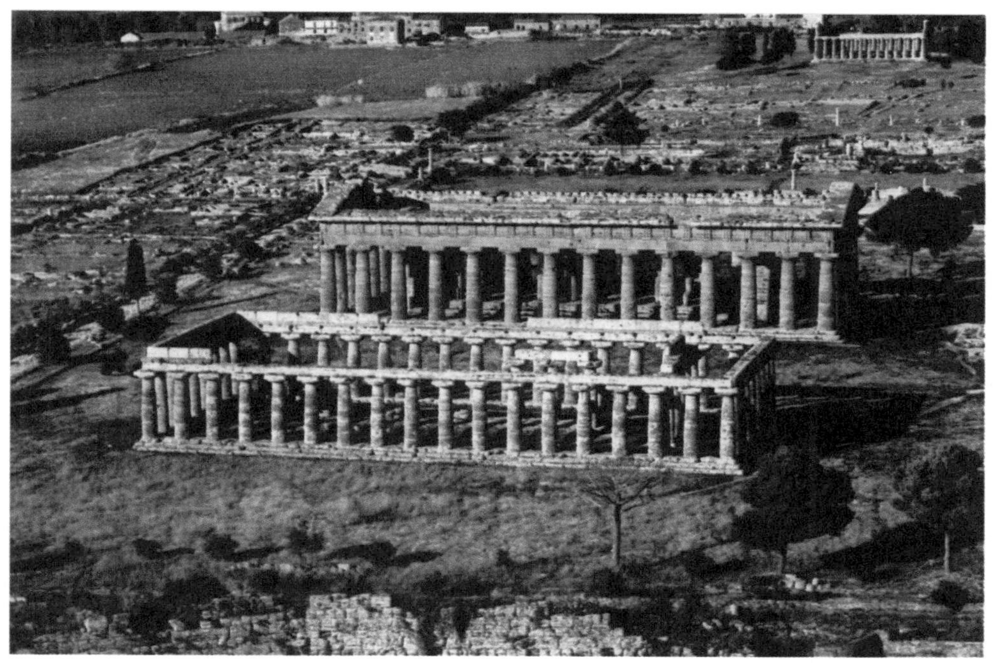

彼斯顿，图中由近及远依次为巴西利卡、波赛顿庙、赛雷庙。

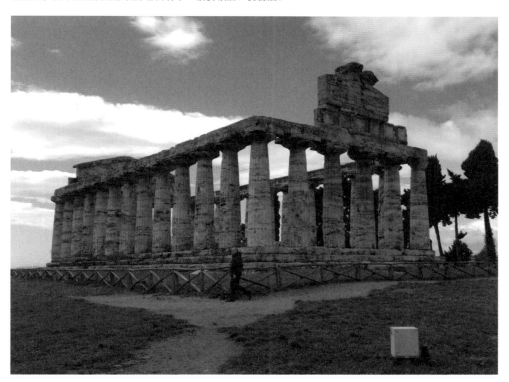

赛雷庙。

向北一望，在微微起伏的深绿色草地中央，三座黄褐色的多立克式神庙，默默地并立着，不动声色。古希腊人赞赏他们的神庙时，喜欢说它们像从地上长出来的，跟太古的岩石一起生成。此时此刻，我深深被这种描写说服了，仿佛找不到更好的语言。彼斯顿在公元前一世纪后半奥古斯都时代，就因为地势卑湿，疟疾流行而被废弃了。十九世纪之后，这里才重新发现，但两千年的荒凉仍然被小心翼翼地保存着。所以，这几座古庙就更加像永恒的自然那样，只跟日月星辰对话，而漠然不顾人间的沧桑。

但人们都不能对它们漠然。仔细深入的研究工作不停地进行着。一九五四年，在农业女神赛雷庙（Temple of Ceres / Athena）的南侧发现了一个地下小庙，是女神希拉（Hera）的，里面有保存得很好的青铜壶，装着的蜂蜜还是干干净净的。赛雷庙对面的博物馆里陈列着公元前

彼斯顿古希腊浮雕。

古希腊壁画“跳水者”，有约两千三百年的历史。

四世纪墓葬群里的壁画，是一九六八年才发掘出来的。

赛雷庙（三十四米长十三米宽）建于公元前六世纪末，那座叫作巴西利卡（五十四米长二十五米宽）的庙是公元前六世纪中叶造的，波赛顿庙（六十米长二十四米宽）（Temple of Neptune / Poseidon）造于希腊古典早期，公元前五世纪前半。被称为巴西利卡和波赛顿庙的，其实都是希拉神庙（Temple of Hera）。波赛顿庙是三座保存得最好的古希腊神庙之一，另外两座是雅典的丹西翁庙（Temple of Theseion，公元前四四九年）和西西里岛上阿格里冈达（Agrigento）的和谐庙（Temple of Concordia，公元前四三〇年）。有人认为，彼斯顿的这座波赛顿庙比雅典的帕提农神庙（Parthenon，公元前四四七至四三二年）还要美，因为它最充分地表现了多立克式建筑的雄伟刚健。甚至认为，波赛顿庙使用类似灰华岩的石灰石，疤斑累累，比帕提农的光洁的白大理石，更加适合多立克柱式的男性性格。

我不能，也不想这样去比较这两座建筑物。波赛顿庙石头上本来是抹着一层细灰的，有些现在还残存着。在罗马的朱利亚三世别墅（Villa Giulia，一五五〇至一五五五年）里，陈列着公元前六至七世纪伊达拉里

波赛顿庙巨大的多立克风格石柱。

彼斯顿保存最好的一座神庙——波赛顿庙。

亚古庙檐部的陶贴面，都涂着颜色，帕提农庙本来也是重彩浓饰的，所以，波赛顿庙当年很可能有满身斑斓的色彩。我们看惯了被风雨剥蚀的断柱残壁，往往赞叹古人的质朴单纯，其实，这不过是假象，古人恐怕倒是很花哨的。千百年的历史加工过的文物，本身有它独立的审美价值，不同于它焕然一新时的。比如青绿斑驳的青铜鼎彝的美已远不是当年光彩夺目的美。彼斯顿建筑群是岁月加工过的了，人们欣赏它们的时候，包含着对它们两千年历史沧桑的尊敬。所以，它们的残缺破损，甚至它们的凄清落寞，都是造成它们现在的美的因素。当然，这样说是把它当作文物，用诗意的心去亲近历史。至于作为建筑物，理性地衡量，它们毕竟相当原始，密集粗壮的柱子，透露了它们结构技术水平之低。

彼斯顿的三座大庙，平行排列，朝向一致，显得很单调，有点儿傻。和当时希腊本土的圣地建筑群自由而随参拜者的动线布局大不相同。有人认为，这是因为圣地建筑群是由民间崇拜发展起来的，与自然和谐；

巴西利卡。

而彼斯顿的建筑群则是在寡头专制政体下建造的，所以很保守，只会固守庙宇应有的朝向。

彼斯顿现在虽然很小，四方的城墙总共不过六点四公里长，但在罗马时期要大得多。现在的城墙之外，北面和西面，都发掘出了整齐的古代街坊。在城内还有罗马时代的角斗场、剧场、输水道和广场。罗马人建设之勤，实在是叫人难以想象。

离开彼斯顿的时候，车站上只有我和马丁候车，这地方现在来的人很少了。巴依阿、波孰奥里、彼斯顿等几个地方，都任人游览，并不需要买票。旅游经济是从大处着眼，整体规划的，并不要求每个文物点自己去赚钱。每个文物点的经费由国家根据文物的价值和维修的实际需要提供，而不是根据它们各自的“市场价值”。

奥斯提亚

回到罗马，休息了几天，到了周末，正逢复活节，天气特别暖和，跟马丁相约着又去奥斯提亚。这次选中奥斯提亚，就是因为刚从厄尔古兰诺和庞贝回来，印象还新鲜，好做个比较。

从圣保罗门外的奥斯提亚火车站上车往西不远，路右边就是圣保罗教堂（San Paolo Fuori le Mura）。所以奥斯提亚门又叫圣保罗门。这个巴西利卡式的教堂是罗马最宏大庄严的教堂之一，仅次于梵蒂冈的圣彼得大教堂。它初创于古罗马帝国晚期，火烧之后又重建起来的。再向前，左边是罗马万国博览会旧址，我们中国留学生叫它新罗马。这一区建设得很漂亮，但是它的主教堂，仿圣彼得大教堂而加以简化，还有一幢用类似手法仿角斗场的大厦，虽然都算得上是形似又神似之作，活像儿童积木，笨拙得可笑。不到半小时，就到了古奥斯提亚车站，总共二十三公里。下了车，过天桥，来到小小的玫瑰花盛开的村子。村里都是些一两层的独家小住宅，花园很大。人们都上教堂去了，静悄悄的。

奥斯提亚古罗马公寓复原模型。

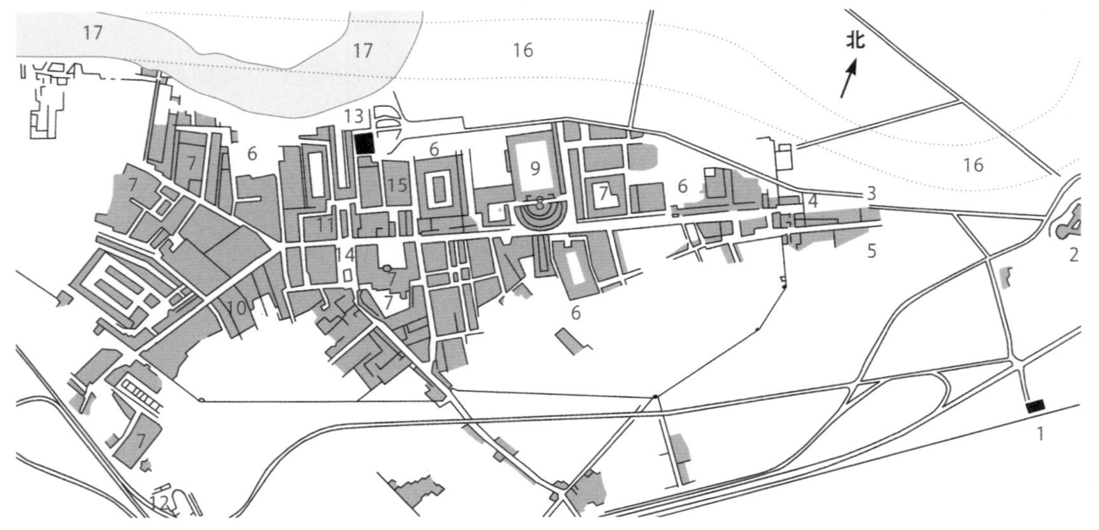

1. 火车站
2. 堡垒
3. 入口
4. 罗马门
5. 坟街（古罗马人习俗，坟墓都建在城门外）
6. 粮仓（奥斯提亚是粮食大转运站，专供罗马城）
7. 公共浴场
8. 剧场
9. 国际商行中心
0. 贸易学院（图拉真学院）
11. 行政中心
12. 犹太教堂
13. 博物馆
14. 中央广场
15. 戴安娜公寓
16. 泰伯河旧河道
17. 泰伯河

奥斯提亚城区地图。

我们来到教堂，做弥撒的人们聚在门口，亲亲热热地聊天。对着教堂的是一四八三至一四八六年间造的一座堡垒，兴建的人是位枢机主教，就是后来文艺复兴最重要的教皇尤利亚二世（Pope Julius Ⅱ，一五〇三至一五一三年在位）。造这座堡垒，为的是镇守泰伯河，以免罗马城遭到海上来的攻击。但后来泰伯河拐了弯，这堡垒离河岸相当远了。

古奥斯提亚本来在泰伯河口，公元前四世纪就已经是个海港，罗马对外贸易的吞吐口。从奥古斯都起，历代皇帝都很重视它。公元三世纪中叶又兼为军港。它是罗马城最重要的供给基地，罗马城的供应官衙门就设在这里。最繁荣的时候，人口达到十万。泰伯河口外移之后，从公元四世纪起，它不再是海港，衰落下来，终于荒废。到一七五六年，这里只有一百五十六个居民，一八七八年，只剩下一户人家了。

奥斯提亚没有经过天灾的破坏，只是荒废之后在中世纪受到人为的糟蹋。保存情况比厄尔古兰诺和庞贝都好。因为奥斯提亚的性质跟那两座城不一样，它的面貌也很不同。

从尤利亚二世的堡垒向西走，不远就走进了奥斯提亚东门外的墓地。古罗马法律不许在城里埋葬死者，所以，城门外两侧沿大路建坟就成了通例。有一些墓其实是住宅的模型，院落、房舍都很整齐，也不太小，人可以进去，和罗马圣彼得大教堂地下古代墓葬相仿。

奥斯提亚的东门叫罗马门（Porta Romana），从这里有一条大石板路通向罗马城的奥斯提亚门，也就是圣保罗门。这条大路是古代最繁忙的大路之一。现在的公路，傍着这条古路走，离开一个距离，以免破坏它。古罗马有许多大驿道，所谓条条大路通罗马，现在大都当作文物保护了起来，不但保护路的本身，而且保护它两侧的环境气氛。最著名的阿庇亚大道，现在两侧都还古色盎然，没有一点商业或“旅游业”。

奥斯提亚东西长而南北窄。进了罗马门，一条东西向的主要大街（Decumanus Maximus）纵贯全城，大约一千两百米长。南北向都是比较短的街道。在这些街道里转来转去，越转越觉得奇怪。这座古城，已经清理了一半，大约三十三公顷，竟有至少一半面积是公共建筑物和宗教建筑物。占厄尔古兰诺和庞贝城绝大部分的那种整齐的居住街坊，在这里几乎没有。只在公共建筑物的夹缝里挤着些多层公寓。中庭式带后院的单层住宅寥寥无几，大多造于三至四世纪，看来是富人住的。公寓一般是四层，高十五米，这是古代罗马法律规定的极限。平面设计方法很先进，采用一梯几户的标准单元，也有转角单元。公寓比较狭窄，装修简单，窗子不用玻璃而用云母片或石膏石片，显然是大多数平民住的。

奥斯提亚临街商店，横着柜台，侧后方是货架。它们在敞开的店面上方发一个平券，跨度达到了平券跨度的极限，现在在平券下装了一根钢梁，以保平安。店面上两跨圆券的券脚处本来由一块石板挑出承重，现在在石板下砌了一段砖墙，也是为了保平安。

像在厄尔古兰诺和庞贝一样，在奥斯提亚也没有见到很不堪的可以被称为贫民窟的地方。

有些公寓底层设商店，店前或者有柱廊，或者没有。楼上挑出阳台。店面开敞，砖砌的平券的跨度竟在三米以上。临街横着柜台，它的侧后方是货架。一座叫作戴安娜公寓（Casa di Diana）的，对面有家三间门面的食品店，墙上画着蔬菜水果，店堂里另有货架，后墙上还有衣帽钩。

公共建筑物的门类很多，充分体现了这个进出口贸易中心的特色。有好几个贸易货栈，卖粮食、卖油、卖酒，甚至还有卖牲口的。都是很宽敞的四合院，周圈小房间，备有仓库，大剧场对面的粮栈，共有六十间房间，看来都经营批发。大剧场的舞台背后，是个国际贸易中心，大院子周围一圈柱廊，一共七十间房间，房门前廊下地面的镶嵌画上都有文字，标明这间房间主人的国籍和做买卖的项目。原来每间房间是一家公司办事处，有迦太基、亚历山大里亚、阿尔勒的等；有经营粮食的，有制绳、修船的，还有航船公司。

剧场的观众席经过修复，现状很整齐，有二千七百座。舞台只剩下残迹，所以从观众席可以一直看到国际贸易中心的院子里，那儿现在是一片松林，正中一座小庙，还剩着几棵柱子，在虬枝老干的掩蔽下，显得特别白，特别挺直。

此外，奥斯提亚还有专门为国际贸易服务的旅店、仓库、修船所、修船技师学校等。技师学校对面是个商业行会，从一对卖鱼的铺子之间进去，先是左右各一个壁龛，左首那个有皇帝图拉真的雕像。再进去是个很深的院子，当中有长长的水池，红砖砌的，两侧作一连串的半圆形。池子尽头是一堵影壁，龛里有雕像。

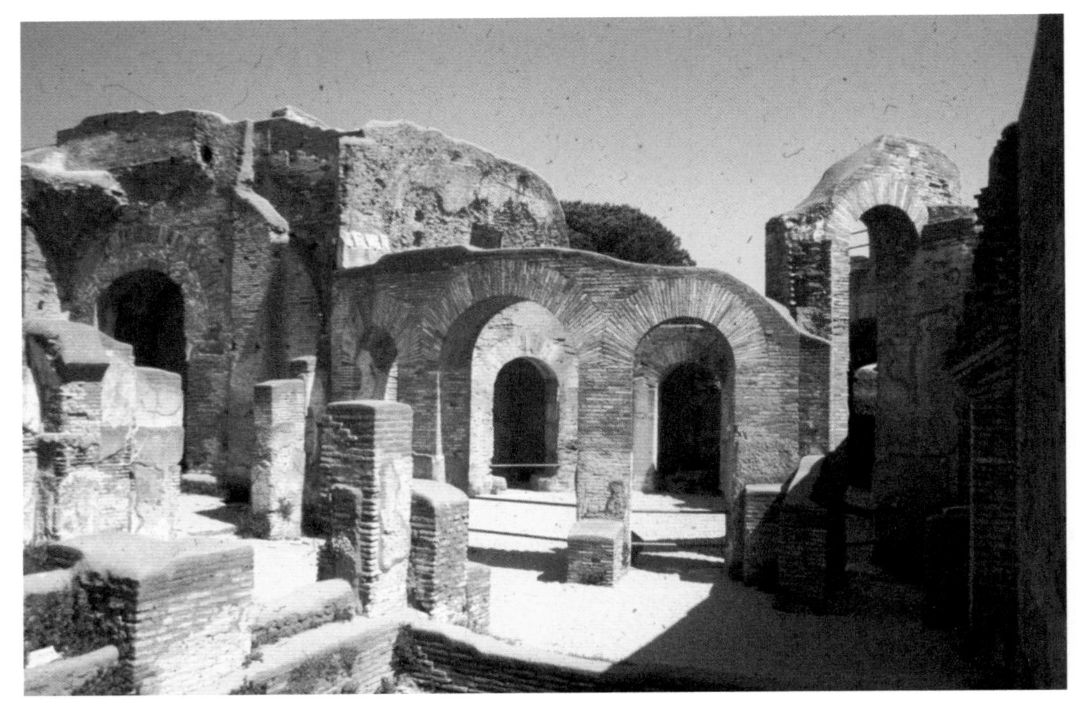

七贤浴场，残址保护得很好，凡砌体的上沿都做防水层。供暖管道本来贴墙而走，都已毁损。

公共浴场可就多了，城里至少有六个，西城门外还有一个，规模都不是很小，冷水浴、热水浴、温水浴都齐备。废墟里可以清清楚楚看到顺墙走的供暖管道，是方孔的空心砖做的。有一个浴场甚至还残留着泵水的设备。中心广场南侧的浴场，烧火间在地下，还很完好，可以下去看。建筑艺术质量也是高的，西北角的七贤浴场（Terme dei Sette Sapienti），以圆形穹顶大厅为中心的室内空间组织得很好，跟院落错错杂杂交融在一起，加上柱廊的接应过渡，层次更多，景观很丰富。这些浴场都不讲究轴线对称，构图很活泼。广场南侧的浴场的南立面，两组柱子，开间疏朗，过梁轻薄，简直像现代钢筋混凝土的框架。

结构的疏朗轻薄，工艺的精致细巧，构图的自由活泼，尺度的近切以及风格的亲柔平和，是奥斯提亚大多数建筑物的基本特色。以它的住宅来说，普遍使用大理石的地面和墙面、生动的彩色镶嵌画、铜的或石

普洛蒂洛（Protiro）住宅内部。这种独门独院的住宅是“上等人”住的，在奥斯提亚不多，但很精致，胜过庞贝的。

的雕像、喷水池、壁龛等，还有花园。比厄尔古兰诺的华美，不像厄尔古兰诺的那样简单朴素；比庞贝的细小柔和，尺度更小，不像庞贝的那样有点富贵气或者庙堂气。

这种特色最突出的代表是一所名叫朱彼得和莎姬之家的房子（Domus di Amore e Psiche）。朱彼得是维纳斯的儿子，莎姬是他的恋人。这所房子是四世纪造的，可能是一所住宅，也有专家说是一座妓院。小院子西侧有四间小房间，装修十分考究，其中一间地面和墙面全用彩色大理石贴面，中央放着朱彼得和莎姬的雕像，这是这座房子得名的由来。院子的东侧，有一排红砖砌的壁龛，前面立着小巧的白石柱子和券，色彩很明丽。北面一间大厅，地面是彩色的镶嵌画。马丁看了，连连说，这样的房子，跟朱彼得和莎姬的身份太般配了。大概确实是为了那么一

奥斯提亚的古罗马厕所，坐式的，雪白的大理石板上挖着圆洞，厕位下是水沟，至今还有小小一股流水，秽物可以随水冲走。书本上记载，古罗马不但有水冲式厕所，富人家的厕所里甚至有自动喷香水的装置。古罗马生活水平之高看来还是真实的。

种浓郁的浪漫主义的感情色彩，有好几对青年男女要求我们帮忙给他们在院子里拍一张合影。

庙宇也都平易，小巧。只有中心广场上的主庙（Capitolium），二世纪造的，献给朱匹特（Jupiter）、朱诺（Juno）和米诺娃（Minerva）的，放在高高的台阶上，才有点儿神气。可惜大理石贴面已经被剥走，只剩下光秃秃的红砖墙了。除了神庙，还有几处供奉皇帝陛下的庙，这在别处倒没有见过。一座四世纪的基督教堂，是巴西利卡式的。西门外不远，一九六一至一九六三年间修高速公路的时候发现了一幢犹太教堂（Synagogue）的废墟，是公元一至五世纪的，为了避开它，高速公路竟绕了一个大弯。

中央广场的西侧有座不小的巴西利卡，残毁得很厉害。蔓草中间，蓝尾巴的蜥蜴窜来窜去。不知哪儿来的一只猫，扑住蜥蜴，用前掌拍死，然后很文雅地慢慢吃。马丁看得入神，舍不得走，我只好独自去转，直到找到古罗马的公共厕所，喊他，他才跑来。厕所在广场的东侧，浴场后身，长方形的一大间，朝南两个门，其余三面是厕位，坐式的，雪白的大理石板上挖着圆洞，一共二十个。厕位下是水沟，至今还有小小一股流水，秽物可以随水冲走。因为有两个门并列，迎门的墙面又用红砖砌成左右两半图案，我们猜想这也许是男女两间厕所，但在地面和厕位上又看不出分隔的痕迹。正好有几个美国小青年坐在厕位上，大叫大嚷，开心得不得了。见到我过去，就做出各种姿势来大出洋相，要我给他们拍照。这个厕所大概也使他们觉得出乎意料。据书本上记载，古罗马不但有水冲式厕所，富人家的厕所里甚至有自动喷香水的装置。古罗马生活水平之高看来还是真实的。

仔细看了这些建筑物之后，奥斯提亚城渐渐在我心中复活，一个繁忙的、富庶的、五光十色的城市，充满了活力。人们在这里凭机智和勤劳工作着，也毫不吝惜地享受着。所谓古典文化的世俗精神，表现得十分强烈。

奥斯提亚，还有庞贝和厄尔古兰诺，这些古代城镇的遗址，虽然不过是废墟，却能作为在古代文明生活最直观、最细致、最真实、最生动也最有色彩的见证，这是任何一本历史书都做不到的。作为历史信息的载体，这是二十世纪中叶才最后明确的文物古迹的主要价值。而这些完整的聚落，它的各类建筑形成的有机的有内在结构的建筑系统，对应着社会生活的系统，它们所传递的历史信息的全面性和深入程度，又远远超出任何一个单体的文物建筑，这就是“系统大于元素之和”。所以，理所当然，当今国际上文物建筑保护的大趋势是从单体保护进到成片的聚落的保护，并且更进一步还要保护聚落的人为的和自然的环境，因为聚落的生成和发展是和环境分不开的。

奥斯提亚、厄尔古兰诺、庞贝，还有罗马城郊的阿德良离宫，甚至罗马市中心的古代遗迹，如巴拉丁山和共和广场、帝国广场等，都保持着很荒凉的废墟状态，不栽花种草，不修路，只打扫打扫而已，当然还有一些“干预”工作，就是防止进一步破坏。因此，到了这种地方，扑面而来的是两千年跨度的沧桑之感，在历史的动态中，“念天地之悠悠”，追怀前人的业绩，千种思绪，万种感慨，都会涌上心头。那种精神上的、心灵上的体验，虽然因人而异，都是强有力的文化陶冶。我非常感谢，也非常钦佩，意大利人没有用什么“美化”、什么“园林化”、什么“整修”，甚至什么“复原”去干扰它们，既尊重了古人，也尊重了今人，让人们能更自由地驰骋想象。

傍黑回到罗马，一看，卧房门被撬掉，赶紧推门进去，柜子、抽屉都被打开，东西丢了一床、一地。清点了一下，居然什么都没有少。女房东虚惊了一场，打电话找木匠来修。过了一天，她才告诉我，意大利的吉卜赛人都以为中国人有鸦片，这个闯入者显然是为偷鸦片而来的。我想起，确实有两次在公共汽车上有几个面色偏黑的人向我买鸦片，他们大概还记得一百五十年前的事。我那个研习所里的人听说，劝我报警，可以得一笔保险费，所里已经给我们都保了险。我说，既然没有丢东西，就不报了，因为女房东不希望我报。朋友们说我傻，又说，中国人就是高尚。我想说，中国人有高尚的，但也有很卑鄙的。我怕这样的话题万一谈得激烈起来，容易违反出国前“培训”时的教导，就没有吭声。

第三篇

托斯干尼

托斯干尼（Tuscany）地区在罗马的西北方向。这里古罗马的遗迹保存得不多，现存的城市大部是中世纪晚期和文艺复兴时期的，所以都很完整，庇护着人们安静的生活。它们的建筑、绘画和雕刻中，有许多是任何一本历史书都不能不写，而且不能不当重点来写的。

由于房屋维护得都很好，街道整齐，所以走在这些城市里，我们忘记了文物建筑保护这个题目，仿佛只是徜徉在建筑史和美术史的博物馆里，尽情去欣赏，去体验，去享受至上的美，为几十年的向往得以实现而感到幸福。

一座座的老城，新区和旧区划分得清清楚楚。旧区都保持着纯净的旧貌，几乎没有不协调的东西掺杂进去，也没喧哗的街市，那古朴的氛围会教人一一想起几百年前安详地生活在小巷里的文化巨星和他们扮演的故事。巨星是豪迈的，故事是慷慨的，源源不断来自世界各地的旅人们充满敬仰之情的记忆是这些城市的骄傲。

菩提切利《春》(局部)。

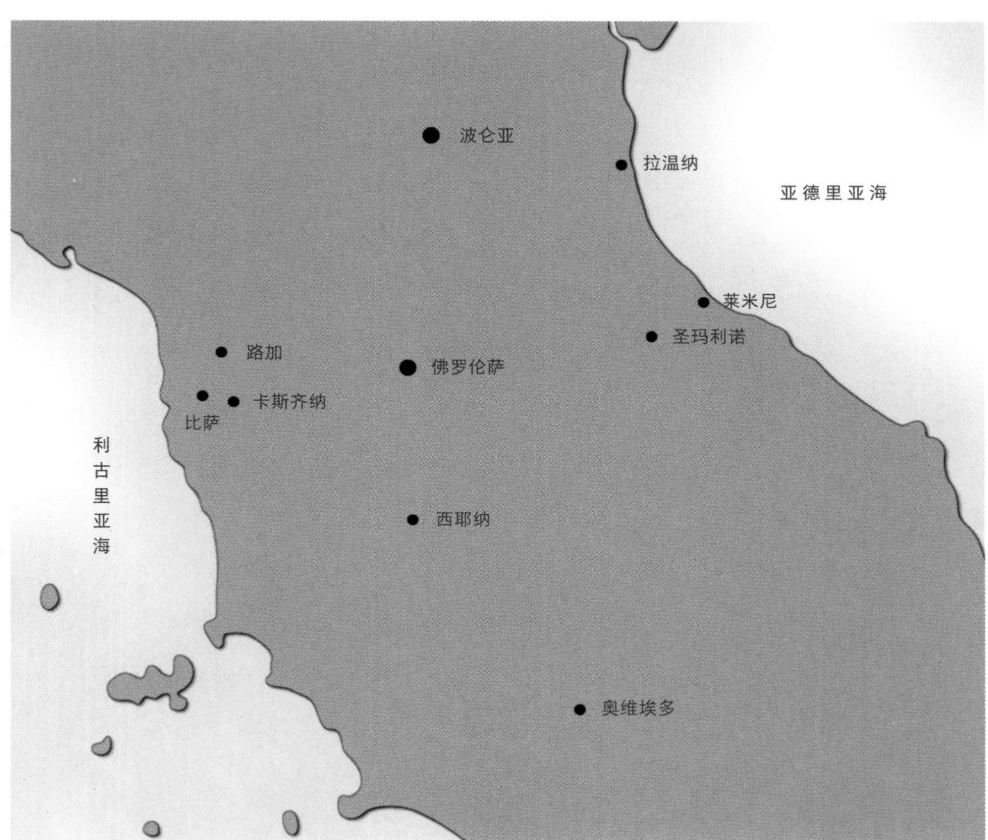

第三篇城市位置图。

满城黄墙红瓦的色彩调子中，白色的主教堂、洗礼堂、斜塔建筑群摆在城区的西北角，阿尔诺河打个弯，穿过比萨。

比萨 路加

复活节有十天假期，我邀了马丁一起到托斯干尼地区去参观。

天色全黑之后，火车到比萨（Pisa），从沈阳去的老王在月台上迎着我们，乘汽车到他的住处卡斯齐纳（Cascina）。他一个人租着一套住宅，包括三间卧室和一间很宽敞的起居室。房子是新的，装修挺拔而精确。夹板做的门扇，方正平整，严丝合缝，有一种现代机械工艺的美。老王告诉我，比萨是欧洲木器主要产地之一，家具和门窗销遍全欧洲。他是研习金属加工工艺的，注意到这里木器加工的公差竟比沈阳的金属加工的公差都小。这个卡斯齐纳小村子，是家具业的销售中心，有十几个大型的展销馆，全年开放。他建议我好好看一看。

卡斯齐纳村离比萨城二十来公里，虽然有一座中世纪的教堂，但村子基本上全是新的，按规划建造，一色的小型低层花园住宅，除了日常生活所必须的商业和服务业之外，就只有那些家具展销馆。展销馆都是些宽阔的框架玻璃房子，分隔成小间，布置成卧室和起居室的样子。家

文艺复兴时期的比萨。

9 El duomo
10 S. giouanni
11 El campanile
12 El campo santto
13 Lo Spidale
14 S. ciara
15 S. caterina
16 S. Stefano
17 S. francescho
18 S. lorenzo
19 S. Cicilia
20 S. paulo
21 S. andrea
22 La Madonna Con.a
23 S. Siluestro
24 S. Marcho
25 S. Matteo
26 La Madonna
27 Sa. Martta
28 S. pierino
29 La piazza de cauoli
30 Sa. Michele
31 S. Girolamo
32 S. Anna
33 S. Francesco di paulo
34 S. Giuseppe
35 S. Simone
36 S. Veronicha
37 Comp.a di S. fra.o di paulo
38 Larciuescouado
39 S. lazaro
40 S. Stefano
41 S. Biagio e S. Giuliano
42 S. Rocho
43 S. Ranieri
44 El gardino de senprini
45 S. Lionardo
46 S. Nicolaio
47 S. Agniese
48 S. Vito
49 Le stalle
50 S. Lucia
59 S. Croce
60 S. Marcho
61 La fortezza
62 E magzini
63 Langelo Rafaello
64 S. Giouani Conuentto
65 Sa. Bernado Conuentto
66 S. marttino
67 S. Lorenzo
68 S. Sipulcro
69 Sa. Cristofano
70 El Carmine
71 S. Domenicho
72 S. Gillio
73 S. Bastiano
74 S. Crestina
75 La loggia d' mer.ti
76 La nonziata spidale
77 La madalena
78 S. Cosimo e damiano
79 S. Giouani spesauento
80 S. Antonio
81 La spina
82 S. Casciano
83 S. Benedetto Monici
84 S. Antonino
85 S. paulo aripadorno
86 Sa. Domino
87 El campo acquasanto
88 El Balouardo
89 La Torre
90 Larsenale
91 Capo Cauallo
92 Doue si uende el Bestiam
93 Strada di Calci
94 Pratale
95 Doue si fa le poluare
96 S. piero aistia
97 La Nonziata Compagnia
ACHILLE SOLI PITORI
FECIT

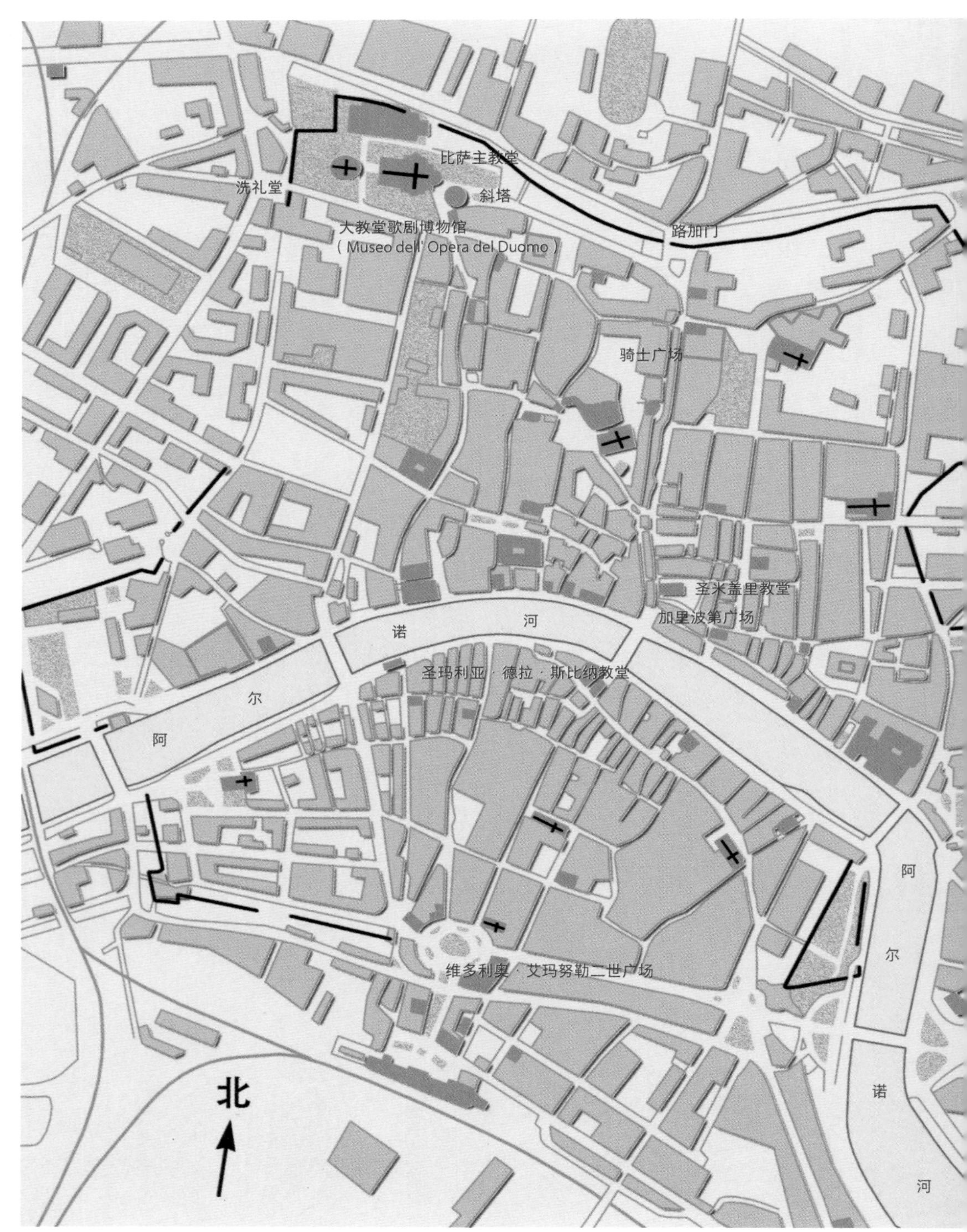
比萨主教堂
洗礼堂
斜塔
路加门
大教堂歌剧博物馆
（Museo dell' Opera del Duomo）
骑士广场
圣米盖里教堂
加里波第广场
诺
河
圣玛利亚·德拉·斯比纳教堂
尔
阿
维多利奥·艾玛努勒二世广场
阿
尔
诺
河
北

比萨城区地图。

比萨城内沿街的廊子和商店。

具绝大多数古色古香，说得出是哪个时代，哪个地方的款式。好古是当前欧洲的一般潮流。我在罗马，不但见到过仿古家具，还有仿古的灯具、金银餐具和钟表。不过，那些都是高档货，至于大宗货，还是那种体现机械工艺特色的。

从卡斯齐纳进比萨城，一路上都是新造的独家花园住宅，式样千变万化。偶然有几幢两三层的联排住宅，也都像蛇一样自由地曲曲折折，围成大大小小的院落，看来确实很舒适。

比萨城不大，六万人口，倒有四万是大学的学生和教职工。城的南部和南门外火车站一带是新建区，很繁华，两个大商业广场都在这里。一条大街从南门的艾玛努勒二世广场（Piazza Vittorio Emanuele II）出发，微微弯几下，一直穿到北面的路加门（Porta a Lucca）。这条街跨过阿尔诺河（Fiume Arno River），桥南头一座方方的两层房子，底层全部敞开作市场，桥北头是加里波第广场，再往北，沿街的左侧有很宽的廊子，迤逦几百米长，右侧有圣米盖里教堂（S. Michele in Borgo）。这一段街保存着文艺复兴时代的面貌。阿尔诺河从佛罗伦萨（Florence）流来，到西边九点七公里处入海。十一世纪，河口的冲积比现在少，比萨离海只有三点二公里。河北部分的中央，有一个三角形广场，叫作骑士广场（Piazza dei Cavalieri），中世纪时是市中心，十六至十七世纪时，建筑物经过重建，一座教堂和它的钟塔是照瓦萨里（Giorgio Vasari，一五一一至一五七四年）设计的平面造的。它旁边的骑士府邸（Palazzo della Carovana）的立面是一五六二年由瓦萨里装饰的，前面有一尊科西莫一世大公（Cosimo Ⅰ）的石像。另一座十三世纪的府邸，也由瓦萨里重建。它的主人和他的孙子们都是被关在监狱里饿死的，这出悲剧被但丁写进了《神曲》。现在，市面已经迁走，广场冷冷清清，一个老头儿正在撒豆子喂鸽子。黑压压一大片鸽子埋住了他。意大利绝大多数的城市，现在的市中心还是原来的，比萨的情况有点特殊，中心移到火车站附近，是便捷的交通夺去了生意。

闻名世界的比萨主教堂（Duomo di Pisa，一〇六三至一〇九二年）建筑群也非常特殊。绝大多数意大利城市里，主教堂、洗礼堂（Battistero）和钟塔（Campanile）这三件一套的建筑群都造在热热闹闹的旧市中心，而比萨的却孤零零地在城的西北角，西面和北面紧挨着城墙。这种不寻常的位置，使它便于做总体布局，更加完美地展现。它们和公墓都是洁白的大理石造的，托在鲜绿的一片草地上。从城里的街巷口看过来，建筑群的背景上平平横着一条深赭色的城墙，这重重的一抹颜色，拢紧了整个建筑群，衬托出四座明亮的建筑物，显得格外恬静和素雅。主教堂建筑群远离市中心，远离商业区，通体用白大理石造，在一大片绿茵上，这样的处理在全意大利再也没有第二个。这几座建筑物，高矮肥瘦，长短方圆，变化很大，再配上些轮廓很生动的雕像，还能构成和谐的整体，确实很难得，怪不得有一些人推崇它是意大利最美的建筑群。

我们绕建筑群转了两遭之后，就上斜塔（Torre Pendente，一一七三年）。塔高五十五米，有二百九十四磴石级夹在墙里。人在里面绕圈走，半圈陡，半圈平缓，很明显地感到塔的倾斜。每层的外沿券廊没有栏杆，向外眺望有点儿提心吊胆。好在极顶上有栏杆，可以倚栏悠然眺望全城的

比萨斜塔，中国人一提到意大利，几乎就会想到它，太有名了。汽车不可以开进这个主教堂地区，只允许用古老的四轮马车，以保持主教堂地区的历史气氛。

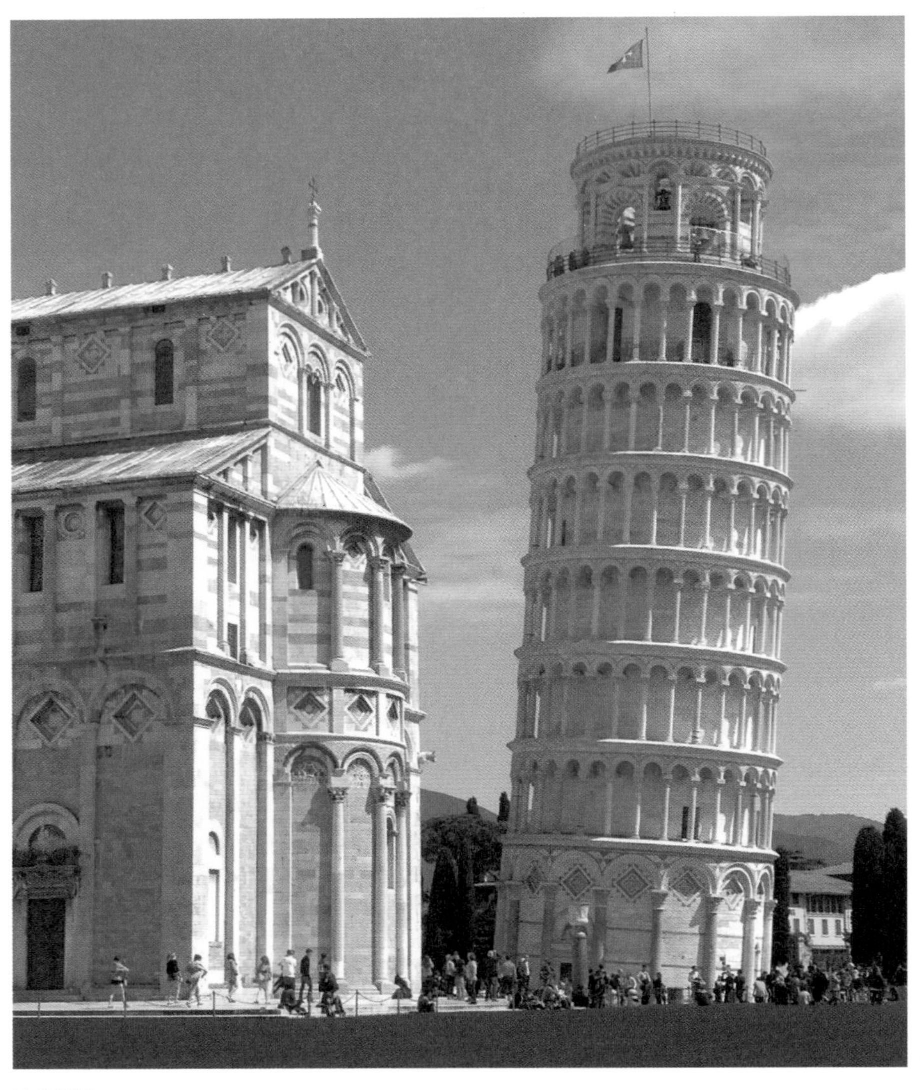

比萨斜塔。

景色。这天阳光灿烂，照着满城黄墙红瓦的小房子，深绿的树丛，色彩和体量跟主教堂建筑群那么强烈地对比着，更衬托出纪念物的宏伟壮丽。

斜塔的抢救方案正在世界范围里探讨。我们在罗马访问过文物保护研究中心，听专家介绍情况。同伴质问，为什么不落架重建呢？那位大胡子专家摇着右手食指，也摇着头，说："只有到万不得已的时候才采用这种方法，虽然它可能是最简便的方法。保护文物建筑的基本原则，就是尽一切努力保存原物原状，把损伤降低到最少。落架重建，斜塔就失去了原生态，应该避免。”当时有些同伴笑话意大利人太迂，后来，大家都对他们在原则上的一丝不苟产生了敬意。

伽利略（Galileo，一五六四至一六四二年）在斜塔上做过自由落体试验，又在主教堂里观察过吊灯的摆动。我们从塔上下来，进了主教堂，正赶上听一位导游给人介绍那盏在科学史上不朽的灯。但是老王认为导游错了，应该是讲经台对面的一盏。老王虽然是学机械的，却是我在意大利遇到的中国留学生里对文化胜迹、传统习俗最有兴趣的一位。那些学语言的、学艺术的，反而对这些毫无兴趣，倒是很教我纳闷。

主教堂内部也是十分朴素，显得高旷（一百米长，三十米宽）。但讲经台精雕细刻，在有点冷峻的教堂里很突出。一五九六年主教堂失火，讲经台砸成了碎块。碎块被小心翼翼保存了整整三百三十年，于一九二六年把它们拼接复建。这种对文物珍品的敬畏之忱真教人感动。主教堂的正立面，依山墙成形，用连续券做装饰。这种构图不仅在城里的圣米盖里教堂（S. Michele，一一四三年）等的立面上重现，而且在路加（Lucca）、比斯都阿（Pistoia）、普拉多（Prato）、阿瑞卓（Arezzo）这些城市的教堂立面上重现，成了一派，就叫比萨罗曼式（The Romanesque-Pisa Style）。因为这几个城市都属以比萨为首府的大主教区。从十一世纪起比萨占领过科西嘉岛（Corsica）和撒丁岛（Sardegna），所以这两处也流行比萨罗曼式教堂。

公墓的外观是一带封闭的白石墙，四面的长廊只对长长的内院开大大的哥特式漏窗。白大理石的窗棂，镂刻得那么精巧通透，看了真是吃

主教堂内景，讲经台十分精致华丽。

惊。墓地上的土是十三世纪末年用五十三条大船从耶路撒冷的加弗利山运来的，那时十字军正占领着圣城。加弗利山是耶稣基督被钉上十字架的地方。这公墓简直是个美术馆，光是古罗马石棺就摆着一大溜，还有十四至十五世纪的壁画，可惜一九四四年被炸掉了不少。古罗马的石棺，在罗马城的博物馆里和圣彼得大教堂的地下墓室里都有。它们大多是艺术精品，用白大理石雕成，除了底面，其余五个面都布满高浮雕，局部作圆雕甚至多层的透雕。构图饱满，形象也很生动。

这个主教堂建筑群，最好的观赏点在它西面的城门，圣玛利亚门口。从这里望过去，洗礼堂、主教堂和钟塔，先后在三个纵深的层次上。本来，钟塔被主教堂遮挡得多了一点，而它那么一斜，恰好补救了这个缺

由南偏东方向横向看比萨主教堂建筑群。

从圣玛利亚门口望过去，洗礼堂、主教堂和钟塔，先后在三个纵深的层次上。钟塔那么一斜，构图反而格外生动。

圣玛利亚 · 德拉 · 斯比纳教堂，一座很特别的迷你型教堂，倒像一个精致的首饰盒。

憾，而且构图反而格外生动。因此就有一种说法：是建筑师发现了塔的位置不太好，施工过程中故意把塔造成斜的，探出上半身来，追求意外的艺术效果。这很可能是胡诌出来的，四千五百五十三吨重的塔，谁敢开这么大个玩笑。

洗礼堂（一一五三至一四〇〇年）是座矮矮胖胖的圆筒形建筑物，加上圆滚滚的穹顶，容易显得笨重。幸好十四世纪在原来两层罗曼式连续券上加了小山花等哥特式装饰，轻盈精致，轮廓跳动，很巧妙地消除了它可能有的臃肿之感。它的穹顶的表面很奇特，一半是白石的，一半盖着鲜红的瓦。人们做过各种解释，不管怎么说，这怪样很美，白色建筑群里这一片红色，显得生气勃勃。而且，似乎是，如果这片红色面积再大一点，就会太抢眼了。

主教堂、钟塔和洗礼堂的建筑和雕刻工作大多由本城的彼莎诺家族（Pisano Family）的成员陆续创作，但主教堂的主建筑师是部谢多（Buscheto）和雷那尔多（Rainaldo）。部谢多的墓就镶在主教堂正面偏左的墙上，很显赫。意大利人在欧洲建筑史里占了大约一半的篇幅，肯定和他们普遍敬重创作者的传统有很大的关系。

中世纪时，意大利分裂成许多城市国家，十一至十三世纪，比萨是地中海上的贸易强国，有自己的海军，领土也很广阔。主教堂建筑群就是为纪念它打败阿拉伯人，夺回西西里首府巴勒莫城（Palermo）而建造的，它是比萨富有而强大的历史见证，但使它不朽的，是它的艺术成就和文化底蕴。主教堂建筑群南边以马路为界，路南一溜儿百米都是卖纪念品的小店和小摊，打扮得红红绿绿，十分鲜艳，像一条彩带，对照着绿色草地和白色建筑物，非常动人。而马路之北，干干净净，绝没有售纪念品或者冷饮小吃之类的活动。在意大利和法国，商业和饮食业不得侵入名胜古迹，这是一条极好的规矩。

离开主教堂建筑群，我们又看了阿尔诺河边的圣玛利亚·德拉·斯比纳教堂（Santa Maria della Spina Church）。教堂很小，却很特别，正面两个山墙并列，都有门，背面是三座尖塔式的顶子。侧面檐头一排玲珑的龛，里面立着雕像。整个教堂不像建筑物，倒像一个精致的首饰盒，就是大了一点。

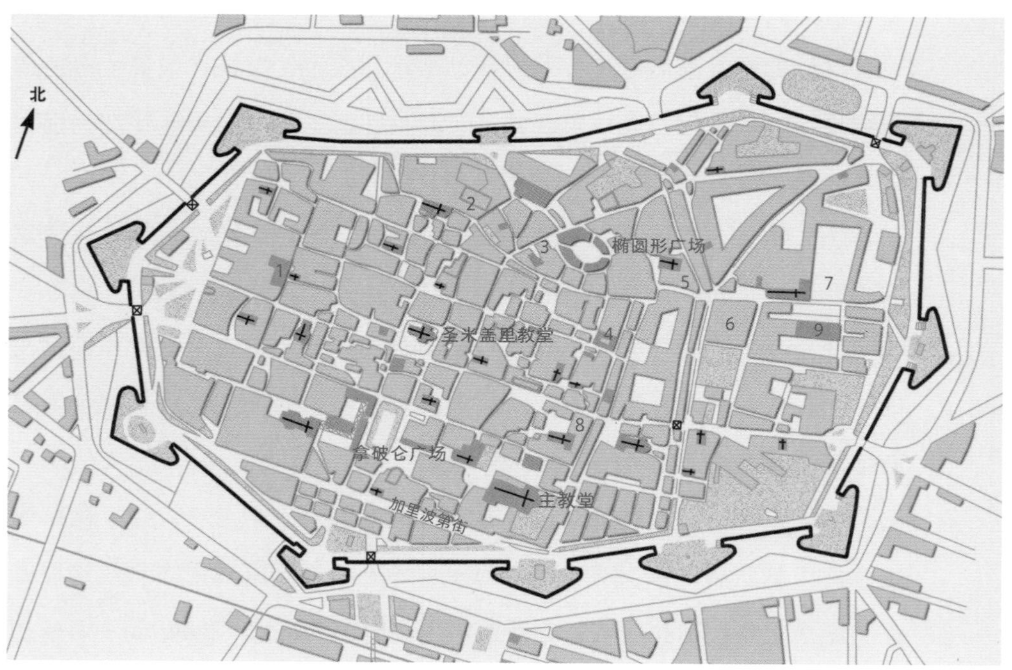

路加城区地图。

1. 曼西 · 皮纳高丹克府邸（Palazzo Mansi Pinacoteca）
2. 法纳尔府邸（Palazzo Pfanner）
3. 弗伦戈路（Fillungo）
4. 圭尼吉府邸（Palazzo Guinigi）
5. 圣索玛勒蒂教堂（S. Pietro Somaldi）
6. 博蒂尼花园别墅（Villa Bottini）
7. 圣弗朗西斯科教堂（S. Francesco）
8. 至圣乔瓦尼 · 雷帕拉塔教堂（Santissime Giovanni e Reparata）
9. 国立圭尼吉博物馆（Villa Guinigi National Museum）

大致看完比萨之后，我提议到路加去。马丁问，那是个什么鬼地方？我说，去罢，你不会后悔的。老王一拍手，说，舍命陪君子，我跟你去。于是乘公共汽车，翻过一座小山，半小时，走了二十二公里，就到了路加。

路加在古罗马时是一座军营城。十一世纪，成立自治公社，曾经被比萨统治。一三六九年出一大笔款子赎回独立主权，一直享受着和平、繁荣的日子。

路加城很小，城墙造于十六至十七世纪，是大量使用火器后城防技术的代表。墙厚二十多米，内外表面都用红砖砌，上面可以驻军、架大炮。周围有十个三角形的凸碉，尖角向前。因此，全部城墙的外表面，包括凸碉的两个斜边在内，都在守城火器保护之下。墙外还有护壕。古罗马城的城墙只适应冷兵器时代，薄薄一片，上面不能驻军，墙外侧也没有保护。现在，路加城的城墙完整无缺，上面种满了树，是极好的环城绿带。城里的建筑物，除钟塔或者教堂之外，都低于城墙，在墙上可以俯瞰全城。城外，离墙一百多米的范围里不许兴建，而一百多米外的也都是些小小的平房。这道城墙，是意大利重要的文物，加以保护。回想梁思成先生曾经建议把老北京城墙改造成环城公园，一方面敬佩他的识见，一方面又为这些年来中国知识分子各种有价值的建议所遭受的厄运，感到悲凉。

整个路加城，大多数是中世纪和文艺复兴时期的房屋。近世的房屋虽然也有，但规模小，也用黄墙红瓦，所以全城还是很统一。城里，教堂多，府邸也多，两者都可能有塔，所以塔更多。曲曲折折的小巷子里，三转两拐，抬头常常能见到古气盎然的塔，高高耸出，有些塔顶还长着

路加城鸟瞰，与我们中国古代城池的方方正正大相径庭。

路加的城墙完整无缺，墙外一百多米的范围里都不许有所兴建。

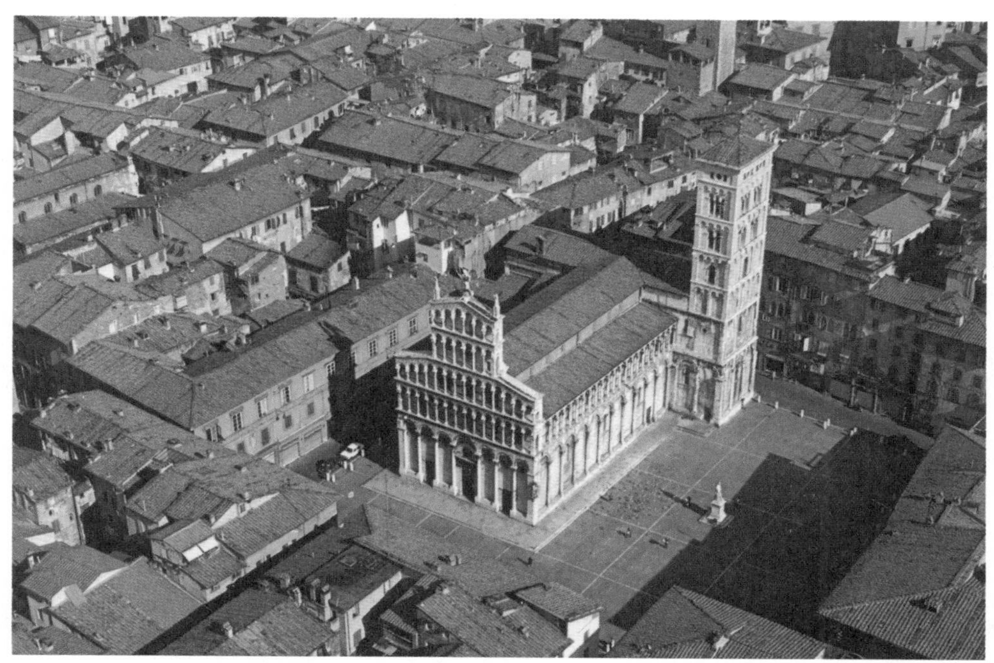

城中央的圣米盖里教堂是地道的比萨罗曼式，华丽超过比萨主教堂，立面上小券廊的柱子，什么样的都有，圆的、八角的、绞绳式的、麻花式的、串珠式的，五花八门，有的还有镶嵌。路加最著名的人物——音乐家普契尼（Giacomo Puccini，一八五八至一九二四年）就出生在教堂附近。

路加的古罗马角斗场，只剩下外层的一圈墙基，一些小房子的墙压在这圈墙基上，循角斗场外廓围成一个椭圆形广场，从空中看过去，有一点像福建的客家土楼，只不过比土楼大一点。

茂盛的老树，街景很吸引人。南边的一条新街，加里波第街（Corso Garibaldi），种玉兰花为行道树，正在盛开，雪白一片，实在好看。拿破仑广场（Piazza Napoleone）上，则是五色鲜花。拿破仑的妹妹艾丽莎（Elisa Baciocchi）和她的丈夫在一八〇五年统治过路加。她保护文学艺术，修建广场道路，清除四乡盗匪，做了许多事业，这个拿破仑广场就是她亲自规划的。她姐姐宝丽娜，是波尔基斯夫人，罗马的波尔基斯府邸（Palazzo Borghese）里有她的全身半偃石雕像，是世界名作。宝丽娜后来逃亡到路加，投奔妹妹，死在郊区别墅里。

路加的主教堂（Duomo di Lucca）和城中央的圣米盖里教堂都是比萨罗曼式的。后者尤其地道，华丽超过比萨主教堂，立面上小券廊的柱子，什么样的都有，圆的、八角的、绞绳式的、麻花式的、串珠式的，五花八门，有的还有镶嵌。罗马大学的鲁奇迪教授告诉过我，十九世纪时，在原有的圣米盖里的像旁边，又加上了意大利独立英雄加里波第、加富尔（Camillo Benso di Cavour，一八一〇至一八六一年）和支持过独立斗争的法国拿破仑第三的半身像，那是个可怕的破坏。我们三个人张望了半天，没有见到这三个半身像。老王想去问一问人，我说，不必了，我们有心找都找不到，那三尊像的破坏性太有限了，何必去自寻烦恼。

城的偏北处有古罗马的角斗场，还剩下外层的一圈墙基，断断续续，一些小房子的墙压在这圈墙基上，循角斗场外廓围成一个椭圆形广场（Anfiteatro Romano），现在是市场，每天上午摊贩林立，中午就全部撤光。我们到的时候，工人们正在打扫。

这个椭圆形广场的西南，有一条很窄的老街（Via Fillungo），长不到半公里，两侧密排着小店铺。我们当初没有在意，走着走着，发觉铺面的设计水平很高，各种风格，各种手法，千变万化，争奇斗巧，而都十分高雅，没有市井俗气。我说，把这些铺面编成图册，简直是极好的建筑参考书。马丁连声地说，这些店老板怎么有这么高的修养和技巧。正在议论，旁边的游客告诉我们，原来这条街世界闻名，是意大利的旅游点之一，它其实就是个铺面艺术展览会。这倒是个别出心裁的旅游区，我们于是又重新走了一遍，越看越迷。

看完之后，我问马丁，该不该来。他说，太好了，太好了。老王说下次还要再来。

意大利的旅游业十分发达，总收入快要赶上工业产值，但不论古迹还是现代的旅游点，毫无例外，都以很高的文化价值吸引人，不搞粗鄙俚俗的，也不搞商业化。连这条古老的商业街，也成了高品位的工艺美术馆，这真叫我欣喜。在意大利，除了极少数几个地方，都不见设卡卖票硬赚旅游者的钱，它只以自己的创造力吸引各国的人来观光，来了，就要食宿交通，花钱，自然就会提供就业机会，这就是旅游业的经济收入。政府则通过税收获得保护文物的经费。

佛罗伦萨

在佛罗伦萨，我的心一直兴奋着，充满着幸福的感情。建筑史、美术史、文学史上那么多不朽的天才，在这个小小的城市里留下了最辉煌的作品。走在街上，那些影响过世界文明的文物胜迹，一个挨着一个，历史在这里闪烁着光芒。我记得，有人把文艺复兴的巨人比作天上灿烂的群星，于是，我想起万里外祖国的一个地名，星宿海！佛罗伦萨真是星宿的海洋。星宿海的水，流进黄河，滋润过中华民族的古老文化，佛罗伦萨的巨人们，对全世界的文化做出了那么大的贡献！发生在这个小小城市里的文化奇迹，到现在还使它的居民们感到骄傲。他们的口音是意大利语的标准，这是但丁的口音，你懂不懂！

成千上万的旅游者，从世界各地来到这里。白发的老夫老妻，牵着手慢慢地走，在乌菲斯博物馆（Gallerie degli Uffizi）里细细品味无价的藏品，或者在圣克洛齐教堂（Santa Croce，一二九四年兴建）里，辨认铺在地面的二百七十六块墓碑上的拉丁文。小青年们成群结队，背着行

主教堂饱满的穹顶跟瘦高的钟塔，挺立在低矮的赭红色城市之上，构成很有特色的轮廓线，它是市民政治胜利的标志，是他们的骄傲。

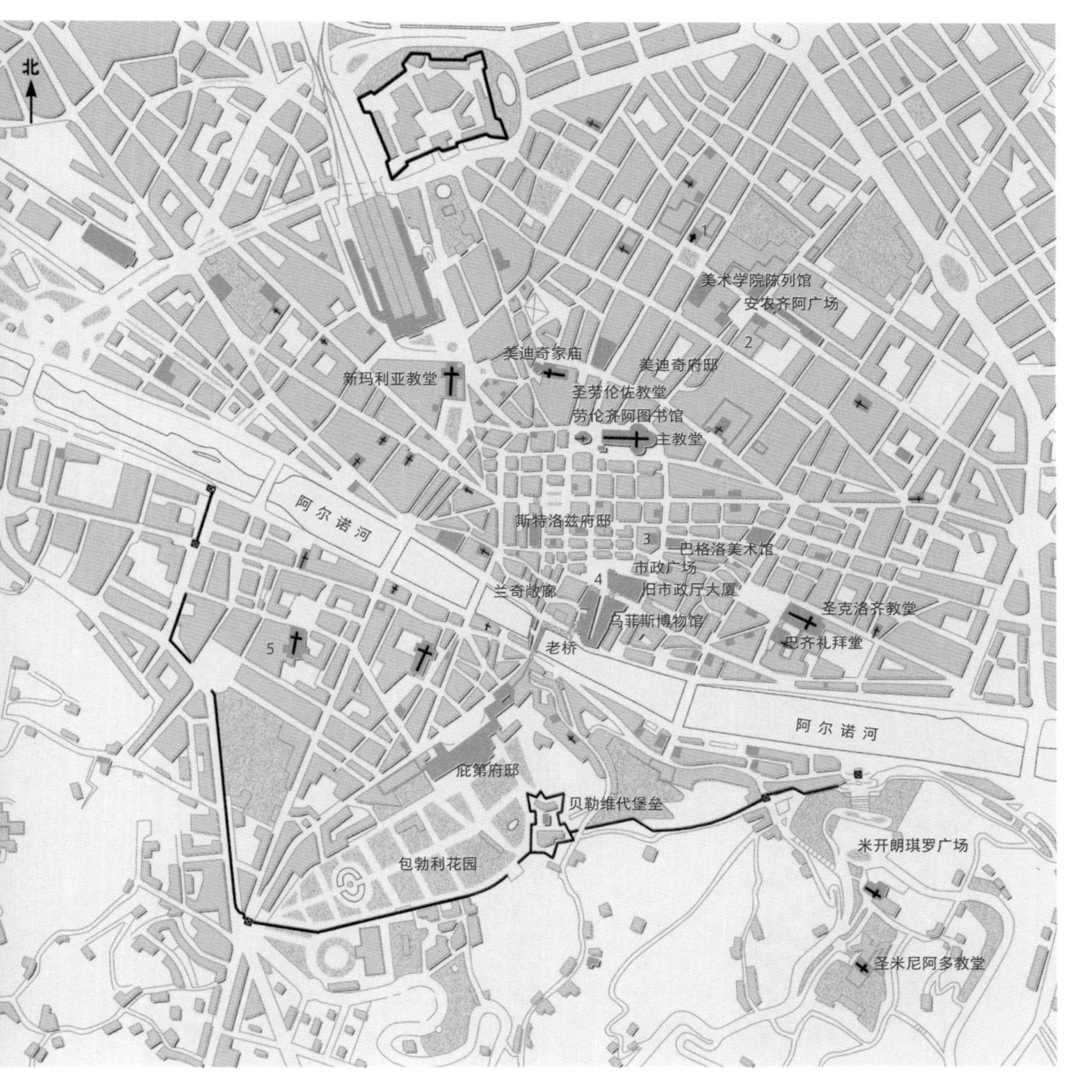

佛罗伦萨城区地图。

1. 圣马可博物馆（Museo di San Marco）
2. 育婴堂的券廊
3. 奥桑米凯莱教堂（Orsanmichele）
4. 乃普顿喷泉
5. 圣斯皮里多教堂（Santo Spirito）

文艺复兴时期的佛罗伦萨，是早期文艺复兴运动的中心。

N Z A
LVOGHI NOTABILI
S. Ambrosio M. 1
S. Anna M. 2
S. Andrea 3
S. Antonio 4
Annalena M. 5
S. Agata M. 6
S. Appolonia M. 7
S. Appostolo 8
Abbandonate 9
Arciuescouado 10
S. Barnabá M. 11
Bonifazio M. 12
Bonifazio Sped. 13
Bigallo 14
S. Basilio 15
S. Bortolommeo 16
S. Benedetto pre 17
S. Benedetto Fra 18
S. Bastiano de Bini 19
Baluardo delle mulina 20
Baluardella Serpe 21
Baluar. a S. gallo 22
Baluar. a 3. canti 23
Balu. di Monbello 24
Balu. a S. Gior. 25
Badia 26
Beluedere 27
S. Brigida Fra. 28
S. Biagio 29
Corridore del G. D. 46
Cittadella 47
Camaldoli 48
Casino del G. D. 49
Concezzione 50
Duomo 51
S. Donato 52
S. Dominico 53
S. Egidio 54
S. Felicita 55
S. Felice in pia. 56
S. Friano M. 57
S. Firenze 58
Fuligno M. 59
S. Francesco M. 60
Fortezza 61
S. Giorgio M. 62
S. Giuliano M. 63
S. Giou. duo lato 64
Gli Angioli pri 65
S. Gregorio pre 66
S. Giouannino 67
Gl'incurabili 68
S. Giouanni 69
S. Iosefe M. 70
S. Iosefe 71
S. Iacopo M. 72
S. Iacopo traifossi 73
S. Iaco. sop. Arno 74
S. Maria degli Ang. 91
S. Maria degl'Ang. 92
S. Michel bisdomini 93
Magistrati 94
S. Maria Maggio 95
S. Maria nouella 96
S. Marco padri 97
S. Maria Vghi 98
S. Michel berteldi 99
S. Maria sop. Arno 100
S. Maria di Verzaia 101
S. Miniato fra le tor 102
S. Margherita 103
S. Maria Nipotecosa 104
S. M. in capidoglio 105
S. Michel 106
S. Michel delle Trombe 107
S. Maria in Campo 108
Madona della pace 109
S. M. delle gratie 110
S. Miniato 111
S. Noferi Sped. 112
La Nunziatina 113
Orbatello 117
S. Orsola M. 118
Ogni santi 119
Orsanmichele 120
S. Maria nuoua 121
S. Pagolo M. 122
Por. S. Pier Gattolini 139
Por. S. Giorgio 140
Por. S. Miniato 141
Por. S. Nicolo 142
Ponte alla cariaia 143
Pon. a S. Trinita 144
Pon. Vecchio 145
Pon. Rubaconte 146
S. Lorenzo 147
L'Agnol Raff. 148
S. Lucia M. 149
S. Lucia sul prato 150
S. Lucia sop. Arno 151
S. Leo 152
Loggio di priori 153
Lioni 154
Palazo del G. D. 155
P. de Medici 156
P. de Pitti 157
P. de gli Antinori 158
P. Rucelai 159
P. de Rucosoli 160
P. de gli Spini 161
P. de Dri 162
P. de Lenzi 163
P. de Bartolini 164
P. del Podesta 165
P. de Castellani 166
P. de Petruzi 167
Stinche 184
Stalle del G. D. 185
S. Simone 186
S. Trinita 187
S. Tomaso 188
Tiratoio del Vetello 189
Tiratoio delle gratie 190
Tiratoio della gola 191
Ter. de gli Angeli 192
S. Verdiana 193
Monte Vliueto 194
S. Zanobi 195
Zeca nuoua 196
Pal. delli Strozzi 197
Pal. del Tornabuoni 198
Pal. de Bardi 199
S. Pier Gattolini 200
Sepulture de giudei 201
Fontana di S. Sepi 202
Lo Scalzo fenita 203
S. Tomaso d'aquino 204
Pal. di firenzuola 205
La Pieta Abbandon. 206
Il Tempio 207
Pal. de Gualdi 208
Opra di Duomo 209
La Nunziata 210
P. de Giafigliazi 211
S. Nicolo M. 212

乔托壁画中的但丁（右）。

拉斐尔的《金翅雀的圣母》，作于一五〇五至一五〇六年，乌菲斯博物馆收藏。

李包，一个人高声读着旅游指南，别的人跟着、听着，从一处跑到另一处，站在大卫像前面惊讶得张开了嘴。

不知什么时候读过的历史、传记、小说等，早就以为忘记得一干二净了，不料在阴暗狭窄的小巷里，在喷泉飞迸的广场上，却一下子都记了起来。也许就在这个台阶前面，达·芬奇（Leonardo da Vinci，一四五二至一五一九年）跟米开朗琪罗交换过钦佩而又戒备的眼光；也许在这个街角，旦里尼（Benvenuto Cellini，一五〇〇至一五七一年）拔出佩刀跟人生死相搏。我仿佛看见了活生生的星辰，感到了比在欣赏他们的作品时更加强烈的激动。我踏着小梯子攀登主教堂（Duomo di Firenze）的穹顶时，见到一个采光口的侧壁上有一块玻璃板，看一看说明，原来压在它下面的淡淡的炭笔题字，竟是“拉斐尔到此一游”。我快活得叫了起来，这位艺术殿堂里的尊神，也像平凡的我们一样，年轻时不免要做一点淘气的事。而我，此时此刻却正踏在他的足迹上。

从比萨乘火车到佛罗伦萨只要半小时，一出站，过广场就到新玛利亚教堂（Santa Maria Novella），向左拐进一个街口，是圣劳伦佐教堂（San Lorenzo），隔街对着美迪奇府邸（Palazzo Medici Riccardi）。美迪奇府邸前的大街，一头通主教堂广场，一头通美术学院陈列馆（Galleria dell' Accademia）。陈列馆跟安农齐阿广场（Piazza della SS. Annunziata）挨着，从广场笔直就能到主教堂的后身。主教堂前面，南侧又一条笔直的街，到头是市政广场（Piazza della Signoria）。半路上向西拐，到斯特洛兹府邸（Palazzo Strozzi）；向东一拐，到巴杰罗美术馆（Museo Nazionale del Bargello）。从市政广场穿过乌菲斯博物馆的院子，向西过密排着珠宝店的老桥（Ponte Vecchio）不远便是庇第府邸（Palazzo Pitti）；向东再左拐是圣克洛齐教堂。教堂对岸，上山坡到米开朗琪罗广场（Piazzale Michelangelo），这广场因一五二九年米开朗琪罗住过而得名。走上它南头一道台阶，就到了圣米尼阿多教堂（San Miniato al Monte）。那儿有个大公墓，立着许多雕像。所有这些在文化史上地位显赫的胜迹，相距那么近，步行才几分钟。三天的时间里，我们东奔西跑。兴奋得没有吃午餐，却不觉得饿。

多么幸福的人也免不了要闹点思想斗争，面对着这些梦想了多少年的文化至宝，我不得不对马丁说，如果痛痛快快地看，大约十天半月回不了罗马，咱们还是以看建筑为主罢。马丁回答：我们可以设想雕刻和绘画都是伊甸园的禁果，动不得的！

虽然这么说，我们还是早早就来到美术学院陈列馆。陈列馆九点开门，八点多，门前就排起了长队，人们说着各种语言，耐心等待。这是我在意大利经历过的唯一一次排队，而且排得那么长、那么久。开馆了，人们鱼贯而进，我们来到了米开朗琪罗的大卫像前。这像本来是放在市

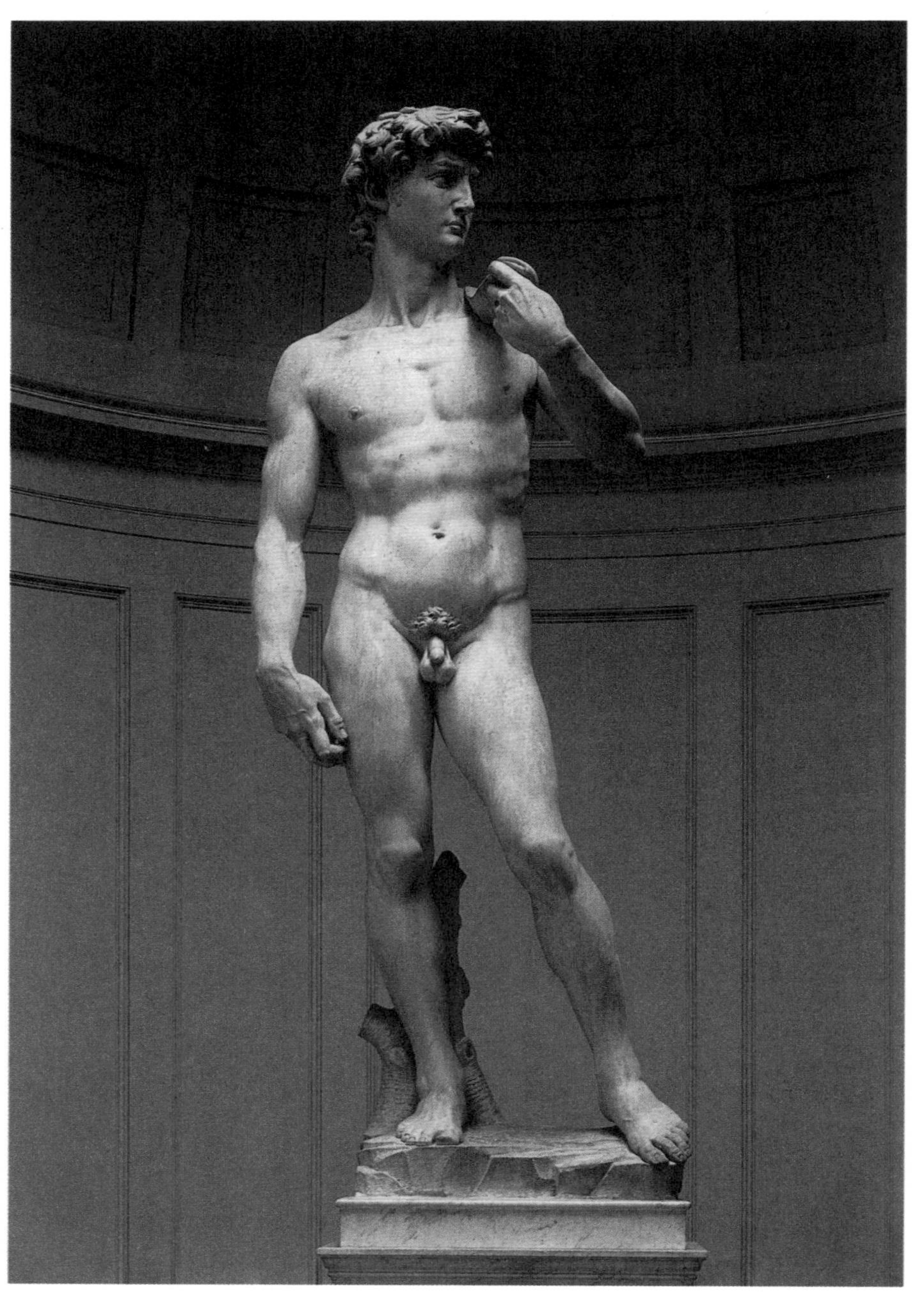

大卫像，米开朗琪罗的杰作，原来放在旧市政厅门前，现今陈列在美术学院的专设展厅里。

政厅门前的，为了保护，专门为它造了这个圆厅，搬了过来，原地放了个复制品。陈列馆里水泄不通，但是悄静无声，只听见人们轻轻地呼吸。几个月前，我初到罗马，第一天参观的就是摩西像，他的智慧和勇气，使我心里充满了尊敬。而在大卫忧愤的眉眼间，我又见到了十分熟悉的、十年苦难期间一切热爱人民的朋友们的焦虑和不安。出了陈列馆，马丁见了我脸上的眼泪，很不理解，只轻轻地说：“呀，太动人了，太动人了！”

米开朗琪罗设计的美迪奇家庙（Cappelle Medicee），就在圣劳伦佐教堂里。过去见到一些用广角镜头拍摄的照片，误以为它有点松散，并不喜欢。身临其境，才知道它原来很紧凑，比例严谨自不必说了，小小一间殿堂，居然那么雄壮有力。雕刻跟建筑的配合恰到好处。虽然是一个没有完成的作品，就叫人相信它一定完美无比。在下首一侧的墙上，挂着刚刚从地下室发现的米开朗琪罗的草图，原来是画在墙上的，展出的一块墙皮是件复制品。他随手勾了几笔，长长的线条，准确而熟练。一五二九年，教皇大军围攻佛罗伦萨时，米开朗琪罗是守城司令。城破

米开朗琪罗设计的美迪奇家庙内景，雕刻跟建筑的配合恰到好处。图中左侧是朱丽亚诺·美迪奇之墓，两名侍者分别代表白天与黑夜，墓主人被描绘成一个实干家；右侧是劳伦佐·美迪奇之墓，两边的侍者代表黎明与黄昏，墓主人被描绘成一个思想家。

劳伦齐阿图书馆门厅里的台阶，米开朗琪罗是第一个充分发挥室内大台阶的装饰效果的人，他设计的这个作品在建筑艺术上的多方面是开辟性的。

之后，他一度藏匿在这地下室里，草图就是那时画的。

圣劳伦佐教堂还有米开朗琪罗的另一个建筑作品，劳伦齐阿图书馆（Biblioteca Laurenziana）和它的门厅。我们找了很久，找不到。问一个教士，才知道要从修道院里进去，而且正在修缮，不开放。我对他说，我从中国来一趟很不容易，希望他能破例让我看一眼。他笑眯眯把我带去，原来入口在一个极冷僻的暗角落里。门厅没有照明，稀稀拉拉架着几根脚手钢管，台阶上盖着橡皮垫子，都是为施工用的，很妨碍我们的参观，但我们还是被这个出色的作品感动了。大致十米见方的门厅，处理得那么丰满，真可以说密不容针，但仍然从容不迫。

米开朗琪罗是第一个充分发挥室内大台阶的装饰效果的人。意大利有一些中世纪教堂的祭台前有堂皇的大台阶，一般设在两侧，虽然使室内敞朗，空间富有变化，但并没有充分发挥它们本身的装饰作用。在世俗建筑物里，到十六世纪，楼梯已经开始成为重点装饰部位，但它本身的装饰潜力还是没有受到足够的重视，封闭在楼梯间里。劳伦齐阿图书馆门厅里的这座台阶，在楼梯的建筑艺术上起了开辟性的作用。至于它对开阔视野、活跃思想所起的作用恐怕就不止于楼梯的设计了。一个作品要不朽，必须具备这样的作用，仅仅艺术的完美是不够的。

美迪奇家庙和劳伦齐阿图书馆门厅，柱式的构图都比较自由。米开朗琪罗确实不是一个可以用烦琐的教条框住的人，柱子在古罗马时候就不一定是结构构件，常常只是一种有效的装饰品而已，因此，结构逻辑就渐渐不很严谨。中世纪时更加随便。文艺复兴初期，勃鲁乃列斯基（Filippo Brunelleschi，一三七七至一四四六年）和阿尔伯蒂（Leon Battista Alberti，一四〇四至一四七二年）力求恢复古典柱式的结构逻辑，勃拉孟特和维尼奥拉（Giacomo Barozzi da Vignola，一五〇七至一五七三年）继承这项工作。但是，米开朗琪罗，作为一个雕刻家，一个极富有独创精神的天才，直截了当地把本来已经变为装饰品的柱子索性真正当作装饰品来使用，着眼于艺术表现，而不太计较结构逻辑。所以，他被认为是手法主义的开创者。后来巴洛克的建筑师，也说他们师承的是米开朗琪罗。这样使用柱式，未尝不可以说是一种坦率，一种摆脱自欺欺人的假结构逻辑的解放，似乎无可指摘。

佛罗伦萨的主教堂、洗礼堂和钟塔这一组建筑群，跟比萨的恰恰相反，被紧紧包围在市场中心，没有任何一个位置可以同时鉴赏这三座建筑物，也没有任何一个位置可以看到主教堂的整体。主教堂的正门和钟塔只

主教堂正立面，是十九世纪后半叶重建的。

主教堂的穹顶，直径四十二点二米，世界第二大，八根肋是白石的，其间的蹼是红砖的，色彩很亮丽。

主教堂穹顶上的采光亭，全用白大理石做，重达八十吨。

是广场的一个界面，洗礼堂倒是在广场正中，可是它把广场切割成更小的两部分，以致人们一直要走进广场，抬起头来，才能看清主教堂的立面。那个著名的穹顶是看不到的，要绕到它后身，到东南和东北两个街口去看才成。广场和周围的街道，密密排着各色店铺，人来人往，非常繁华热闹。所以，这组建筑群不像比萨的那样仿佛是专供人欣赏的陈列品，而是高高兴兴地挤在市民日常生活的漩涡之中。一二九六年开始建造这主教堂的时候，市民们正陶醉于从贵族手中夺回政权的胜利，他们就是为了庆祝胜利而建造这主教堂的。这主教堂的立面，在一五八八年被毁，十九世纪后半叶重建，大体忠实于原状。它贴满了彩色的大理石，白色为主，除了框边的墨绿色之外，还有红的、黄的、赭的、粉的，再加上一排雕像。这主教堂的性格热情而欢乐，凝结着佛罗伦萨市民兴高采烈的情绪。

巴齐礼拜堂内部穹顶。

勃鲁乃列斯基设计的巴齐礼拜堂入口。

主教堂建筑群在市中心，环境拥挤，街道从四面八方奔来，从任何一个角度都不能把建筑或者主教堂看全，倒并不觉得是缺点。相反，各个角度的景观差别很大，要绕一圈才能得到完全的印象，也别有一种趣味。这教我想起法西斯头子墨索里尼的命令，他要求把罗马城里的重要古迹都"亮出来"，也就是把周围可能阻碍视线的所有建筑都拆光，把古迹孤零零地放在一片广场或绿地中央供着，完全破坏了古迹和环境的原有关系，歪曲了历史信息。可怪，在我们国家里却相当普遍地采用这种

主教堂穹顶的设计者和工程主持人——勃鲁乃列斯基。

“保护”古建筑的方法，以至研究所里年轻朋友们挖苦“法西斯式保护法”时，我总抑制不住面红耳赤。

主教堂的穹顶最高处是一百零六米。顺楼梯先到鼓座的底脚，有一条环形的走廊在檐口上。然后就钻进穹顶两层砌体之间的空隙里，绕着穹顶往上走，可以见到它竖向的骨架券和水平的联系券。最后爬上一段垂直的铁梯，就到穹顶上的采光亭里。一共四百六十三级，脚下的高度是九十一米。亭子里相当宽敞，因为没有电梯，上去的人不多。这天风和日丽，我们从容辨认着全城一处处的胜迹，心情愉快极了。我们见到的不仅仅是佛罗伦萨，我们读到了文化史，读到了文化史极辉煌的一页。下了穹顶，我又要上钟塔，马丁劝我，明天再说罢。我不肯，说，万一明天刮风下雨呢？他没有话说，于是，我们又上塔。这塔是乔托设计的，完成于十四世纪。这回是四百一十四级，八十四米高，可惜，除了能面对面看一看穹顶上采光亭之外，没有什么新的景致。马丁说，要不是跟着你这个拼命的老头儿，我自己还没有勇气上去呐。

主教堂是世界最大的基督教教堂之一，穹顶的直径达到四十二点二米，仅次于在罗马的万神庙，是世界第二大穹顶，比圣彼得大教堂的还大零点三米。主教堂内部很高敞，但光线很暗。小小的彩色玻璃窗，在一片漆黑的反衬下，像深夜里的花灯，闪烁着神秘的气息。这主教堂造在一个五至六世纪的老教堂基址上，有一个小楼梯可以下到成为它的地下室的废墟里去。主教堂的设计人兼工程主持人勃鲁乃列斯基的墓就在小楼梯脚下。他在竞标承建这个主教堂的穹顶的时候，曾经跟来自好几个国家的对手打赌，看谁能把鸡蛋在光滑的大理石桌面上立起来。对手们都失败了，他却从容地把蛋一磕，破了，也就立住了。他的聪明压过

马基雅弗里墓。

米开朗琪罗墓。

了对手，终于获得了委任。后来经历千辛万苦，战胜各种阻挠，花了十四年时间，在一四三四年把它建成。这是人类历史上的奇迹之一，它当之无愧地成了光辉灿烂的文艺复兴时代的第一朵报春花。这位伟大的天才建筑师作为佛罗伦萨的光荣，安眠在主教堂里，也是当之无愧的。传记作家、杰出的建筑师瓦萨里写道：“他理应获得人间不朽的声名和天国里安息的处所。他的去世，引起了全国极大的悲痛；他死后，国人对他的认识和评价更胜于他的生时。他们以隆重的葬仪将他葬在圣玛利亚主教堂（即佛罗伦萨主教堂）里……在布道台之下，对着大门。”可惜，作为佛罗伦萨的荣誉市民，遗憾的是，墓前有点清冷。而且近年来扩大发掘了老教堂遗址，以致差不多把主教堂的地下掏空了，他的墓更觉得孤独。

勃鲁乃列斯基主持了主教堂宏伟的穹顶工程，他的建筑风格其实

伽利略墓。

维多利奥 · 奥弗里（Vittorio Alfieri，一七四九至一八〇三年）墓，他是意大利著名悲剧诗人。

倒是以灵秀见长的。安农齐阿广场上育婴堂（Ospedale degli Innocenti，一四一九至一四四五年）的券廊、圣劳伦佐教堂的修道院院子和圣克洛齐教堂修道院院子，风格都很清丽。圣克洛齐修道院院子里的巴齐礼拜堂（Pazzi Chapel，十四世纪），因为修理内部，我们没能进去。一九六六年，佛罗伦萨的阿尔诺河曾经闹过水灾，圣克洛齐教堂里水深三米，修道院院子里水深五米，有一些文物损失了。巴齐礼拜堂的修缮就跟那次遭淹有关。我们提起脚跟，歪着脖子，从院子的花格栅栏铁门的缝隙里往里看，正对着礼拜堂的立面，它的秀丽，它和修道院的相似和谐，它在教堂和修道院之间的呼应过渡作用，是那么精彩，把我们牢牢吸住在铁门上，我们终于也能理解，为什么不大的一个礼拜堂能在建筑史里那么牢固地占一席之地。

圣克洛齐教堂属圣芳济会（S. Francesco），完成于十四世纪下半叶，

巴齐礼拜堂。

安农齐阿广场上育婴堂券廊。

安农齐阿广场上育婴堂券廊细部。

安农齐阿广场上育婴堂券廊上雕像。

是标准的佛罗伦萨哥特式的，用尖券和肋架券，圣坛后面大片的彩色玻璃窗。但大厅里开间宽，柱间大，像主教堂那么空阔，完全不同于法国哥特式教堂那样形成纵向的空间。南边侧廊里有米开朗琪罗的墓，斜对面，北边侧廊有伽利略的墓。这两位巨人安息在一起，真叫我们心潮澎湃。大概由于自然科学跟造型艺术的发展规律不同，伽利略的墓已经有点冷落，而米开朗琪罗的墓却像一个圣地。

对米开朗琪罗的崇拜在罗马和佛罗伦萨都很强烈。我在意大利半年多，没有听人说起过他们的总统和总督，也没有听人说起过教皇。但是几乎不论走到哪里，都可以感觉到对米开朗琪罗的热烈崇拜。他是神。有一天晚上我应邀到罗马大学美术史教授马奇尔达家去，看到一屋子各种现代流派的美术品，包括用玻璃盒子装着的一节烂得千疮百孔的洋铁皮烟筒，上面洒几片枯树叶。教授问我："怎么样？"我说，我更尊重的还是米开朗琪罗。马奇尔达耸耸肩膀，鼻子里冷笑一声，站起来，学着大卫像的姿势和表情，撇一撇嘴，说："装腔作势，好在哪里？"现代派的艺术尽管有它的爱好者，但要因此否定过去的伟大作品，那是办不到的。谁否定，谁就要出乖露丑。马奇尔达的研究生青采，见到老师失态，很不安，悄悄对我说："Terrible!"我倒很开心，哈哈大笑！

美迪奇府邸、斯特洛兹府邸和庇第府邸，立面用大块毛石，学的是旧市政厅大厦（Palazzo Vecchio，一二九九至一三一四年），风格跟勃鲁乃列斯基的大相反背。虽然不像照片上见到的那样威风，那样有压力，但是毕竟尺度太大，构图太板，沉重得过分。但这些府邸内部却是另一番趣味，装饰很精致豪华。其中最突出的是旧市政厅大厦，几个很空阔的大厅，满顶满墙的名家壁画，框着金色的边饰，堂皇富丽，再也没有外面那种粗犷的格调，不过仍然有一种由豪华产生的威严气氛。可惜里

旧市政厅，高耸的钟塔、粗犷沉重的大毛石立面。

旧市政厅的百合花厅。

旧市政厅内的弗郎西斯科小书房，用三十多位画家的作品装饰而成。

面正在筹备一个纪念达·芬奇的展览，只能在各个大厅的门口看看。

在意大利参观，一个最突出的印象，就是室内空间艺术比过去所知道的水平要高得多。各城市的各时代的建筑里，厅堂的高敞，材料的贵重，工艺的精致，装饰的辉煌，都远远超过想象。而且，壁画、雕刻和美工通常出自大师之手。所以，教堂和府邸，不但构成了建筑史，而且几乎构成了整部美术史，除了民俗艺术之外。那天，我们参观斯特洛兹府邸，正赶上里面举办毕加索作品展览，据说是收罗最全的一次，但门可罗雀，见不到什么人进去。

佛罗伦萨的市政广场闻名世界，但它的精华只在南面，其余几面都很杂乱。尤其是西南，一幢十九世纪末的府邸，又高又大，呆板的一块，颜色阴沉得很。科西莫一世大公的骑马像，虽然常常有人分析它在广场中的构图关系，其实并不见佳。如果我不指出来，马丁甚至都没有看到它。南边，旧市政厅、兰奇敞廊（Loggia dei Lanzi）和乃普顿喷泉（Neptune Fountain）这一组，那确实很精彩。上面凌空九十四米高的旧市政厅钟塔；中间是市政厅粗犷沉重的大毛石墙对着大发券透空的兰奇敞廊；下面大量雕刻成群，它们或者被毛石墙衬着，或者被发券笼着。乃普顿喷泉的水高高张起白幕，随风一忽儿向北摆，一忽儿向东摆，把湿雾飘洒得老远。市政厅的门口站立着大卫像的复制品，尽管复制得很精确，因为毕竟不是原作，没有见到有人在观赏。比起大卫像原作前，千百人屏气静息，那种朝圣般的气氛，真是天上地下。假的就是假的，以为过二百年假的也会成为文物，真是太无知了。

这一组建筑物，因为有了乌菲斯府邸而更加变化多姿。乌菲斯府邸的设计实在很聪明，建筑师瓦萨里给了它一个敞口的长长的内院，像一条街，这就给市政厅、兰奇敞廊和乃普顿喷泉增加了一个新的观赏角度，甚至是最好的角度。瓦萨里并没有让乌菲斯府邸跟旧市政厅和敞廊形似或者神似，无论是风格还是体形，它跟旧市政厅和敞廊都是强烈对比着的。但它们却能统一成完整的构图。乌菲斯内院街的另一头，出券廊就是阿尔诺河，岸边可以见到著名的老桥。

十九世纪末，在乌菲斯府邸院子里券廊跟前立了托斯干尼地区伟大人物的雕像，其中一个就是建筑学家阿尔伯蒂。意大利自古以来尊重建筑师，许多城市有它的重要建筑师的纪念像，保护着他们的故居，用他们的名字给广场或者街道命名。比萨主教堂的第一个建筑师的坟就造在它的正立面上，左侧。阿尔伯蒂在佛罗伦萨得到比勃鲁乃列斯基更大的荣誉，大概因为他是个人文主义知识分子，古典学者，地道的贵族出身。如果勃鲁乃列斯基由于出身行会工匠而没有立像，这可是不大公平。

虽然有约在先，我们还是按捺不住，走进了乌菲斯府邸，它是闻名世界的美术馆，早期文艺复兴的大师菩提切利（Sandro Filipepi Botticelli，一四四五至一五一〇年）的杰作《维纳斯的诞生》和《春》都陈列在那里，不过它们的颜色已经很晦暗，远没有印刷品那么鲜亮。我们匆匆绕了一圈赶快就出来了，走向老桥。老桥不远是庇第府邸，它在意大利独立之初当过王宫，那样子也是王家气派，没有文艺复兴建筑应有的那种人文气息。我们都不喜欢。它最有价值的是内部的壁画，都是美术史的名作。可惜我们来不及细看，按事先的约定，匆匆穿过，去看它的花园。花园是科西莫·美迪奇大公（Cosimo de' Medici，一五一九至一五七四年）买下庇第府邸后建造的，花园很大，有三十公顷，大公常常在这里举行节庆狂欢，全城的人都会来参加，看焰火。但它以一个穷困的牧羊人的名字命名，叫包勃利花园（Giardino di Boboli），因这个

瓦萨里的乌菲斯府邸的设计实在很聪明，给了它一个敞口的长长的内院，像一条街。街口正对着大卫像的复制品。

山坡本来是包勃利的，大公夫人为了造花园把他迫害死了。屈死的牧羊人的鬼魂经常回来，哭泣、叹息、唱伤心的歌，因此佛罗伦萨人一直把这花园叫包勃利花园，花园也不见精彩，只是可以远眺佛罗伦萨全景，景色很好。

我们在佛罗伦萨的最后一个节目，是参观阿尔诺河南岸小山上的米开朗琪罗广场和圣米尼阿多教堂。顺上坡路走到米开朗琪罗广场，这里俯瞰佛罗伦萨全城，比庇第府邸的包勃利花园后面山上贝尔韦代雷堡垒（Forte di San Giorgio in Belvedere）前还要好。主教堂饱满的穹顶跟瘦高的钟塔在一起，昂然挺立在低矮的赭红色城市之上，构成很有特色的轮廓线。意大利所有的历史文化名城，除了热那亚、那不勒斯和米兰等少数几个之外，都一律不建高楼大厦。老房子大多小而低矮，把大型纪念物衬托出来，轮廓非常优美。保护轮廓，是保护历史名城的要点之一。

老桥，首饰店挑出在桥上，像鸟笼；几百年来，它一直是欧洲重要的首饰市场之一。

不过晚期文艺复兴的建筑师瓦萨里，在他写勃鲁乃列斯基传记里说，主教堂的成就如此伟大，惹起了上帝的嫉妒，一次又一次地用雷电轰击它。从山上所见的这个轮廓来看，主教堂的大穹顶正是雷击的靶子。

圣米尼阿多教堂使我们意外地欢喜。这是一座罗曼式教堂，山墙式立面，用浅雕式的连续券做装饰，比例很和谐。白色大理石加上暗绿色大理石的格子，没有别的装饰；细节雅致，素净纯真，使整个简朴的立面显得高贵起来。里面的圣坛部分高出大厅地面，从两侧的楼梯上去。从中央宽阔的台阶则可以下到半地下的墓室，那里放着殉道者的石棺。圣坛前沿突出一个讲经台。它和两侧的屏风都是大理石做的，镶嵌着极细巧的彩色马赛克图案，工艺水平之精实在罕见。地面的马赛克水平同样也很高。

意大利中世纪的教堂，圣坛下一般都是殉道者、圣徒或者平信徒的墓室。这部分做成开敞的两层的倒也不少见，罗马的圣玛利亚教堂和城墙外的圣劳伦佐教堂都是这样的，但圣米尼阿多教堂的处理最能显出墓室空间的开阖变化。至于大多数教堂，墓室只不过是圣坛下阴暗的洞窟而已。美术史家罗贝多带我去参观过他正在主持发掘的罗马城里的一所小教堂的墓室，从祭坛前一个井口爬下去，略有几处曲折，骷髅骨殖大筐大筐装着，准备往外抬。

圣米尼阿多教堂周围是佛罗伦萨最大的公墓。意大利的城镇乡村里，公墓是最富有感情色彩的地方，洋溢着永远牵动人心的悼念气氛，那么温柔而忧郁。罗马的公墓，树木茂密，四时鲜花不绝，点缀着雕像，是我最爱去散步的地方。佛罗伦萨的这一处，没有什么树木，但雕像多而精致，又是另一种情调。那些雕像虽然不过出自殡仪馆，但艺术水平也不弱，我去的时候，遇见一位北京中央美术学院的雕塑系教师，他在那里已经观摩速写了几天。

从圣米尼阿多教堂到火车站，再过一次老桥。它造于十四世纪，从十六世纪起，桥上靠边开了两排首饰店，几百年来，它一直是欧洲重要的首饰市场之一。首饰店挑出在桥上，像鸟笼，也是重要的景致。在不少城市都可以见到居民自己搭的小阁子挂出在厚重的古建筑上，现在都妥善地保护着，不拆，它们散发着饱满的生活气息，记录着世事的沧桑。

火车开动，马丁抬抬手，说，再见，佛罗伦萨。我说，你也许能再来，而我，这就是永别了。他赶紧安慰我说，你不要那么悲观嘛！我苦笑，死死地盯住主教堂的穹顶看。十多年来的记忆，在心里不知搅出了什么滋味。

圣米尼阿多教堂，建于十一至十三世纪，它被认为是意大利最美的教堂之一，屹立在浓绿的山坡上，十分清秀。

圣坛前沿突出的讲经台和两侧的屏风都是大理石的，用各种颜色的小块大理石镶嵌成极细巧的图案，工艺水平之精实在罕见，这是十三世纪的作品。

意大利的城镇乡村里，公墓是最富有感情色彩的地方，洋溢着永远牵动人心的悼念气氛，那么温柔而忧郁。

佛罗伦萨的这一处公墓，没有什么树木，但雕像多而精致，又是另一种情调。

西耶纳

意大利的城市很密，一些曾经是政治中心和文化中心的历史名城，相距不过几十公里。可是这区区几十公里，就使这些城市的建筑大不相同。佛罗伦萨跟比萨差别很大，向南到了西耶纳（Siena），又是另一种样子。

西耶纳很小，据说历史很古老，它的奠基人是罗马城的奠基人罗慕路斯（Romulus）的兄弟，一起由母狼奶活的瑞慕斯（Remus）的两个儿子。所以这城市也用那头母狼做徽记，跟罗马城一样。十二世纪它成立共和国，商业和银行业很繁荣，为保卫独立，不断进行艰苦的甚至悲壮的战争。主要的对手是佛罗伦萨，一五五九年，被佛罗伦萨吞并。它出过圣徒、教皇，也出过杰出的艺术家。文艺复兴著名的建筑师兼画家彼鲁齐（Baldassare Peruzzi，一四八一至一五三六年）就是西耶纳人。西耶纳有很多教堂和府邸，不少是彼鲁齐设计的，城的西南角有一条弧形的街就以他的名字命名。

一幅古画，描绘的是正在西耶纳市政广场举行盛典。

整个中世纪，意大利北部和中部战乱不断，所以城市都重视防御，有些城市本来就从军事要塞发展而成，它们大多据险而建。西耶纳的这小城造在三个小山冈上，以三条山脊的交点为市中心，它东边是市政广场，西边是主教堂。

我们下了火车，上山坡到了最北端的迦莫利亚门（Porta Camollia）。门上刻着一行拉丁文，马丁给我翻译，写的是:“西耶纳对您竭诚相待。”城门上刻这样的话，真可谓化干戈为玉帛了。一进门，循着沿山脊从北到南纵贯全城的小街走。这是一条中世纪的街，两边大多是些哥特式的小房子，教堂也是小小的，简简单单一个山墙，用粗糙的石头砌筑，没有装饰，十分古朴。街的中段有一个方正的广场，叫萨林伯尼广场（Piazza Salimbeni），正面是十四世纪的哥特式府邸，右面是十五世纪的文艺复兴府邸，很像佛罗伦萨的斯特洛兹府邸。左面是十六世纪的府邸。前面不远，对着一个小一点的广场，又有一座十三世纪初年的府邸。这

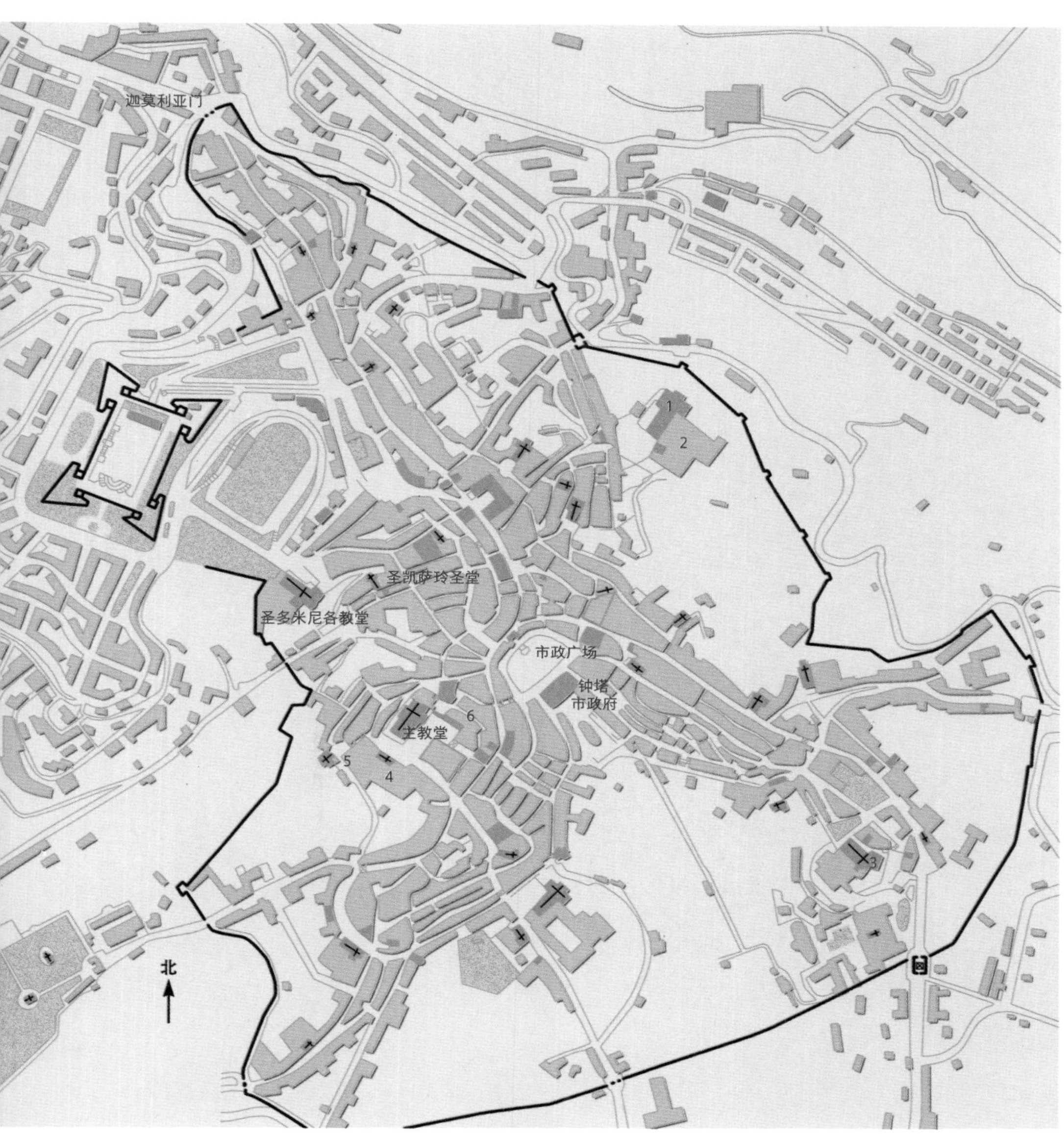

西耶纳城区地图。

1. 圣弗朗西斯科教堂（San Francesco）
2. 圣伯纳蒂诺教堂（Oratorio di San Bernardino）
3. 圣母玛利亚教堂（Santa Maria dei Servi）
4. 考古博物馆（Museo Archeologico）
5. 圣母玛利亚德拉斯卡拉医院（Ospedale di Santa Maria della Scala）
6. 大教堂歌剧院博物馆（Museo dell' Opera del Duomo）

正在进行攻防战的西耶纳，城里防御性的塔楼林立，现在大多已毁。

laiolo
S.Domenico
el carmine
Monistero
Piano de macelini
uale
uale
Pescara
uale
Spagnoli
S.Pitornella
el Palazo deldiauello

褐色的西耶纳，市政广场和主教堂广场。

些府邸的质量都相当高，但我们没有停留，直奔那个远远就望见了的市政厅钟塔。

小街转一个弯，来到一处很热闹的古风市场。一条窄窄的小巷向左岔出去，下十几步台阶，不远是个券洞。走出券洞，一片明亮，揉揉眼睛，睁开一看，这就是市政广场（Piazza del Campo），对面立着早就熟悉了的市政厅（Palazzo Pubblico，一二九七至一三一〇年）和钟塔（Torre del Mangia）。广场这边弧形界面上密排着餐厅、酒吧、咖啡馆，房屋是土红、土黄、赭石等颜色的，很浓重。

圣约瑟门，穿过中世纪的街道，已经望见市政广场的钟塔了。

市政广场，平面呈扇形，三面为一个弧，一面是平的，在平的一面上建市政厅、钟塔。

广场背靠着三条山脊的交点，窝在两个山坡之间圈椅般的凹处，这里本来是古罗马时代的一个广场。它顺势而下，很像个古希腊的剧场。它朝向东南，整个扇贝形的斜面迎着阳光，钟塔投下的细长的影子，在地上缓缓移动，就像日晷。许多游客脱光衣服，像在海滩上一样躺在广场里晒太阳。年纪大一点的，坐在五颜六色的阳伞下喝啤酒。西方人很爱晒太阳，我元旦到罗马的卡比多广场，就看到一些小伙子赤着毛茸茸的身子坐在台阶上晒，他们的女伴穿着狐皮大衣陪在旁边。天气暖和一点，连女青年们也在周末把脸上晒得一片片地脱皮。

有十一条小巷子通向市政广场。我们绕广场一周，从所有的小巷子

扇形的广场迎着阳光，钟塔投下的细长的影子，在地上缓缓移动，就像日晷。广场地形很陡，市政厅和塔在最低处。

口欣赏它。巷子转弯抹角从城市的四面八方过来，很窄，没有阳光，两边拥挤着阴暗的小屋。骤然走进广场，那个感觉或许可以比之于涸辙之鲋挣扎到了江湖。广场的构图充满了对比，市政厅跟钟塔之间，以及它们跟北边弧形立面之间的对比都很强烈。佛罗伦萨的市政广场、维晋寨的市政广场、威尼斯的圣马可广场等许多广场最基本的特点也是对比强烈。我们讲新旧建筑之间的关系，总喜欢强调用形似或者神似去统一，其实，用对比去求统一倒更是个合乎实际的办法。

市政厅是十三世纪末、十四世纪初的建筑物，外观有点简陋，只有门廊精致而且华丽，是为纪念西耶纳一三四八年度过一场大瘟疫而建造的。早在一二三〇年，佛罗伦萨军队围攻西耶纳，就曾故意把死牲口和粪便丢进城墙，制造过一场瘟疫。一二六〇年，佛罗伦萨人又来围城，西耶纳人把城献给了圣母，几天之后便把佛罗伦萨人杀得血流成河，解了围。后来圣母又为西耶纳解除了瘟疫。所以，每年七月二日和八月十六日两次广场上为圣母举行盛大的感恩仪典。这门廊就是检阅台，游行队伍和赛马都在它前面通过。这两次仪典辉煌热烈，吸引世界各国的人来参观。以至整个夏天西耶纳都像过节。

市政厅内部厅堂很高敞开阔，装饰着十四至十五世纪的大量壁画，很豪华。画的内容大多是西耶纳的重大历史事件，有一幅最著名的，画着门前广场上辉煌的阅兵式。地面、壁炉、门窗等的装修非常精致。

钟塔高一百零二米，走四百一十二步石级到顶。石级夹在墙体里，很窄，遇到对面来人，就得侧过身子，贴住墙，使劲地挤。好在没有一个胖子肯上去，不致造成堵死的麻烦。到了顶上，还可以爬到钟架上去，再升高大约八至九米。从钟塔顶上俯视西耶纳全城，第一个印象就

市政厅内部——世界地图大厅（Hall of the world map）。

市政厅内部的壁画。

是它的颜色很特别。意大利的旧城，一般都是鲜红的瓦顶，但西耶纳的土质与众不同，瓦是褐色的，所以欧洲人把褐色叫西耶纳。在一片大起大伏褐色小房子的海洋之上，见到西面二百米左右，高高耸立着雪白的主教堂。

主教堂（Duomo di Siena，一一九六至一二一五年）在全城的最高点，造于十二至十四世纪。前面、后面和左侧有不大的广场。后面的广场地势低，主教堂圣坛下的地下室正好向它开门，作为洗礼堂。有一道宽阔而略略弯曲的大台阶从它通向主教堂左侧的广场。那个广场很特别：主教堂在一二四六年完成之后，有九十二米长，二十四点四米宽，相当不小了。一三三九年，西耶纳人又想在左侧造一个更大的教堂，把造成了的主教堂只当作它的拉丁十字的横翼。它的正面和巴西利卡大厅的左廊刚刚造起一部分，一三四八年发生了一场瘟疫，工程停了下来。现在，造得了的一部分当作博物馆，它正面的几个大券，本是用来支承新教堂中央巴西利卡的大拱顶的，非常壮观。使这左侧广场生色不少。

主教堂用白大理石造，里外都有灰绿色的水平条纹，像斑马。正面三间山墙，装饰很华丽，夹杂些红大理石的图案和许多雕像。一八七八年加上金底镶嵌画，更加灿烂辉煌。现在在画面上蒙一层玻璃保护。教堂里，在地面上作大幅写实的镶嵌画，是十五至十六世纪的作品，这在意大利是唯一的。原作已经搬到博物馆去了，原地只有复制品，平日仍然盖着木板保护。不知为什么，也许是在复活节期间罢，我们去的那天居然没有盖，而且允许我们爬到拱顶底脚那儿的走廊上去俯视。圣坛前的那一幅，就是主教堂的全景图。这些镶嵌画，以及大量壁画、嵌宝木器，雕刻和玲珑纤巧的讲经台、洗礼台，都是名家的名作，作者有

教堂。

主教堂。

主教堂内景。

阿·迪·坎皮奥（Arnolfo di Cambio，一二四五至一三〇二年）、唐纳泰罗、米开朗琪罗等。主教堂侧后方的钟塔高七层，不开放。

这座主教堂是意大利中西部哥特式建筑的代表之一，另一个更优美的在奥维埃多。中西部哥特式、比萨罗曼式风格和威尼斯哥特式（Venetian Gothic），都是意大利中世纪晚期很重要的建筑流派。

离开主教堂，在蜘蛛网一样的小巷里上上下下，来到一个很安宁秀丽的圣凯萨玲圣堂（Casa di Santa Caterina，一四六六年）。后院有一眼水井，架着辘轳架，洋溢着宁静的祥和气息。从井边上山坡，就到了圣多米尼各教堂（San Domenico，一二二五至一二六五年）。它跟主教堂同时建造，但形式相去很远。红砖的，像个堡垒。从它背后眺望西耶纳侧景，小房子像鱼鳞一样，一层层围着山坡上去，捧着山顶上的主教堂和钟塔。左方远处又冒出市政厅的钟塔，这轮廓比佛罗伦萨的还美。

在西耶纳看不到一幢现代的房子。全城仍然是中世纪和文艺复兴的面貌。我和马丁没有去看大型府邸和其他教堂，只在古老的陋巷里转。巷子里有无数可以入画的景观：高高低低的台阶，从过街楼下穿过，连接坡上坡下的路；伸手可及的阳台上放满盆花；一个接一个的单券跨在巷子上，抵住两侧的墙不致倒塌，造成了空间的纵深层次；不大的券门，通着小小的院落，里面，一绺阳光照着花草和晾在绳上的各色衣服；吃饱了老鼠的懒猫躺在窗口的铁格栅前睡觉；巷子一转弯，也许是块巴掌大的空地，中间一口水井，辘轳架上装饰着精巧的柱头，偶然还有三两间券廊在旁边，大约是妇女们洗涤的场所。

但是，这种充满了迷人画意的中世纪巷子，对于居民来说，可能是可怕的。那种破败的景象，实在凄凉得很。墙壁倾斜了，门窗糟朽了，

小房子像鱼鳞一样，一层层围着山坡上去，捧着山顶上的主教堂和钟塔。左方远处又冒出市政厅的钟塔，这轮廓比佛罗伦萨的还美。

雨水管子断裂了，污水从墙脚的小洞流出来，沿巷子淌去，汇成黑色的水潭，发出恶臭。我们到过几条小巷子，那里房子的窗口是些莫名其妙的洞孔或者缝隙，钉着木片、棘刺，绷上几根铁丝，再张上蜘蛛网。我们以为这是没有人住的死屋子，看门牌却是新换的，闪闪发亮，于是往里张望，发现电视机开着，弄得我脊梁骨冒冷气。而西耶纳城，就这样要整个当作文物保护下来。我最感到困惑的是，城市的大部分区域进不了机动车，万一有点儿急事怎么办？不过，我们早就知道，凡是要整个当作文物保护下来的历史性城镇，居民都在迅速减少，困难会缓解一些。但是，因为数量很多，这项文化工程的艰巨仍旧可想而知。意大利维护文化遗产的决心真教人钦佩。

西耶纳的节日——赛马会，每次都是九匹马，代表西耶纳的九个区。

马丁在东柏林文物任建筑保护师，他从来没有遇到过这样的难题，因为德国在第二次世界大战期间一切都成了废墟。柏林几乎是全新的，他的任务，是恢复一些古教堂，干脆说，是再造几个假古董。如果西耶纳这样的城市只有几个，事情也许不能说太难办。可是，这样的城市在意大利太多了。从西耶纳向南到罗马，半路上就有个奥维埃多城，更加有趣，也更加古老。

奥维埃多

在布满葡萄园的丘陵地里，一块孤零零的火山岩，东西长一公里挂零，像台子一样高高凸起，周围都是悬崖陡壁。奥维埃多就在这台子上，因为地势险要，中世纪战乱的时候，曾经是教皇派扼住南北交通线的要塞，所以，城里有不少重要建筑物，其中之一是教皇宫（Palazzo Papale，一一五七年始建），一五二七年西班牙人围攻罗马之后，教皇一度住在这里。

从火车站进城，过去有缆车，现在已经拆掉了。欧洲在几十年前曾经掀起过一阵缆车热，但在作为文物的城市和风景区，为了保护它们的原貌，又纷纷拆除，除了高山滑雪场之外，我在意大利和瑞士都没有见到缆车。他们并非不尊老爱幼，他们的老人和儿童比中国的更喜欢游历，不过当走不动的时候，老人们宁愿坐下，把下巴搭在手杖头上，笑眯眯看着年轻人快活地走过。至于孩子，我常见到的景象是父母们提着他们一只手，拉扯他们自己一步一步向前走。我们顺着很陡的盘山公路步步

文艺复兴时期的奥维埃多。

10 20 30 40 50 60 70 80
Canne di piedi, et ogni cinque piedi sono ott
Romaneschi
Ipolito Scalza da Orvieto
S. Croce
27
24
25

布满葡萄园的丘陵地里，一块孤零零的火山岩，像台子一样高高凸起，周围都是悬崖陡壁，奥维埃多就在这台子上。

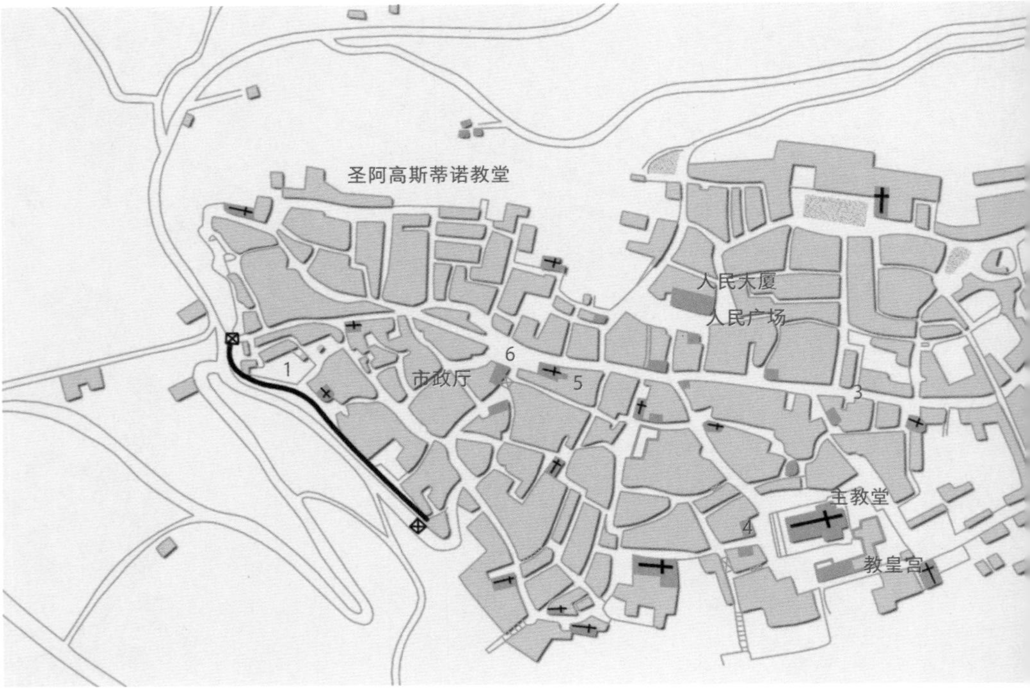

圣阿高斯蒂诺教堂
人民大厦
人民广场
6
1
市政厅
5
3
主教堂
4
教皇宫

拆除前的缆车，现在凡是历史文化保护区内所有的缆车都已拆除。

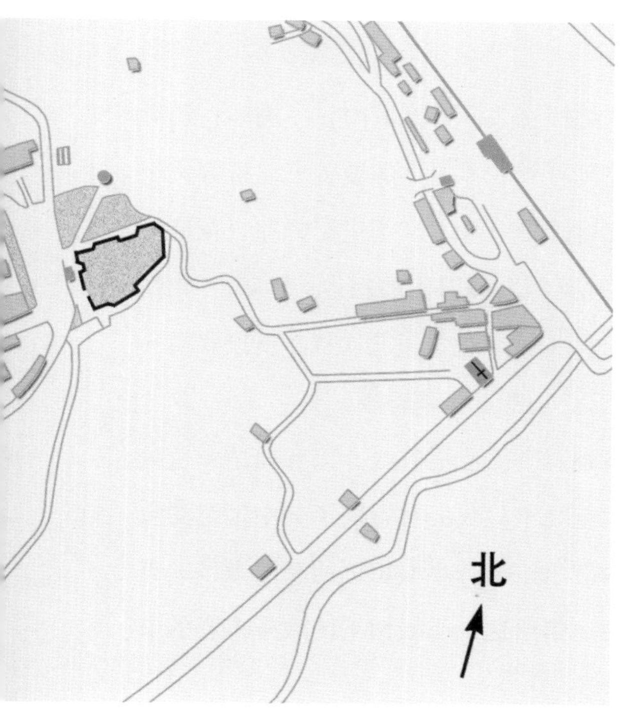

1. 圣乔凡尼教堂（San Giovanni）
2. 采恩广场（Piazzal Cahen）
3. 加富尔大街（Corso Cavour）
4. 市立博物馆（Museo Civico）
5. 圣安德雷阿教堂（San Andrea）
6. 共和国广场（Piazza della Repubblica）

奥维埃多地图。

远眺主教堂。

登高，从东头走到西头，又从西头绕回东头，才到城门。一进门，我对马丁说，历史在这里停止了。他立刻打开一本德文的导游书，指着关于奥维埃多的第一行说，这上面写着相似的一句话：“中世纪的空气在这里有趣地凝固着。”在罗马，我们听过英国人福屈伦的报告，他说：“我们古建保护工作者，就是要叫历史停止。”我跟他抬过几次杠，所以我们一见到这个仿佛在烂柯山上的奥维埃多，就想起了那件事。

奥维埃多比西耶纳更富有诗情画意，但也更破败。只有柯达彩色胶卷的广告，表明时代已经是二十世纪之末。我们在凝固了的中世纪的空气中走，默想着封建主蛮勇残酷的战争给这个小城留下的高昂激越的英雄故事，以及天主教会愚昧狡狯的迷信给这个小城留下的欢乐多彩的节庆活动。这些英雄故事和节庆活动给奥维埃多蒙上浓厚的浪漫气息，使它更有魅力。历史常常是不可深究的，那些使人们陶醉的东西，许多是从泪泉血海中孕育出来的，只是时间给它洗刷了腥气和涩味，反倒成为浸透乡土情谊的风尚习俗和文化传统了。

一个波西米亚传教士不相信“化体说”，就是耶稣基督的身体转化在圣饼里。有一回，他主持弥撒，在祝圣时看见圣饼渗出血来。从此，他相信了奇迹，而基督圣体节也从此被教会确定下来。这块出血的圣饼，有小小一角被带到了奥维埃多，于是，一二九〇年，决定造一所大教堂来收藏它，到十四世纪基本完成。宗教的奇迹是荒唐的，而这个建筑的奇迹却是辉煌的。在一百多年的时间里，有四十三个建筑师，一百五十二个雕刻家，六十八个画家和九十个镶嵌家在这里工作过。平面方案是佛罗伦萨主教堂的最初设计人阿·迪·坎皮奥定下的，西耶纳人梅达尼（Lorenzo Maitani，一二五五至一三三〇年）设计了立面，也做了大门垛子的雕刻。据英国美术史家拉斯金（John Ruskin，一八一九至一九〇〇年）说，那时候意大利的建筑师要主持教堂工程，都得亲手做大门的雕刻，没有这一手本领，就指挥不了人。

梅达尼给奥维埃多主教堂（Duomo di Orvieto，一二九〇年）带来了西耶纳主教堂的立面式样，它们成了姐妹作。不过，奥维埃多的更好。立面的分划更顺畅，上下气势更贯通，构图更完整，比例更和谐，缓急更有节奏。同时，色彩也更丰富，大幅的金底镶嵌画，在阳光下耀眼地绚丽。它的玫瑰窗，据说是仿法国的象牙雕刻的，非常精美，而西耶纳主教堂的玫瑰窗却没有完成，只留下个黑洞，但现在人们并不去补足它，任它保持那么一副尴尬的原状。这便是尊重历史而并不服从今人的审美愿望。

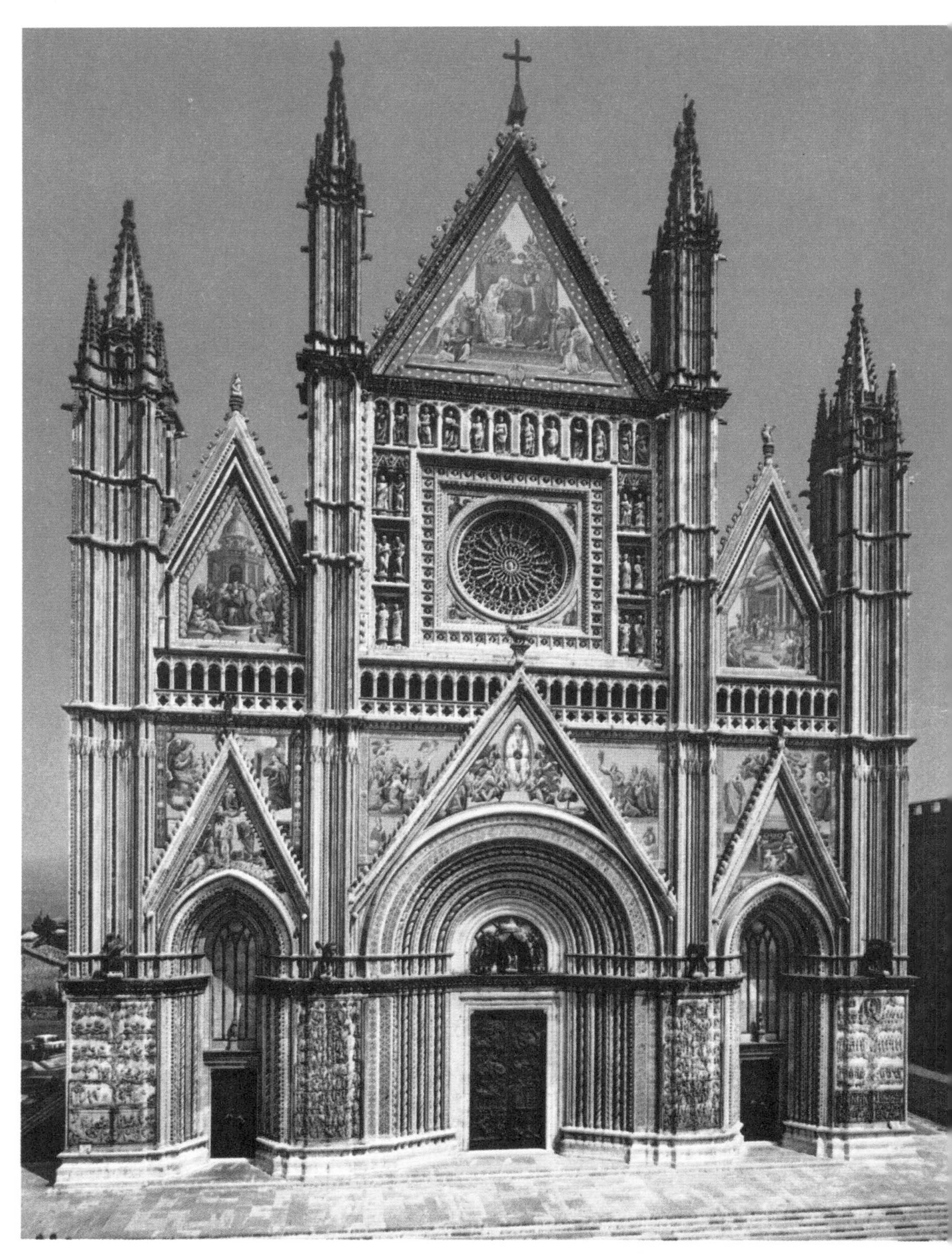

主教堂立面，它华丽，它也天真，十分精致，工艺水平也很高。

主教堂内景。

它的内部也用黑白大理石砌成交替的条纹，很稳重、质朴。但横翼的一臂为纪念另一个什么神迹而造的小礼拜堂，却如七宝楼台，金银细工、绘画雕刻无所不有，千百支蜡烛闪闪烁烁，摇摇曳曳，在幽暗的教堂里造成一种梦幻似的境界。它的天顶画和壁画已经很写实，很世俗化了，构图雄伟，人物的动态剧烈，表情激越，所以有人把它的作者看作

奥维埃多主教堂内壁画（局部）

米开朗琪罗的先驱。

主教堂的右侧是十三世纪的教皇宫，现在当作博物馆。可惜主教堂没有塔，但市中心有一座四十二米高的方塔，孤零零立在大街边，不知为什么叫摩尔塔（Torre del Moro），也许曾经是一座伊斯兰清真寺的授时塔。

奥维埃多以产酒和陶器闻名。酒我们没有领略，中午只啃了一份夹肉面包。陶器倒看了不少。制陶是家庭手工业，许多小巷里都有卖美术陶器的，没有柜台、没有橱窗，根本没有铺面，只在家门口两边的墙上，石头缝里钉上几块板子，陈列几个壶、罐、盆、碗之类，有的连板子都不要，直接把陶器挂在墙上。这些家庭小铺成了冷街僻巷别致的装饰，使它们有了一点儿生气。此外，城中央有个人民广场（Piazza del Popolo），每礼拜六举办集市，专门卖美术陶器，也是意大利一个闻名世界的旅游项目，每集都吸引许多外国的爱好者和收藏家专门跑来。

人民广场有一幢人民宫（Palazzo del Popolo），是十一世纪造的，罗曼式，保存得很好，看不出这类古建筑常有的历代的附加物，或者不协调的改建。四个立面都能完整地看到，我和马丁觉得很难得。溜达到不远的市政广场上，看到十六世纪造的市政厅（Palazzo Comunale）很粗俗，把一座造在六世纪教堂基址上的十一世纪的教堂挤得很局促，而且挡住了钟塔的下半截。我说，最好拆掉这座市政厅，至少要改造它。马丁大不以为然，说那简直是犯罪。但是，真所谓无巧不成书，像有人编了剧本似的，马丁忽然哦哦地喊了起来。原来他在那本德文的导游书上看到，人民宫就是在精心研究之后，拆掉了多次的改建和增建，恢复了原样，连那个很美的室外楼梯都是根据资料重建的。怪不得它并没有作为参观点，门前冷冷清清。

我们边笑边走，又到了奥维埃多西北角上的圣阿高斯蒂诺教堂（S. Agostino）。它的西侧，有一座很高敞的大厅，哥特式的，前后都是三间宽阔的尖券。现在，券洞装上了细细的合金钢窗棂，安上了大片反光玻璃。里面加夹层，是很轻的钢结构，四边不着墙，薄薄的钢板楼梯凌空上去。上面是餐厅，下面是小卖部。所有的家具和设备都是最新的款式。这种做法，跟我在罗马郊区的奥尔西尼堡垒见到过的完全一样，严格区分了建筑物原有的部分和后加的部分，不论外面还是里面，现代化的新因素跟中世纪粗犷的砌体都对比得很美。

沿悬崖边的城墙走，眺望远处青翠山谷里的红色修道院和小村子，景色散淡宁静，太美了。绕了半圈，最后来到东北角的圣巴特里齐欧井（Pozzo di San Patrizio）。这口井是一五二七年教皇到奥维埃多避难的时候，为预防被围城而下令挖掘的。负责这项工程的是建筑师小莎迦落（Antonio da San gallo the Younger，一四八三至一五四六年）。井挖了十年，打透坚硬的火山岩，足有五十八点四四米深，下面水深二点七五米。它有

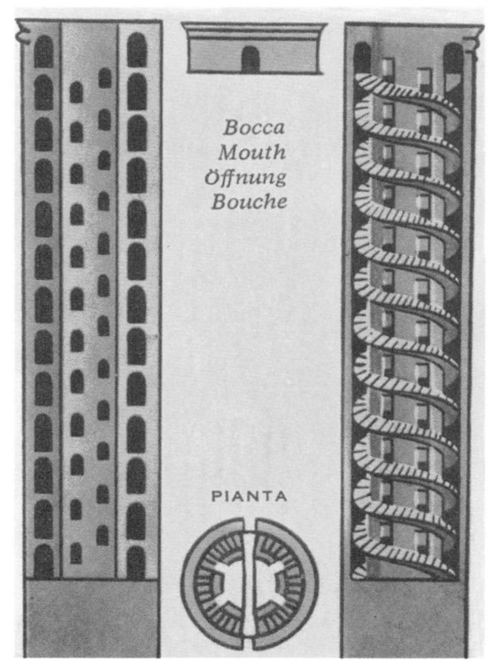

圣巴特里齐欧井。

内层井筒。

内外相套的两层石砌的井筒，二者之间有两道螺旋式的梯道，错开半圈，都是二百四十八级，驮水的毛驴从一道下去，从另一道上来，可以络绎不绝。内层井筒直径四点七米，周圈上下开七十个窗口，给梯道照明。这口水井大约可以算得上是世界上最壮观的井了。

看完井，已经不早。坡上谷底冉冉升起轻烟薄雾，染四围青山成紫色。我们赶到火车站，回头一看，教堂、方塔、城墙已经跟悬崖融成一体，黑而硬，倚在西边发亮的天上。

奥维埃多的保护非常严格，要想使居民的生活现代化几乎是不可能的。但居民们很合作，他们渐渐迁出旧城，到山谷对面一侧山坡上另建了新的居住区，把旧城留下。虽然理论上要求作为文物的村落或历史性城区保持它的活力，但实际上，我们这些人都同意“不死不活，半死半活”是它们不可避免的状态，甚至是有利于保护它们的最佳状态。所以，

这里也有传统的节日，人们穿上古老的服装，只有柯达彩色胶卷的广告，告诉我们已经是二十世纪末的奥维埃多了。

虽然旧城的面貌十分破败，文物管理部门却并不着急，可以慢慢来。反正一时半会那些建筑还不至于毁掉。人民宫就是一个经过详尽的研究才动手维修的试点工程，那个市政厅应该怎么办，正在研究。意大利人好像多是慢性子，做事情不急不忙。不过，他们的文物建筑修复确是做得很精很细，不抢时间，琢磨透了才动手，所以做出来的都很好，尽管有些问题有争议。

莱米尼 拉温纳
圣玛利诺

圣玛利诺共和国的建筑师鲁意寄邀我到他家去玩。一起去的有东德的马丁，澳大利亚的理查德和日本的中村雅治。鲁意寄开车把我们带到莱米尼（Rimini），住在他的海滨别墅里，就先回家去了，约定两天后来接我们。

亚德里亚海滨的沙滩特别柔软，水又清洁，是个国际性的浴场。沿海二三百公里长的一窄条，连绵不断，都已经城市化，真正算得上是个长而又长的带状城市。莱米尼在它的中部偏北，鲁意寄的别墅在城南两三公里处，紧靠着沙滩。我们一放下提包，打开暖气，就到沙滩上去了。

天黑之后，四周悄无人影，只有街灯亮着。这个带状城市里，本地居民寥寥无几，到夏季才挤满世界各地来度假的人。两个月的繁华，养活本地居民足足一年，过清闲日子。我们摸索着找到一家餐厅，里面人倒不少，大都是街坊四邻来坐一会儿，喝喝酒，聊聊天，听听音乐，看看电视，气氛很亲切。见我们进去，人人打个招呼。我们吃着烤饼，小侍者忽然端来一大盘冷荤，说是邻桌一位先生请我们吃的。抬头一看，是个五十来岁的胖子，他向我们笑笑，我们也笑笑，就吃起来了。餐厅的布置很特别，有点像博物馆。框子里装着世界各国的钱币，架子上陈列着各种矿石，各种羽毛，各种羊角，甚至还有一墙的政治人物漫画像，从拿破仑到罗斯福和斯大林都有。

莱米尼在古罗马时代是个要塞，十三世纪之后，马拉逮斯达家族（The Guelf Family Malatestiano）在这里建立了独裁统治。十五世纪上半叶，这个家族的西吉斯蒙多（Sigismondo，一四一七至一四六八年）是个极残酷无耻的人，却又是个文艺的保护者。那时，莱米尼繁华过一阵子。但是，这个城却没有留下多少历史遗迹，可看的只有古罗马的一道桥、一座城门和角斗场的废墟，还有阿尔伯蒂设计的马拉逮斯达家庙（Tempio Malatestiano），现在叫圣弗朗西斯科教堂（San Francesco）。意大利绝大多数城市都还保留着古色古香的历史中心区，莱米尼的中心却已经现代化了。

圣弗朗西斯科教堂是阿尔伯蒂的代表作之一，整个用白大理石贴面，正面的构图是古罗马凯旋门式的，柱式很严谨，细部很精致，但没有完成，后人也不再接手去完成它，给大师留下历史的遗憾，真比去补足它更好。它的范本是莱米尼的一道城门，奥古斯都门，公元前二七年造的。文艺复兴当然是个伟大的进步运动，在这场运动中重新认识了古典文化的价值，这当然也是很好的。但是，利用古典文化对宗教愚昧作斗争的客观历史要求，在当时一些人们的主观意识中表现为对古典文化的过度崇拜。因此，他们往往以摹仿古物代替破格创新。意大利文艺复

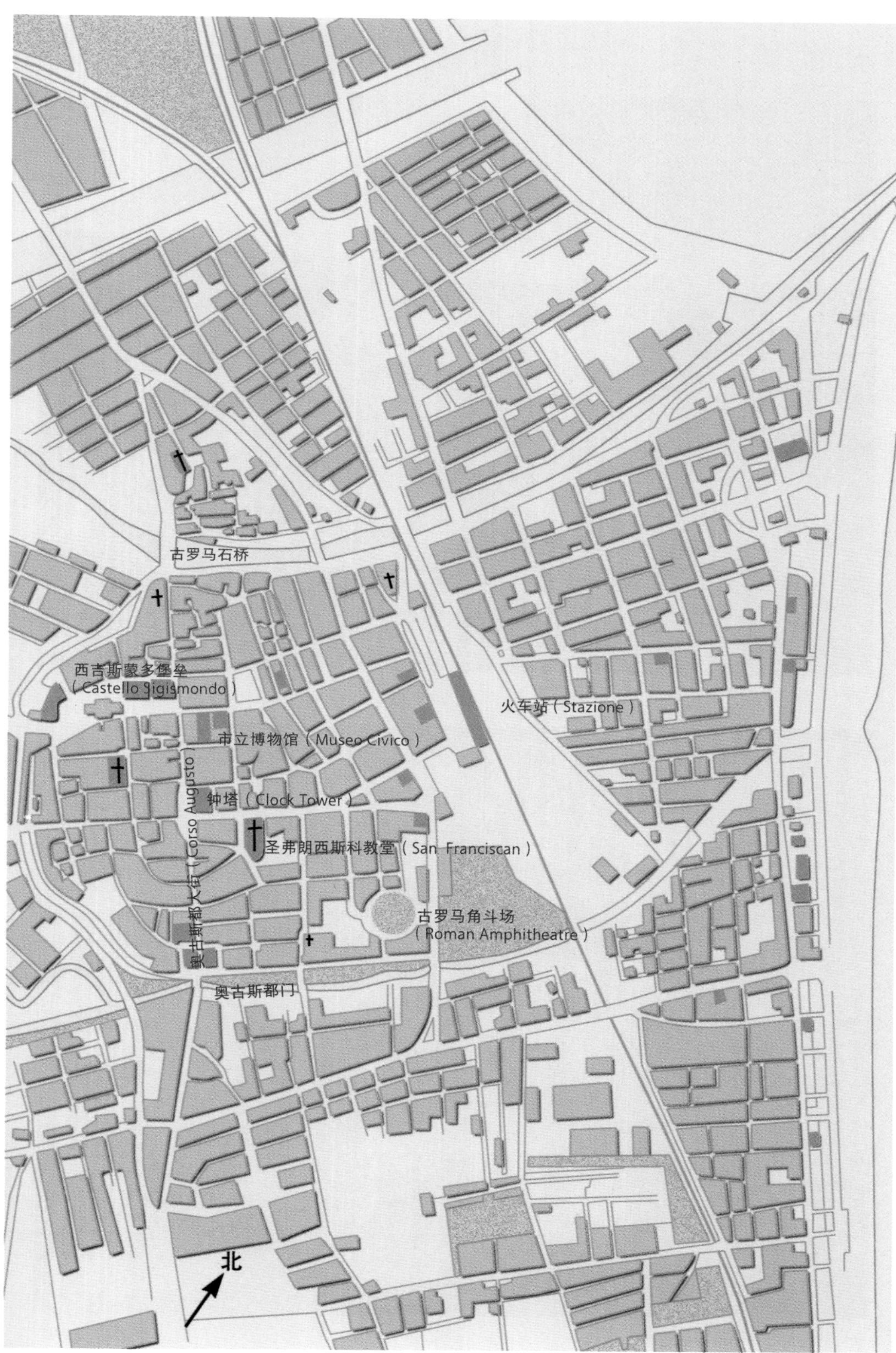
古罗马石桥
西吉斯蒙多堡垒
（Castello Sigismondo）
火车站（Stazione）
市立博物馆（Museo Civico）
钟塔（Clock Tower）
奥古斯都大街（Corso Augusto）
圣弗朗西斯科教堂（San Franciscan）
古罗马角斗场
（Roman Amphitheatre）
奥古斯都门
北
莱米尼城区地图。

古罗马石桥。

奥古斯都门，这门是古罗马的，后面的建筑却已经现代化了。

兴的建筑师，有一些是多少有一点这样的毛病的。阿尔伯蒂就过于喜欢给他的作品找古典的原型。当然，这情况也有不得不然的原因。因为文艺复兴运动主要是一场文化运动，一场意识形态的革命，那时候，建筑本身没有出现自己的革命性因素，像古罗马和哥特时期那样在结构技术上有重大的突破。

圣弗朗西斯科教堂的内部也没有照原设计完成。现在是两侧每个开间都有独立的用途，独立的建筑处理。虽然局部有很精彩的，还有些重要的雕刻和壁画，但整体性就谈不上了。

从莱米尼乘火车到拉温纳（Ravenna）不到一小时。拉温纳在意大利可是个很不寻常的城市；它保存了不少五至六世纪的教堂，有除君士

阿尔伯蒂设计的马拉建斯达家庙（圣弗朗西斯科教堂），里外都没有完成，几百年来，再也不去完成它，就保持这副未完成的模样，不再去补足。这立面是把当地的奥古斯都门重复三次并列起来。

阿尔伯蒂设计的马拉速斯达家庙（圣弗朗西斯科教堂）内部。

坦丁堡的圣索菲亚教堂（Hagia Sophia）之外最重要的拜占庭教堂；它的拜占庭式镶嵌画水平在意大利数第一，甚至超过君士坦丁堡的。

阿尔伯蒂设计的马拉速斯达家庙（圣弗朗西斯科教堂）内部。

拉温纳本来是个海湾，古罗马第一位皇帝奥古斯都把它建成亚德利亚海舰队的基地，可以容纳二百五十艘战船。罗马帝国分裂之后，公元四〇二年，它成了西罗马首都，大事兴建。以后东哥特人也在这里建都，国王迪奥多尔（Theodoric，四五四至五二六年）归宗，又大造基督教堂。五四〇年，拜占庭帝国占领拉温纳，把它当作陪都，东正教和拜占庭文化因而传了过来，与罗马传统并存。所以，拉温纳在建筑上和文化上有那么重要的意义。

出了火车站，我们径直往西走，看了一眼市中心人民广场上文艺复兴时代的市政厅和边上的柱廊，没有止步，就来到圣维达莱（San Vitale，五二六至五四七年）教堂前的街口。这条短短的小街，北头就是圣维达莱教堂。我们在街口停下来，先在小铺里看看纪念品、工艺品、幻灯片、明信片和画册等。意大利的名胜古迹附近都有许多这样的小铺，琳琅满目，不紧不慢地看看，也是很大的乐事。拉温纳的工艺美术纪念品里，最有特色的是些粗瓷的盘子、瓶子等，上面仿制拜占庭式镶嵌画的片断，金底子，对比强烈的重彩，华丽得很。

走进圣维达莱教堂前的院门，站在古老的松树下，斜看教堂，它的比例很和谐，体形很匀称，配上一座塔，画面饱满而且丰富。但是，看这通体素净的红砖砌筑，虽然很美，却没有一点装饰，连线脚都没有，而且又不大，心里不免有点儿怀疑：难道这就是当年查士丁尼大帝（Justinianus，四八三至五六五年）的宫廷教堂？难道这就是拜占庭建筑的第二号代表作品？

一进教堂，很暗，停一会儿，眼睛慢慢亮了，这才感到惊奇。原来它从上到下满铺满盖的金底镶嵌画是那么绚烂辉煌，原来它的空间是那么富有层次又紧凑集中，它各部分的修短丰纤又是那么适当。它确实不像别的王室宫廷建筑那样壮丽、威严，而是平易得很，它的色彩虽然鲜艳璀璨，却没有卖弄豪华富贵的味道，而像民间艺术的天真、热烈。至于它的空间，就像罗马的四喷泉圣卡洛教堂（San Carlo alle Quattro Fontane，一六三八至一六四六年）和佛罗伦萨的美迪奇家庙一样，既不

公元三世纪的拉温纳。

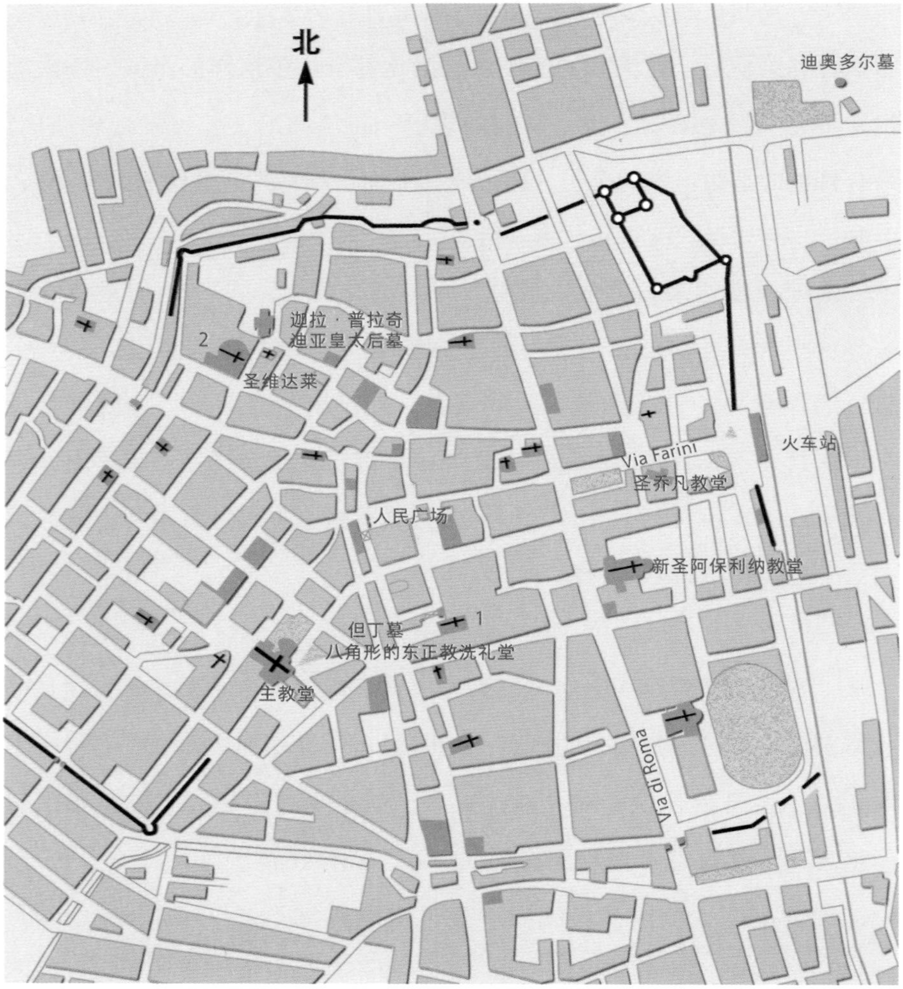

拉温纳城区地图。

1. 圣弗朗西斯科教堂（San Francesco）
2. 国家博物馆（Museo Nazionale）

圣维达莱教堂，外观素净的红砖砌筑，没有一点装饰，却是查士丁尼大帝的宫廷教堂、拜占庭建筑的第二号代表作品。第一号代表作是君士坦丁堡（今伊斯坦布尔）的索菲亚大教堂，它们都是东正教教堂。

能用语言文字说明，也不能用现代其他的方法说明，何况它比那些复杂得多。

镶嵌画已经有残损，穹顶上改成了巴洛克的粉画，圣坛部分的镶嵌画却很完整，金光闪烁的底子上，蓝、绿、红、黄诸色都很鲜亮，对比强烈。著名的查士丁尼大帝和皇后以及大主教、廷臣等并肩而立那一幅，就在祭坛的侧墙上，相当高，不容易看清楚。意大利一些供人参观的建筑里，凡光线昏暗处的绘画、雕刻、神龛等，一般都有照明灯，但需要交钱才能打开，我们没有找到管理人，只得罢了。

圣维达莱教堂是东哥特国王迪奥多尔开始建造的，作为宫廷教堂，但五四七年完工时，拉温纳已经是拜占庭帝国的陪都，所以，镶嵌画、

圣维达莱教堂内部。

圣维达莱教堂内部镶嵌画，查士丁尼大帝和大主教、廷臣。

圣维达莱教堂内部镶嵌画，查士丁尼大帝的皇后和僧侣、侍女。

柱头等都是拜占庭时代的作品，典型的拜占庭式的。

查士丁尼大帝。

穿过教堂，从另一个小门走到后院里，树荫下有一所不大的红砖小建筑物，像园丁的住宅。这就是第一位正式的西罗马帝国皇帝的姐姐，五世纪上半叶摄政的西罗马帝国皇太后迦拉·普拉奇迪亚的墓（Tomb of Galla Placidia），造于四四〇年。它的十字形平面形制和帆拱上的穹顶，在建筑史上有很重要的地位。虽然我从书上知道它的镶嵌画好，但只有到了里面，才真正知道那镶嵌画的分量。在幽微的光线中，深蓝色的穹顶满布金星，墙上是四福音作者、十二使徒、耶稣基督等的像。色彩比教堂里的浓重，但花边的色彩很鲜亮。小小的窗子上安着极薄的大理石片，半透明的，映出石材本身很美的花纹。据说这是跟大理石墙裙一起在二十世纪初年安的。我第一次见到薄大理石片装在窗子上，是在罗马的圣保罗教堂（San Paolo Fuori le Mura，三八六年）。以前读书，见说古希腊的神庙在屋顶上铺薄大理石瓦，采光足够，心里老觉得不大踏实。见到圣保罗教堂的窗子，才相信那是可以的。有一天参观圣彼得大教堂地下的古代墓葬群，讲解员指着一块十几厘米厚的白大理石棺板说，这是希腊的潘泰利克大理石（Pentelikon），质地最好。他用手电在背后一照，居然能够照透。雅典卫城上的帕提农庙就是用潘泰利克大理石造的。

从迦拉・普拉奇迪亚墓出来，看见理查德在树下徘徊，我叫他进墓去看，他犹犹豫豫，不大看得起这小东西，经我再三催促才过去。但一进去，立即回身探出头来大叫：“Wonderful！ Wonderful！”中村和马丁听见，赶快跑了进去。

圣维达莱教堂修道院有三个院落，券廊轻快。现在当博物馆，藏品很丰富，布置得古朴雅致。

离开圣维达莱教堂，到主教堂旁边看了八角形的东正教洗礼堂（Battistero Neoniano），也是红砖砌的，外貌平淡之极，而里面的镶嵌画光彩夺目。六世纪初迪奥多尔国王造的拉丁十字式新圣阿保利纳教堂（Sant' Apollinare Nuovo），大堂由两排柱子划分为“巴西利卡”（Basilica）式。二十四棵石柱是从拜占庭运来的。它的镶嵌画很有名。大堂的左半是妇女席，柱子以上的壁面镶着二十四个圣处女，身着白袍，手捧皇冠，出城走向圣母。圣母戴着皇冠，被天使簇拥着。大堂的右半是给男信徒们的，那边镶嵌画的题材是二十六个殉道圣徒离开迪奥多尔的宫殿，白袍曳地，庄严地走向耶稣基督。他周围也是簇拥着天使。这些镶嵌画的色彩比较柔和。

离新圣阿保利纳教堂不远，就是但丁墓。这位诗人从佛罗伦萨流亡出来，定居在拉温纳，一三二一年死在这里。他在《神曲》里曾经把拉温纳的镶嵌画叫作色彩的交响乐。但丁在意大利非常受尊敬。离我在罗马的寓所不远，有一个但丁旧居，门每天都锁着，进不去。有一天忽然看见门开着，我跳下公共汽车往里闯，里面正开但丁研究报告会。小院子很美，左边是长满了常青藤的廊子，右边是露天楼梯，后面是钟塔，

西罗马帝国皇太后迦拉 · 普拉奇迪亚墓的内部。

迦拉 · 普拉奇迪亚墓的基督牧羊镶嵌画，羊儿就是平信徒。

西罗马帝国皇太后迦拉 · 普拉奇迪亚的墓。

八角形的东正教洗礼堂里面的镶嵌画，光彩夺目。

但丁墓。

但丁墓内部 。

前面是门楼。起伏变化，跌宕有致。诗人的旧居很富有诗意。

拉温纳的另一座著名的陵墓是迪奥多尔的墓（Mausoleum of Theodoric，五二〇年）。圆形，整体形式很简练明确，直径十一米，全是白石砌的，石块毛毛糙糙，砌缝大而无灰浆。顶盖是一整块大石头，凿成穹顶形状。

回到火车站去，在站前不远看了圣乔凡尼教堂（San Giovanni Evangelista，即施洗者约翰），这是迦拉·普拉奇迪亚在四二四年造的，是现存最早的基督教堂之一。也用红砖砌，很简朴，立面构图别致，但是非常和谐。旁边立着一座斜塔。意大利有不少斜塔，不过，比萨斜塔是唯一全用大理石造的，而且建筑水平最高。

拉温纳的这些教堂和陵墓，长时期里都经过不断的改动或增添。

十八世纪末和十九世纪初，曾经由教会全面维修，那次的方针是力求恢复原状，除去历史的变动痕迹。所以现在见到的都很完整，很统一。但是，当然失去了许多历史信息，失去了不少浪漫气氛。看上去干干净净，像是陈列在环境当中，却淡薄了沧桑感。

从火车站前乘公共汽车向南到郊外五公里的老圣阿波利纳雷教堂（Sant' Apollinare in Classe，五三三至五四九年）。它是查士丁尼皇帝在一座旧阿波罗神庙遗址上造的，其实比那座名为新的还晚一些。红砖的教堂和塔，在碧绿的田野之中，搭配着虬枝老松，色彩很明丽。教堂里光线充足，开间大，柱列的节奏舒缓，也像外观那样近易平和。圣坛上半穹里的镶嵌画，以嫩绿的草地为主，点缀着十二头白色羔羊，这是耶稣基督的十二位门徒。耶稣基督坐在中央，一副牧羊人的模样。这幅画色彩淡雅，构图比较松动，不那么饱满，也不那么板重。这教堂有一座圆形的钟楼，据说是基督教世界中的第一座。教堂前面草地里有一尊奥古斯都的铜像，纪念他建设拉温纳的功绩。

拉温纳的教堂，外观都是红砖的，形体不大，十分朴实，往往连线脚都不做，而内部却用镶嵌画装饰得很璀璨。这是中世纪早期基督教堂的一般风格，它象征着基督教的一个信念：为人要清苦简约，但内心却要丰富辉煌。“上帝在我心里”。

钱币上的东哥特国王——迪奥多尔。

东哥特国王迪奥多尔墓。

第三天一早，鲁意寄接我们到圣玛利诺。这是世界上最小而又最古老的共和国。它在莱米尼西南二十七公里，面积六十一平方公里，以提达诺山（Titano）为中心。山的海拔七百四十三米，西边是缓坡，东边是直上直下几百米的悬崖，悬崖上沿，三个峰头各有一个堡垒，分别是十、十四和十五世纪造的，落脚在鸟兽难到的险要处，看得人眼晕。

鲁意寄带我们乘到居民区的缆车上山。他是这个两万五千人的共和国唯一的建筑师，处处有熟人，点点头就什么地方都能进去，不用买票，过了钟点人家还等着。

先看议会大厦，哥特式的，里外都很漂亮，大家称赞不已。前面有个小广场，正好给大厦一个恰当的观赏处。大厦挺拔有精神。这天正巧是议员接见选民的日子，大厅里，一排桌子，每桌一位议员，每位前面都排着三四个人，挨次向议员提建议。出了议会大厦，拐了几个弯，来到当地的主要教堂，立面竟是个六棵科林斯柱子的古典主义大柱廊，风

圣乔凡尼教堂内景，迦拉·普拉奇迪亚在四二四年造的，是现存最早的基督教堂之一。

拉温纳新圣阿波利泰尔教堂的圣母镶嵌画。

老圣阿波利纳雷教堂圣坛上半穹里的镶嵌画，以嫩绿的草地为主，点缀着十二头白色羔羊，这是耶稣基督的十二位门徒。耶稣基督坐在中央，一副牧羊人的模样。

从莱米尼遥看圣玛利诺。

格浮夸，跟其他建筑物全不协调。鲁意寄苦笑着打开一本画册给我们看，原来这教堂本是十一世纪罗马式的，非常朴实浑厚。这个新古典主义的柱廊是一九〇九年贴上去的。中村雅治激动起来，说，拆掉它，拆掉它。鲁意寄又把画册翻到另一页，一看，那座被我们一致称赞的议会大厦本来也是早期罗曼式的，十九世纪才把它改成哥特式，连券额都改了，于是，我们又一次感觉到历史的作弄。改变文物建筑的面貌，不管出于什么动机，也不管有多么高超的水平，都会淆乱历史信息，所以西方的文物保护学界，把这种事严厉地斥为不道德的行为。

我们都对悬崖顶上的三座堡垒有兴趣，不顾路险，奋勇攀了上去。一上去，人人都满意，景色的雄奇大大补偿了我们。极目远望，东面是大海，西面是高山，它们之间起伏着一层层的峰峦和峡谷。堡垒作为武器甲胄的博物馆，展品也很丰富。堡垒和城墙，据险而建，看上去惊心动魄，也极富画意。但鲁意寄摊开双手，做了一个鬼脸，说："堡垒和城墙都是修建过的，修得过分了。"

提达诺山上的堡垒。提达诺是希腊神话中的大力神、巨人。

提达诺山三个山峰上都有堡垒。

看完三个堡垒，我们到鲁意寄工作着的小村子去。几十户人家，聚在一个小高地上，房子都是石头砌的，裂缝里长着树。巷子里几处稍稍宽一点的地方，放几条石板，老太太们坐着聊闲天，孙儿孙女们围着转。鲁意寄给我们看他的测绘图，他用了一年时间，把这个小村子全都测绘了下来。图的比尺很大，所有房子上的每一块石头都一一画出，包括裂缝和缺损。他就是拿这套图向圣玛利诺共和国政府投标承包这个小村子的保护工作的。不过，因为政府答应的报酬不够多，鲁意寄还不大愿意签订合同。

在鲁意寄家吃了一顿典型的圣玛利诺午餐，喝了他祖父藏在地窖里的陈年白兰地酒，我们又去看波哥 · 麦乔累教堂（Borgo Maggiore）。这是一所在旧址上新建的教堂。它完全利用钢筋混凝土的可塑性来造型，里里外外都说不上是什么形状，好像几块隔夜疲软了的炸油饼搭起来的。

十九世纪改成哥特式的议会大厦，它完全改变了议会大厦本来的面貌，虽然改的水平很高，但仍是不应该的。因为这种做法淆乱了历史，使人得到错误的历史信息。

改建前的早期罗曼式议会大厦。

不过看上去也不恶俗，内部更加有趣味。我的第一个问题是它怎么制图，怎么计算结构。鲁意寄说，据他所知，建造之时，建筑师整天都在工地里，有相当多的地方，大约根本没有图，比如那个紫铜板的屋面，就像堆栈里盖在杂货筐上的雨布。这个建筑师叫米开鲁奇，佛罗伦萨人，专门设计小教堂，据说目前在世界上很有名。这种塑造教堂的风气大约是勒·柯布西埃在洪尚教堂开的头，现在很有些追随者，不过所作似乎都赶不上洪尚教堂。

新房子不断地盖，旧房子不断地改，这个山国的野趣和古风正在不断丧失。鲁意寄说，毛病就在允许意大利人买地造房子。我说，为什么不利用总统接见公民的机会去提意见，总统是他的足球伙伴。他说，有什么用，大家想过现代化生活。现在圣玛利诺的青年，一旦在外面有了机会，就再也不回来了。我说，回来旅游一定觉得很有趣。大家笑了。

但政府毕竟还是注意保护山国环境的，把游览区的缆车拆掉了，只留下居民区的一个。也拆掉了从莱米尼来的铁路支线，现在只通公路。鲁意寄在这条公路上施展了高超的驾驶技术，只用三十分钟就把我们送到了莱米尼火车站，刚刚赶上去罗马的火车，一路上把红灯骂得狗血喷头。马丁、理查德和中村都是驾车老手，事后也都对鲁意寄那种疯狂的开车方式感到害怕。鲁意寄只有二十四岁，身材魁梧，一天到晚大喊大叫，手舞足蹈，出洋相，寻开心，是个极可爱的小伙子。家境很富裕，有私人飞机，从小在美国受教育，但不忘一起长大的贫寒邻居并不漂亮的小姑娘，结婚那天，在教堂里举行仪式，还要打趣，把文静腼腆的新娘子和道貌岸然的神父乐得前仰后合。

Northern

第四篇

意大利北部

意大利北部的城市，现存的建筑也大多是中世纪晚期和文艺复兴时期的，古罗马的遗存不多。这些城市，长期都是独立的公国，统治着的大公们，热爱文化事业，善待文学家和艺术家，支持和保护他们的创作。大公们在这方面互相争胜，因此和托斯干尼一起共同造成了意大利文艺复兴文化的繁荣。

意大利文艺复兴时期不少杰出建筑师或者出生在这些城市里，或者长期在那里工作，留下他们的代表作品，所以，这些北部城市大多有很出色的历史纪念碑式的建筑，一个个城市的建筑风格都有自己鲜明的特色。十七世纪风靡全欧洲的古典主义建筑和巴洛克建筑，都在这个地区孵化出来。

北部的城市群如众星灿烂，其中最耀眼的是威尼斯。它是一个共和制的城市国家，为了保卫它的共和制，公民们曾经砍下一个阴谋破坏这个制度的总督的头。所以，当时一位杰出的建筑师，拒绝教皇的召唤，声明他只愿意终身在这个民主的城市国家里生活和创作。

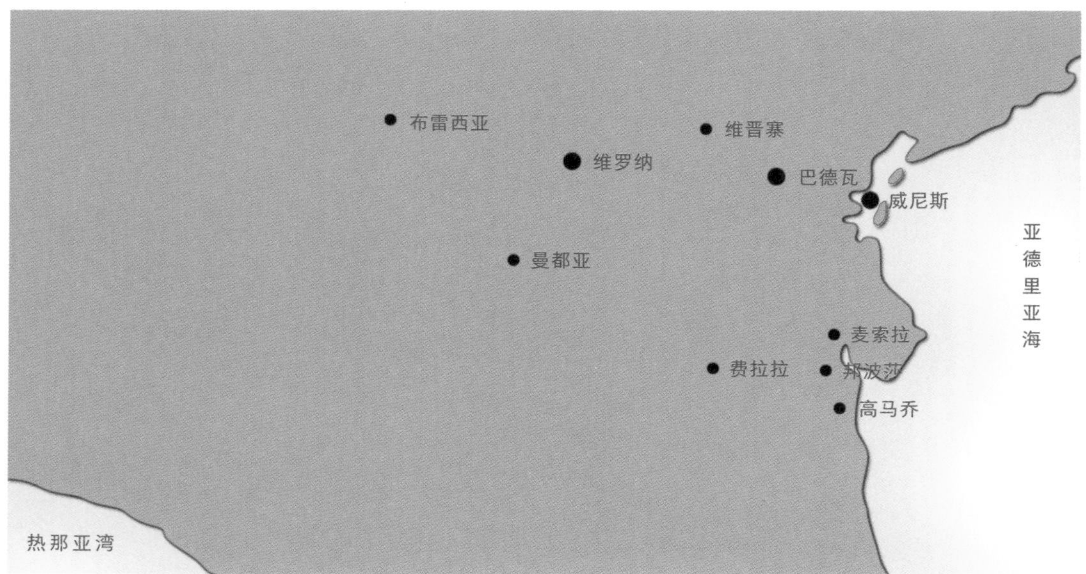

第四篇城市位置图。

鸟瞰威尼斯。

费拉拉

五月份，我们这个国际文物建筑保护研习班一起到意大利北部去，第一站是费拉拉（Ferrara）。它在波河（Po River）下游，三角洲的顶点。波河流域是全意大利农业最富庶的地区，西欧各国消费的水果有一半是这里出产的。春末夏初，田野里到处是野罂粟花，不是一朵朵的，也不是一丛丛的，而是成片成片的，有时一眼望不到边，太阳一照，比红绸子还鲜亮。像波浪起伏的红海洋，上面长着浓绿的树木，简直是神话境界。村子里开满了月季花，杆儿高，朵儿大，把小房子遮得严严实实。由于农业富庶，波河流域有很多历史名城，其中一个就是费拉拉，十五世纪时就有了十万人口，跟米兰、威尼斯、佛罗伦萨一样重要。不过目前不如那几个城市繁华。

一条宽阔的大街（Corso della Giovecca）把费拉拉城分为南北两半，它的中段南侧，几乎在全城的几何中心上，是一座非常雄伟的堡垒（Castello Estense），造于十四世纪，十六世纪火灾之后重修过，现状很

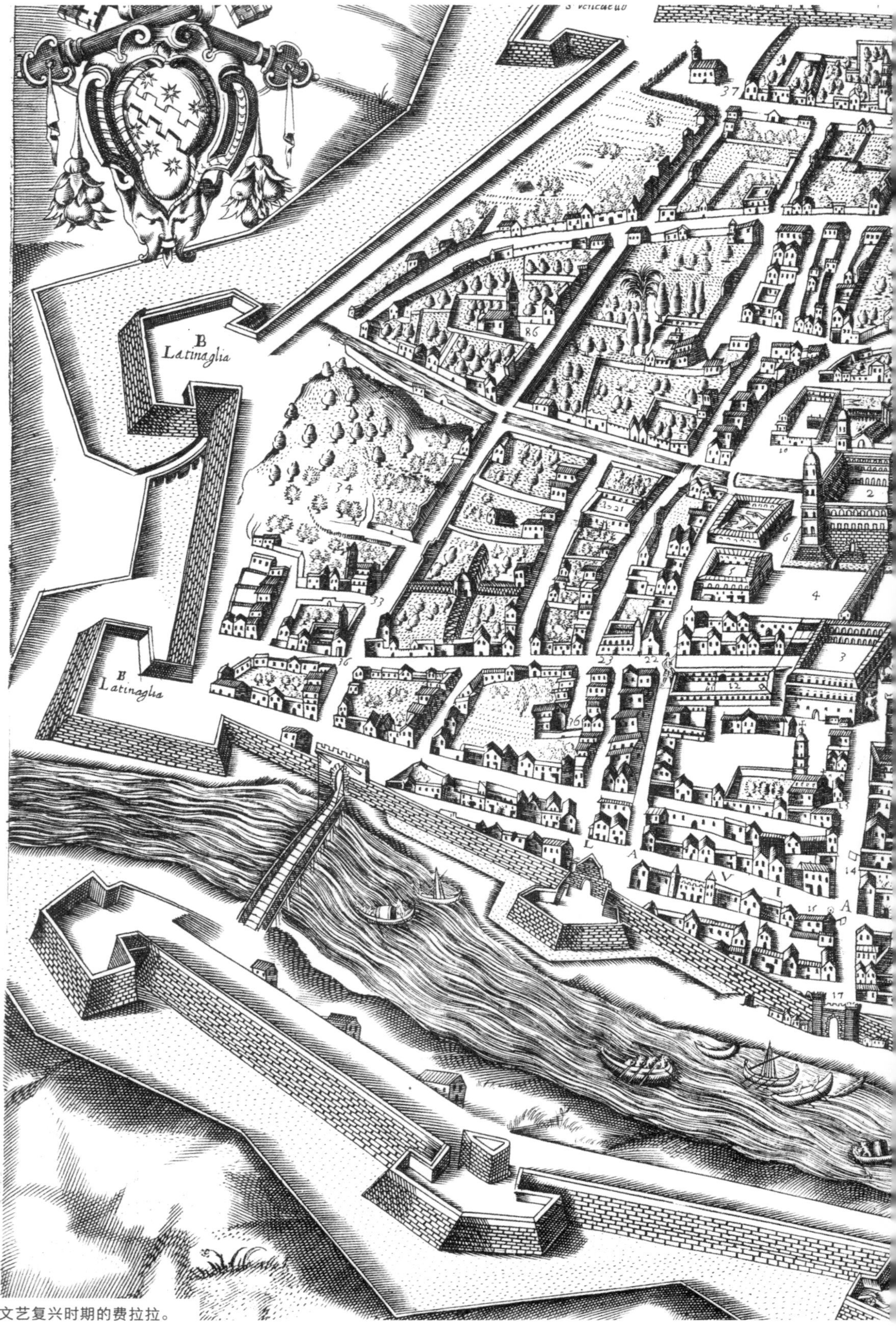

文艺复兴时期的费拉拉。

la montagnola
Alta dala pianta Canne 26
5 Beccaria
6 La monitione
7 Piaza del Domo
8 Il Palazo dela ragione
9 La logga de caliolari
10 Giardino del Castello
11 Squizart
12 Terra todesca
13 San Paolo
14 Losteria del Moro
15 Lostaria del Angelo
16 La Dogana
21 Stalla del Duca
22 San Domenico
23 Palazo Bentiuoglio
24 Santa Maria nuoua
25 Palazo di demante
26 Palazo del S. Ansolso turco
27 Palazo del S. di Castelli
28 Lospetal di S.ta Anna
29 Lostaria dela Canpana
30 Li Gesuiti
31 Santa Lucia
32 Capucini
37 La croce
38 Santa Catarina di Siena
39 Bel fiore
40 Langeli F
41 Caualli ligeri
42 La Certosa
43 Montagnola
44 Piaza nuoua
45 Le Conuertite
46 San Gio. Batista
47 San Gugliemo
48 San Spirito
49 Santa Barbara
50 San Bernardino
51 San Rocho
52 La Mortora M
53 La Consolatione
54 Porta San Gio. Batista
55 San Siluestro
56 Palazina
57 La giudeca
58 Laca bianca
59 San Francesco
60 Corpus Dñi
61 San Ieronimo
62 Batuti bianchi
63 La Morte
64 San Nicola T
65 Piaza scuanoia
66 Sat. Andrea
67 S.to Antonio
68 Becaria nuoua
69 San Pietro
70 San Giorgio
71 Porta San Pietro
72 Santo Antonio
73 La madonna de lamore
74 Porta San Giorgio
75 Porta barba cani
76 Montagna grande
77 Bosco
78 Palazo de la montagna
79 San Vito
80 San Tomasa
81 La Madonna dela porta di sotto
82 Strada S Andrea
83 San Gregorio
84 S.to Agostin
85 Porta de langeli
86 S. Benedetto
87 Spirito santo
88 San Siluestro
89 Santa Maria inuade
90 Porta de lamore
91 Portello
92 Lacecha
93 Li bastardelli
B
S. roccho
B
S. Siluestro
G I V D E C A
Alta Cane
Borba cani B

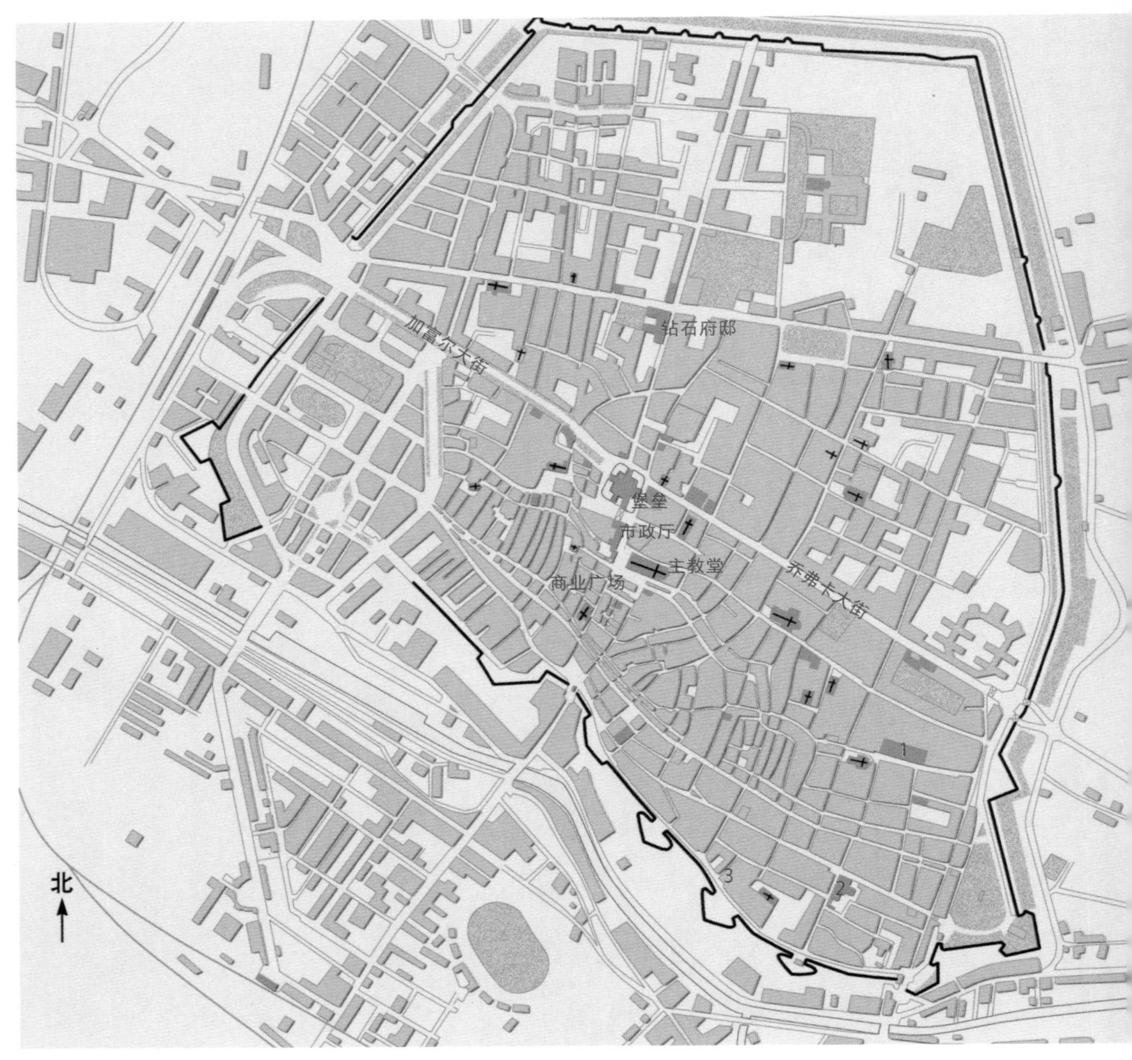

费拉拉城区地图。

1. 斯基法诺亚府邸（Palazzo Schifanoia）
2. 卢多维科府邸（Palazzo di Ludovico il Moro）
3. 波莱西尼 · 圣安东尼奥修道院（Sant' Antonio in Polesine）

艾斯塔家族是文艺复兴文化的保护人之一，对文艺复兴文化在北部的传播起了很大的作用。

好，是省政府办公处，一部分大厅作为博物馆向公众开放。这堡垒本来是十三至十六世纪统治费拉拉的艾斯塔（Este）家族的小朝廷。它方方的，二十来米高，四角凸出四座方塔，围一圈护城河。每边有门，门前架着吊桥，隔河还有桥头堡。深绿色的河水倒映着赭红色的城堡，加上一些白石的栏杆等，威严之中还透露一点爱美之心。里面装修豪华，瑰丽多彩，跟沉重的外貌大不一样。有一间甚至得名“金屋”。所有重要厅堂房间都绘满了壁画，多数是十六世纪的。

护城河东、北两面临大街，南、西两面都是广场。一条高架走道跨过南侧广场，连通堡垒和艾斯塔家族的大府邸。大府邸是十三世纪造的，口字形的平面，现在是市政厅。走进东面的券门，一个四方的大院，东北角上是一四八一年造的大楼梯，楼梯上覆着顶盖，几根细柱子顶着一

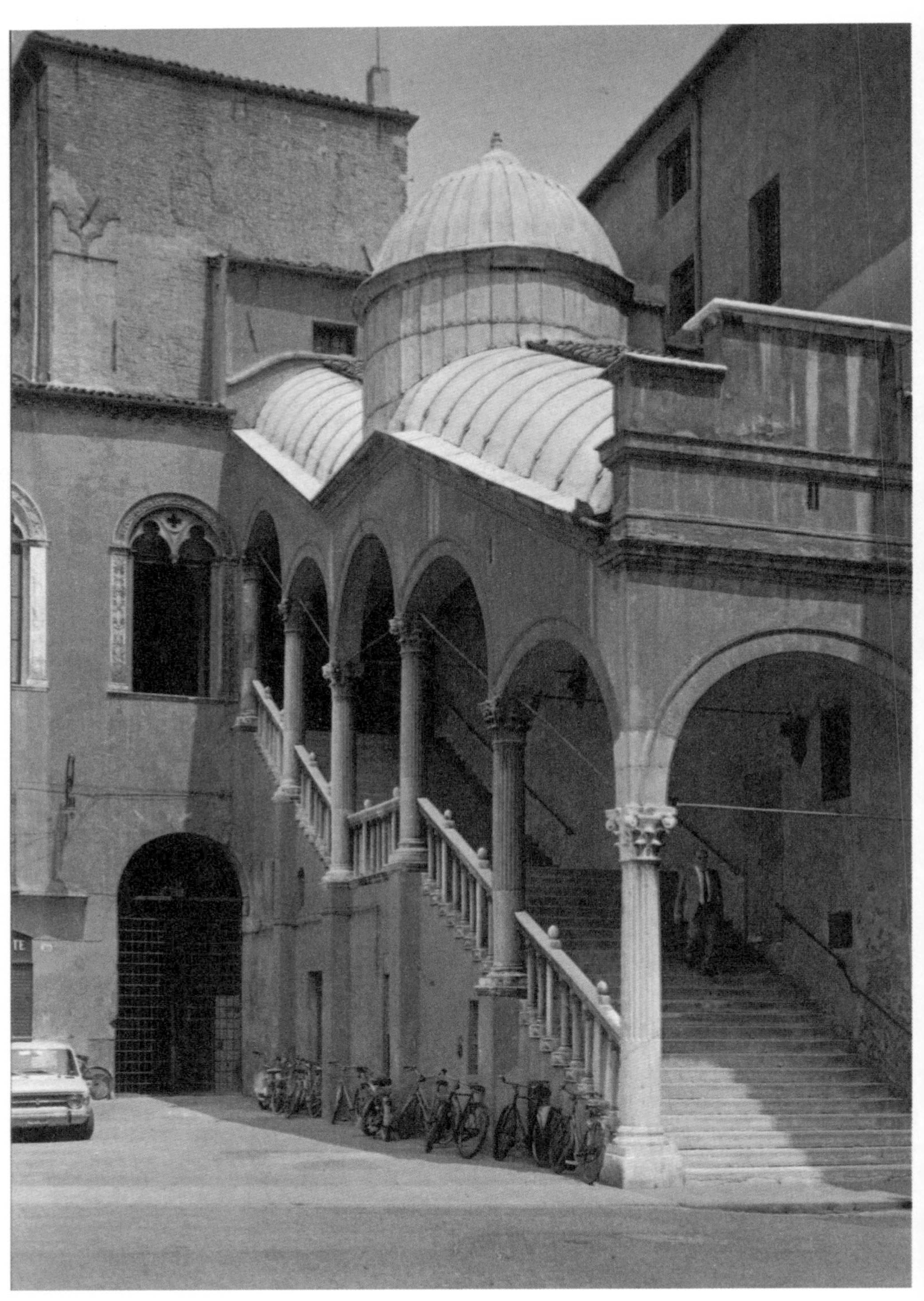

艾斯塔家族府邸院子东北角的大楼梯，楼梯上覆着顶盖。

串蛋壳似的穹顶，一个比一个高，一副稚气的笨拙相，怪可爱的。上楼梯，走进市政厅的主要会议室，推开朝东的阳台的门，正前方对着费拉拉的主教堂（Duomo di Ferrara，一一三五年）。相距不过二十米上下。

主教堂造于十二世纪，是伦巴底（Lombardia）式的罗曼–哥特式教堂的重要代表之一。伦巴底地区位于波河中上游，跟西欧各国的文化交流密切，受到较多的哥特建筑的影响。十字拱结构、山墙式立面、小连续券花边和尖券、肋架券，在伦巴底出现得相当早。但这时候北意大利的罗曼式传统还很强，因此形成了罗曼–哥特式风格。不过，伦巴底的罗曼–哥特式建筑，跟阿尔卑斯山北边的还是很不一样，尤其在内部，结构的开间和间距都大，空间宏敞，没有趋向祭坛或上方的运动感。费拉拉虽然不在伦巴底地区，但相去不远，所以有几个伦巴底的罗曼–哥特式建筑。费拉拉主教堂的立面很特别，是三个一样高低大小的山墙并列在一起，分别反映着里面的正厅和侧廊。立面是大理石的，装饰很多，精工细作，几道透空的小券廊横过立面，使它更加玲珑。它是意大利北部最华丽的教堂立面之一。

主教堂的南侧是比较大的商业广场（Piazza Trento e Trieste）。沿主教堂的南墙根，开着一溜小铺，铺面前一色整齐的券廊。教堂东南角上有一座罗曼式的钟塔，塔对街是法院。广场的西南角，也就是市政厅的右侧，还有一个过街楼，上面有座小小钟塔。市政厅大院的券门前，高高立着艾斯塔大公的骑马铜像，基座是一棵古典式大柱子。广场的景色十分丰富。

统治者的府邸、堡垒或者市政厅、主教堂和钟塔、法庭和市场等大型公用建筑物，在一起构成城市的中心。它们的前后左右开辟广场，几

费拉拉主教堂。主教堂南侧罗曼式钟塔和一溜带券廊的小铺。教堂正面一般都朝西，为的是举行弥撒的时候信徒们都脸朝东，即朝向圣地耶路撒冷。

主教堂内景。

个广场之间以券门或者过街楼连通，装饰上各种雕刻纪念物，形成非常富有变化的景观。这是意大利北部大多数城市的一般情况。意大利的气候四季温和，人们都喜欢在露天活动。从前，连贵族们约会都在广场上，两辆马车相向并列停着，双方各自坐在车厢里。所以广场叫作露天的客厅。现在，广场边上总有咖啡座或者餐桌，夏天来了，支上阳伞，红红绿绿，是广场极好的装饰。午餐时间，人们跑到广场上会朋友聊天，这就是休息。美术展览，旧书摊，都在广场上。买卖房地产、牲畜或者做别的大笔生意的，空手站在广场里，凭嘴谈交易，袖子里捏指头讨价还价。所以，到意大利北方的城市，第一个要看的是市中心，不但看建筑、看广场，而且看活跃的生活。

费拉拉中心区以东、以南、以西，大体保持中世纪的格局，街道窄而曲折，房屋小，面貌古旧。东南方有一些有屋盖的小街小巷和一些上层挑出的小房子，大多是中世纪的原物，很吸引旅游的人。可惜实在太破烂，没有阳光，没有新鲜空气，没有绿地，东倒西歪的门窗，仿佛一推就倒的墙壁，一副愁苦模样。不过，因为房子小，人口密度也小，很有点小城市的安宁。

西南方的街道宽一点，房子好一点，据说是十七至十八世纪翻修过的了。我们到达的第二天，费拉拉市的总文物建筑保护师陪我们去参观这一区的“复兴”。

旧城或者旧城的历史中心的“复兴”现在是欧美各国的大热门课题。它有个简直无法解决的矛盾；一方面，要把旧城或者它的历史中心整个当作文物保存下去；一方面，居民的生活又非现代化不可。我们在意大利参观，觉得罗马城对《威尼斯宪章》遵守得比较严格，其他城市权变

费拉拉中心区以东、以南、以西，大体保持中世纪的格局，街道窄而曲折，房屋小，面貌古旧。

洛美斯（Romeis）府邸内院，内院周边券廊宽阔而开敞。

就比较多。

费拉拉总文物建筑保护师带我们看了两条街，大多是三层的住宅，少量二层和四层的。住宅只保存它们的外貌，里面大拆大改。不但一幢房子内部可以打通，相邻几幢房子也可以打通，以扩大每户的面积。因此，新的一户之内，几个房间可能属于几幢房子，地板、天花板都可能出现标高的差别，有的跃层，有的带夹层或者阁楼，平面也曲折复杂，有不少被迫产生的所谓多用途空间。由于设计水平很高，这么一来，内部倒挺有趣味。房子不高，没有电梯勉强过得去。住宅虽然改建了，整个居住环境离现代化还远，难题不能说都解决了，不过，他们的精心工作使我们都很乐观。

中午，回到市政厅会议室吃市长的冷餐，冷餐很丰盛。市长先生见我们吃得高兴，当即决定，请我们到波河河口的邦波莎（Pomposa）和高马乔（Comacchio）去玩一天，在游艇上请我们吃一顿海鲜。

下午参观图档室。那可真了不起，它占了“口”字形市政厅南部二楼整整一层，保存着十三世纪以来全部城市房屋的图档。目前正在复制，准备用几年时间复制出一套来。主任待我特别友好，复印了一张加里波第为意大利的独立统一而起义时的传单给我，同伴们羡慕得不得了，围住了看。

费拉拉城北半部是一四九二年以后重新建设的，都是直街，房子也比较整齐。我们这个小团体住在一所修道院里，院子宽大，周圈是券廊，还有一道券廊横过院子，把它分成两半。这是当地文艺复兴建筑的代表作，全用红砖造，构图很严谨，但尺度小，风格挺轻快，加上雕砖做的极其精细的花饰和线脚，更招人爱。这样的建筑物在路北部分很不少。

修道院门前是教堂的钟塔，倾斜得很厉害。我们进进出出都觉得紧张，脚步会快得多。不过，斜塔在意大利很多，当地人看惯了，不在乎，没有做任何防护措施。

从修道院往东走不远，就是著名的钻石府邸（Palazzo dei Diamanti），造于一四九二至一五六七年。它在十字街口的西南角，外墙用；一万两千五百块方锥形的白大理石砌筑，转角处有雕刻得很细巧的壁柱和阳台，把有点儿呆板的立面救活。街对面，十字街口的西北角上，是普劳斯拜里府邸（Prosperi–Sacrati），立面很简朴，也靠门廊和墙角上极细巧的雕饰而活泼起来。在这座府邸里打算办一所学校，正在改建。同样是不动外壳，里面打通或者拆掉一些隔墙。壁画、灰塑装饰，以至壁炉都一律保留。有些隔墙拆掉之后，原两侧房间的天花和墙面的装饰虽然不同，

著名的钻石府邸，西南角外墙用一万两千五百块方锥形的白大理石砌筑，转角处有雕刻得很细巧的壁柱和阳台。

仍然不加改动。即使一侧有吊顶，一侧没有，也保持原样。为的是教人知道这里曾经有墙。被拆掉的隔墙顶部如果有灰塑线脚，就把墙的顶部一截保留下来，用一道钢梁托住。院子里，有几位工人用红砖按原样做雕饰，补上各处的缺损。我最感兴趣的是看墙脚加隔潮层，办法是用电锯贴地面把墙锯断，锯一段，插入隔潮卷材，填实，再向前锯一段。

费拉拉城还有一项有意思的古建保护工作。在横贯全城的加富尔大街（Viale Cavour）北侧，本来有一座修道院，因为残破不堪，若干年前被拆掉了，在原地造起了现代化的大玻璃楼。但修道院院落和它四周的券廊却保存着，成了玻璃楼的内院。新楼向十字路口的东南角特意采用吊脚楼，把院落敞开，行人可以从大街上望到院子里去。院子中央种着毛毯一样碧绿的草皮，对比着红砖的券廊，色彩非常明快。

类似的做法，在罗马、波仑亚和那不勒斯都见到过。罗马的朱利亚大道（Via Giulia）上，有一座文艺复兴时的教堂。大厅倒塌之后，十九世纪在那里造了一幢多层住宅，把教堂的立面镶在住宅的立面上。波仑亚城有一些文艺复兴的府邸，在第二次世界大战中被炸毁，战后重建时，把残存部分镶嵌在现代化的建筑物里，新建筑完全是现代式的，但也能处理得很完整。在那不勒斯市中心，有一家银行造在一个修道院废址上，银行大楼分两幢，它们之间由一段原修道院的残存部分连接，它底层的空券廊便作为银行内院的入口，上层是银行两幢楼之间的内部过道。这几个例子的设计水平都很高。不过因为不知道它们当年的情况，所以也不好谈到底是保护了古建筑还是破坏了。

闹市区有一间大厅，展览着费拉拉城的改建工作，有模型、图片、幻灯、录像等，常设性的，任何人都可以进去看看。

离公墓不远，有一处公园，据说还是文艺复兴时的样子。接连两天，我在傍晚时分进去散步，是个不太密的树林，零零星星夹杂一些草地。除了一圈环形路外，没有什么几何性。我在意大利参观的大大小小的花园，都以树木为主，加上草地，真正是绿地。不像中国的花园，大量的建筑物加上假山石，起不了多少绿地的作用，更不用说现在一窝蜂似的把园林变成吃吃喝喝甚至展销商品的地方了。从生态环境的角度看，意大利的园林比中国传统的园林合理得多。

在费拉拉住了几天，其中一天到波河河口去，一天到维晋寨去，一天到波仑亚去。

邦波莎 麦索拉
高马乔 维晋寨

到波河河口去，走的是古时艾斯塔大公们走的大道，有一段又宽又直，据说当年用来赛马或者赛车。

一路上看了几处古建筑保护工程。先是在一个小村子里，小河边上有一幢十八世纪古典主义的三层小楼。前几年小楼的主人想把它拆掉，村自治会不同意，筹了笔款子把它买下来了，并且动员村民义务出工修复。现在它是村子的文化站，有图书馆、展览室、讲演厅和音乐室，很受村民欢迎。在意大利，街道或村子的居民自治会权力很大，文物建筑和历史性街区保护由他们当家做主。

美国姑娘凯萨玲对我说，我准知道你要称赞它。我说，当然，古建筑保护工作，最好也是民有、民治、民享嘛！她说，哦，红色魔鬼也引用林肯的话。我说，林肯大约读过《共产党宣言》。大家都笑了。

前进到邦波莎，有一座修道院（Abbazia di Pomposa），孤孤零零，

邦波莎修道院五十米高的砖塔，造于公元七世纪。

邦波莎修道院教堂内景。

前不着村，后不着店，但在天主教历史上很重要，出过圣徒，在经学上是一大派；制定了音阶理论；还是现代眼科医学的发祥地。欧洲的修道院对文化、科学有过很大的贡献，修道士成为学问家、科学家的不少。罗马城里有些修道院，小小的四合院落里，至今还有长袍大褂的修道士在读书，那气氛好极了。邦波莎的这座修道院，建筑物刚刚修复不久，都是红砖的，发着尖券，装饰着大量雕砖，形体简洁，风格淳厚，被树木掩映的草地衬着，很明快。

离修道院不远，河口大堤之下，叫作麦索拉的地方，有艾斯塔家的一座堡垒。堡垒是正方形的，三层，四角斜着四个方形的碉楼。周围有一圈平房，是仆役们的住屋和马厩。堡垒正在大修，用钢丝网水泥加固墙壁和拱券，地板则打一层钢筋混凝土。原来屋盖已经没有了，现在新造了个钢结构的。钢架在内部完全露明，不加掩饰。外面被原有的女儿墙遮住，看不见。不模仿原样修复屋盖，而用新结构去加以保护，免于继续破坏，这在文物建筑保护中叫作“干预”，就是制止继续破败下去，在欧洲现在是流行的做法。既然是“干预”，那就要把新结构袒露出来，表明身份，不冒充古董，避免混淆了历史。“真实”是《威尼斯宪章》的首要原则。堡垒的南墙上有几个窗子，我刚买到的明信片的照片里没有，不知是复原，还是根据需要新添的。我没有去问那位费拉拉的总文物建筑保护师，那是一位极务实的人，他给我的回答，绝不会有原则性的意义。这堡垒的环境很荒凉，它修复之后，于旅游业并没有什么好处，只是可以用来开国际会议。第一次会议已经定下，是关于海洋学的。

乘船去高马乔，海湾里风平浪静，我们在甲板上吃市长先生请的午餐，油炸海杂鱼，是市政厅的厨师们开专车送来的。船上进餐，也是五百年前艾斯塔们的赏心乐事。

高马乔是个从海滩上造起来的渔镇，专产鳗鱼，有几条河汊。住宅虽然小而简陋，教堂可是又多又大，镇中心罗沙利街（Via del Rosario）的教堂居然还有一座相当高的塔。南边有一座巴洛克式教堂，从镇上有一条一里多长的廊子连过去，是为举行朝圣仪式用的。镇子并不美，没有什么风味，河汊上的拱桥有点笨，一组一六三四年造的“三联桥”（Ponte dei Trepponti），是在两条河的交汇处由三道桥组合而成的，配上水闸的双塔，比较有点趣味。但是，正预备把镇子辟作

渔镇高马乔，有几条河汊，住宅虽然小而简陋，教堂可是又多又大。

三联桥。

旅游点，不知道凭什么。

从波河河口回来的第二天，我们这个小团体又到维晋寨去。一路上，我很兴奋。意大利文艺复兴最后一位大建筑师帕拉提奥的大部分作品都在那里，他对欧洲建筑史有过很大影响，欧洲的十八世纪几乎是帕拉提奥的世纪，流行着帕拉提奥主义。

意大利文艺复兴最后一位大建筑师帕拉提奥。

我到罗马不久，罗马大学教授鲁奇迪请我吃饭，聊起天来，知道她是维晋寨人，于是我提到帕拉提奥。她很高兴，说，现在连意大利人也没有几个知道帕拉提奥的了，你这么个东方人居然还知道他的老家在维晋寨。不过，后来我到巴德瓦，那儿的教授却一口咬定帕拉提奥应当算巴德瓦人，因为他出生在那儿，并且送了我一套他的作品的幻灯片，以加深我的印象。

进了维晋寨城，一下汽车，迎面就是帕拉提奥设计的盖立卡蒂府邸（Palazzo Chiericati，一五五〇至一五八〇年），黄色，朝东，在阳光下耀眼地亮。府邸现在是美术馆，前面的绿化广场相当宽阔，观赏条件很好。文艺复兴时期的大型府邸，大多数都是大厅大堂，连卧室都富丽气派，很少宁静亲切的居住气氛，现在用作博物馆、市政厅倒挺合适，现成就能用，不过还常常嫌壁画、雕塑等过于豪华。这座府邸内部装修也很堂皇，每间厅都有自己的特点和风格。

REGINA VIRTVS

IQVATTRO LIBRI
DELL'ARCHITETTVRA
Di Andrea Palladio.

Ne' quali, dopo un breue trattato de' cinque ordini, & di quelli auertimenti, che ſono piu neceſſarij nel fabricare;

SI TRATTA DELLE CASE PRIVATE, *delle Vie, de i Ponti, delle Piazze, de i Xiſti, et de' Tempij.*

CON PRIVILEGI.

IN VENETIA,
Appreſſo Dominico de'
Franceſchi.
1570.

帕拉提奥又是个学者，他的著作《建筑四书》，一五七〇年在威尼斯出版，对古典建筑柱式做了很权威的规定，影响很大。图为《建筑四书》初版封面。

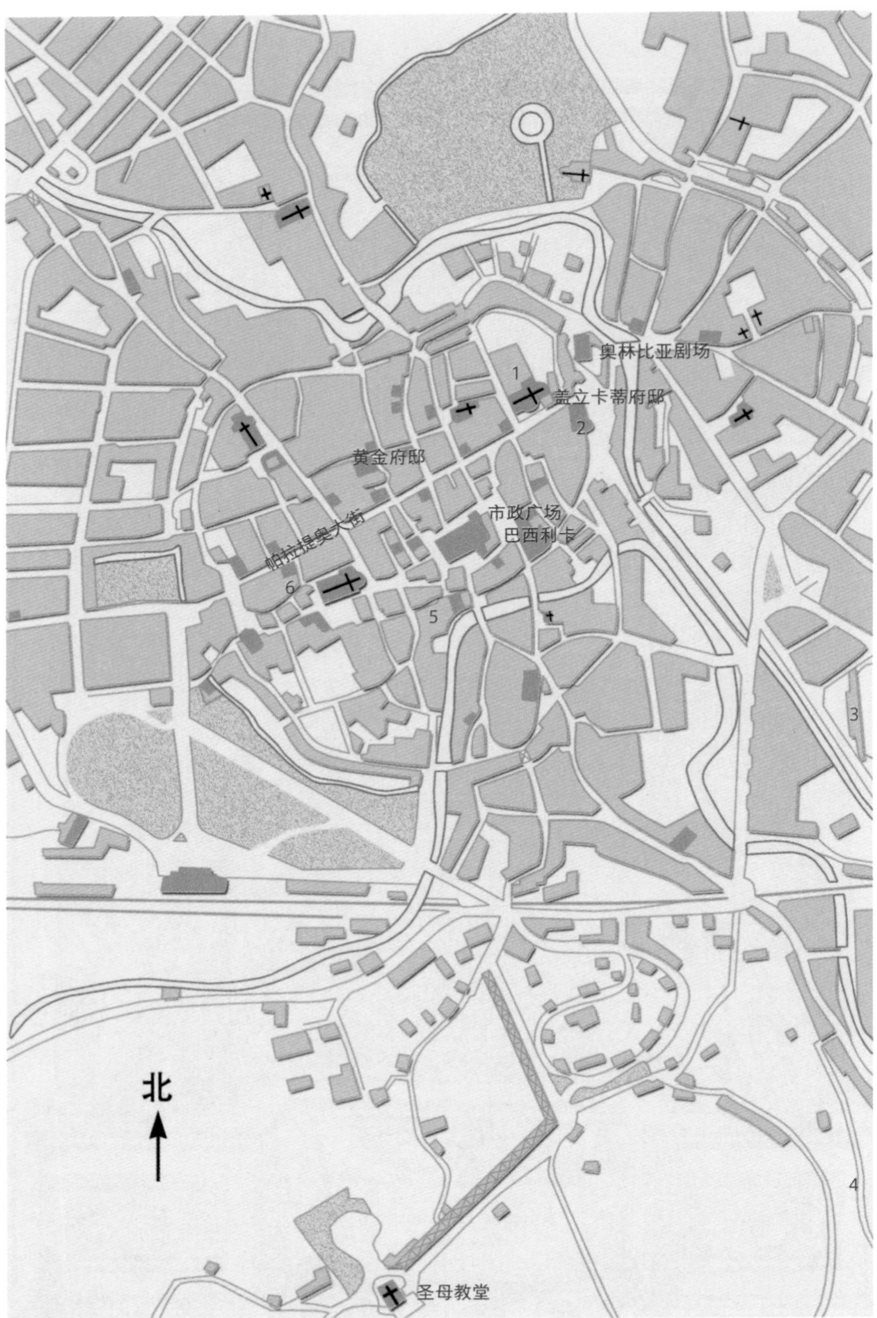

维晋寨城区地图。

1. 圣科洛纳教堂（Santa Corona）
2. 市立雕刻陈列馆（Museo Civico Pinacoteca）
3. 巴奇格里奥尼河（F. Bacchiglione）
4. 圆厅别墅
5. 庇伽非达住宅（Casa Pigafetta）
6. 主教堂（Duomo）

盖立卡蒂府邸，现在是市政博物馆。

盖立卡蒂府邸北侧，对街就是帕拉提奥设计的奥林比亚剧场（Teatro Olimpico，一五八〇至一五八四年）。从街口进拱门来到一个满是花木的院子，向左转，再向左转，进一幢红砖房子的一扇小小旁门，穿过门厅再拐过一段廊子，推开板门，才进入剧场观众厅的左前方。眼前忽然一片辉煌。观众席十三级，我们随便坐下之后，一位相当年长的人，穿着考究的燕尾服，在舞台上一面走来走去，一面声调铿锵地朗诵着诗句。不论他走到什么位置，甚至走进舞台背景后面的几条著名的透视式街道里，在观众席的每个位置上都能听清他的朗诵，字字入耳。过去，我只注意到这座剧场独特的形制和舞台背后的几条“街”，这次才知道它的音质设计水平很高。朗诵完毕，深深一鞠躬，风度优雅之至。

帕拉提奥设计的奥林比亚剧场，舞台背景后面的几条著名的透视式街道。

奥林比亚剧场的十三级观众席，最上面立一排雕像。

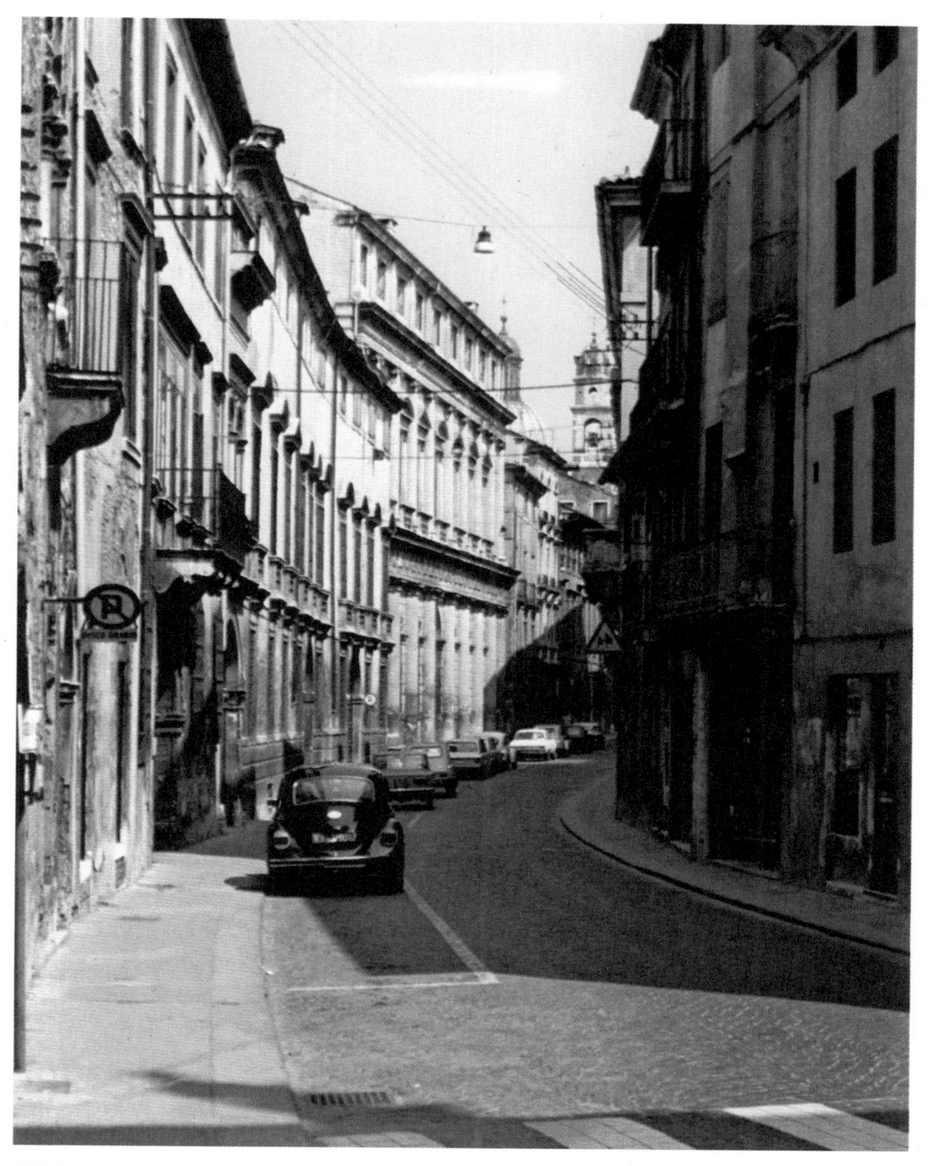

帕拉提奥大街街景。

从奥林比亚剧场和盖立卡蒂府邸之间起，一条笔直的大街向西南方向奔去，把维晋寨劈为两半，这就叫帕拉提奥大街（Corso Andrea Palladio）。意大利人很敬重建筑师，以建筑师命名的街道不少。帕拉提奥设计的府邸，大多集中在这条街上和它两侧不远。那些作品，构图变化很大，一个个都有所创新。街道很窄，而府邸很高大，身临其境，看不到完整的立面，因此，这些府邸的尺度就显得更大，风格也就比过去从图片上看到的更威严。这条街的另一头是帕拉提奥的故居，造在十六世纪。街的中段，有帕拉提奥的学生斯卡莫齐（Vincenzo Scamozzi，一五五二至一六一六年）设计的市政厅，紧贴着街面，也要很吃力才看得到檐口。很可能由于这种情况，帕拉提奥的作品中，以庄园府邸的影响最大，这些城市府邸的影响就少得多。

维晋寨的总文物建筑保护师，满脸大胡子，不会说英语，只好一声不响，根据一张早就拟定的时间表，带着我们猛跑。不论谁只要多照两张相，就得拼命追一阵子。澳大利亚的理查德说，这是超日本的速度。日本人到意大利旅游的非常多，甚至有小学生由老师带着到那里现场讲课的。他们大多很匆忙，旅游车开到一处古迹，人们下来，站在车门口照一张相就上车走了。所以我们常常用“日本速度”或者“日本式参观”来开玩笑，多少有点嘲讽味道。

总文物建筑保护师率领我们从市政厅旁小巷向东南穿插，不远来到市政广场（Piazza dei Signori）。广场在古罗马广场的旧地址上，它南边就是帕拉提奥最出色的作品之一，巴西利卡（Basilica Palladiana，一五四九年）。这座长方形的建筑物，上下两圈宽敞的廊子，开间的构图就是所谓帕拉提奥母题，包含着方形和圆形的对比、方柱和圆柱的对比、小尺度和大尺度的对比、虚和实的对比、体和面的对比，非常丰富而又统一，实在是杰出的创造。不过，有人指出塞利欧（Sebastiano Serlio，一四七五至一五五四年）早有类似的做法，所以不承认帕拉提奥的创造权。其实，勃鲁乃列斯基更早就做过类似的构图。历史总是一条斩不断的河，穷搜本源未必都有必要。帕拉提奥在这座巴西利卡上把这种构图做得最完善，而且把它作为最基本的构图手法，最充分展现了它的美，所以还得承认他是第一个创造者。

巴西利卡底层廊子布满摊贩，以卖旧书为主，是世界有名的旧书市场之一。二层是个展览大厅，净空宽二十点七米，长五十二点七米，高二十五点三米，非常宏敞，气派得很。展览布置用现代手法，把地面做

帕拉提奥最出色的作品之一，市民大会堂或者叫巴西利卡。砖塔是中世纪的，高八十二米，衬托出巴西利卡的雍容。

中世纪砖塔北面立着的一对柱子，分别顶着耶稣基督和圣马可的化身像，作为广场入口的标志。

得高高低低，满铺墨绿色地毯。展品疏疏朗朗，从四面八方推敲过构图，精心得很。这座建筑原本是贵族们聚会的场所。

巴西利卡的东边，紧挨着它，有一座八十二米高的中世纪砖塔比萨拉塔（Torre Bissara，十二世纪），精瘦，把巴西利卡反衬得更加雍容厚实。塔的北面立一对柱子，顶着耶稣基督和圣马可的化身像，作为广场入口的标志。广场里树立着帕拉提奥的大理石像。他三十岁就设计了这座不朽的巴西利卡，一直到七十二岁逝世，还保持着旺盛的创新精神，受到人们的尊敬。他又是个用普通的材料造高质量房屋的能手，除了巴西利卡用石头

金府邸。

维晋寨巴西利卡的三层露台，据说几十年才开放一次。

外，他设计的大多数府邸是砖的，抹灰仿石头，就是我们说的斩假石。

维晋寨虽然不大，却有近百所富豪的府邸，所以一向被叫作陆上的威尼斯。其中自然以帕拉提奥的作品质量最高。但从风格着眼，我倒更喜欢那些威尼斯哥特式的府邸。它们一般尺度亲切，构图活泼，简洁的墙面跟精致的门窗边饰的对比很强烈，色彩也更明亮温暖。在帕拉提奥大街上有一座哥特式的“黄金府邸”（Palazzo Ca’ d’ Oro，一四二八至一四三〇年），立面上作金色底子的壁画，色彩辉煌，但毫无骄横凌人的傲气。所以一九四四年在战争中被炸毁后，一九五〇年又照原样造了起来。相反，文艺复兴的府邸，包括帕拉提奥的在内，都不免过于壮观，尺度大而无当，叫人不敢亲近。

维晋寨同样也在大规模地“复兴”旧城区。总文物建筑保护师带我们参观了几条街，住宅内部改建的办法跟费拉拉差不多，外部有点不同。在这里，立面上的抹灰层一律剥下重做，看起来焕然一新。在文物建筑保护工作中，把建筑材料分为三类：永久性的、半永久性的和非永久性的，区别对待。非永久性材料是允许更新的，抹灰层就属于非永久性材料。从根本上说，这也是一种不得已的权变。做文物保护，“不得已”的情况是常有的，如果决不权变，那事情也是办不成的。当然，原则本身是不能权变的，原则“灵活”了，也是做不成文物建筑保护的。

这些房屋，几百年来都经过大大小小的改动，有些旧门窗堵死了，有些又挖了新的门窗洞；有些门窗本来是发券的，后来改成了过梁；有些墙塌过一部分，后来补上了；有些曾经有阳台，后来没有了；有些在底层开过小铺，后来关闭了；如此等等。所有这些变动，在砖砌体上都是可以看得出来的。重新抹灰的时候，精心推敲，选择一些地方不抹灰，把这些痕迹一一暴露出来。也就是使房屋的历史清晰可读。历史的可读性，这是《威尼斯宪章》的原则之一。当然，并不需要暴露痕迹的全部，比如，一个堵死的券洞，只要抹灰时留出券脚和券顶的一小段就行了；补砌过的墙，只要在两部分不同的砌体的交界处留几块空白就行了。这种做法，在立面上造成了斑斑驳驳的图案，并不难看，反倒能稍稍压住那个“焕然一新”带来的呆气，有点儿灵动。

一条小河边有一幢很漂亮的威尼斯哥特式的府邸，刚刚维修完毕。墙面上疤痕斑驳，门窗全换上了反射玻璃，闪烁着活泼的光和色。那位大胡子总文物建筑保护师站在墙角上，一个个地拉住我们，叫我们低头往下看。只见人行道贴墙根有几十厘米宽的一条，铺着玻璃。玻璃下面

维晋寨全景，在一片丘陵之间的盆地里，四周不是树林就是葡萄园，红瓦黄墙掩映在万绿丛中，巴西利卡的船底形大顶子和旁边的高塔形成全城构图的中心；向东可以望到威尼斯平原，向北是阿尔卑斯山的紫色轮廓。

灯光照着一米多深的沟，沟里可以见到中世纪时的街面和当时这座府邸的勒脚墙。地面不断提高，这是城市里的普遍现象，罗马城现在的地面已经平均比帝国时代高了五米。在那里，重要的文物建筑，如果地段环境允许，或者沿墙根挖一条沟，如万神庙，或者挖一个坑，如纳沃那广场北头古罗马运动场入口，以显示原来的墙面。而维晋寨的这座府邸，紧靠狭窄的街道，不能那样做，这个透过玻璃盖板读历史的办法太聪明了。我朝总保护师竖起大拇指，他得意得很，笑了又笑。文物建筑保护工作是很需要创造性的。

这所府邸现在是一个大公司的总部。总经理看到我们这个由二十一个国家的二十三个人组成的小团体，非常高兴，立即通知备餐，请我们吃了一顿很丰盛的午饭。只有这时候，才见到我们的急性子向导放松了

圆厅别墅，位于田庄中央的高地上，可以望四周，也可以从四周望它，所以它的四周都做成正面。

圆厅别墅。

筋骨，舒舒服服坐下来大嚼，没有去看他那张严格的时间表。

一吃饱，总保护师又来了劲，立刻把我们赶上汽车，出城上了南边的贝里柯山（Berico）。山上有一座圣母教堂（Basilica di Monte Berico，一七四六至一七七八年），那里的圣母常常显圣，包治百病，所以教堂成了圣地，许许多多人远道来朝拜，据说还有从美国来的。总保护师体魄强健，对圣母如何显圣治病毫无兴趣，只叫我们在教堂前的平台上眺望维晋寨的全景。维晋寨在一片丘陵之间的盆地里，四周不是树林就是葡萄园，红瓦黄墙掩映在万绿丛中，确实很美。巴西利卡在战争中被炸毁，战后修复的船底形大顶子和旁边的高塔形成全城构图的中心。向东可以望到威尼斯平原，向北是阿尔卑斯山的紫色轮廓。

贝里柯山的东北坡，离城大约两公里，就是帕拉提奥设计的圆厅别墅（Villa La Rotonda，一五五二至一六〇六年）。它在一个庄园中央的小山包上，从公路边的院门进去，笔直的上坡路像地堑，两侧挡土墙墙头立着一尊尊的雕像，透视线聚焦在别墅的门廊上，画面很紧凑。在罗马看惯了巴洛克式教堂，一见到这座别墅，觉得很新鲜。它是那样安祥、稳定、简洁，几何性很明确，处处跟巴洛克建筑相反，难怪一向有人把帕拉提奥叫作学院派古典主义的肇始人。它四周都是田野，景色十分开阔，所以四面都设柱廊，也自有道理。风格比城里的府邸要平易多了。内部却很华丽，有巴洛克的味道。直到穹顶，布满了壁画、浮雕和圆雕，色彩十分浓重。

从圆厅别墅出来，赶到布雷西亚城（Brescia），匆匆看了看市中心的新主教堂（Duomo Nuovo，一六〇四年）、市政厅建筑群和它们的广场，还有一座古罗马的阿波罗庙。阿波罗庙看上去很古怪，因为本来已经非常残破，只剩下些零零碎碎的大理石。过去修复时，全用红砖砌，连圆柱和檐部都是红砖的，把那些残存的大理石块小心翼翼地装到应该在的原位上去。整个看来，庙宇红白相间，红的倒比白的多。这种材质对比太大的做法，现在是很少见了。当保存下来的残块比较多的时候，原位归安，用一些非原有材料辅助，这样的做法在拉丁文中叫Anastylosis，成功的例子很多，最著名的大概就数第度凯旋门（Arch of Titus，八一年）了。除了把残石严格复位外，凡新补的材料一律用灰华石，区别于原来的白大理石，并且在细节上比原来的简单一些。但颜色和做法跟原来的差别又不太大，使维修时补添上去的部分和原存部分有所差异，以便识别，这也是文物建筑修缮的原则之一，叫“可识别性”原则，这是意大利人普遍遵守的。

回到费拉拉已经很晚了。但是，吃过饭，我还是拿横拍当直拍打，打败了市乒乓球队的尖子队员。我的伙伴全体到场为我呐喊助威，奥地利美术史家安德累阿斯大喊：把柜子里那些奖杯都给我们！

威尼斯

“海天之间一座迷人的城，像维纳斯出波浪而生。透明的光和水，纤尘不染，凉风微微地吹。东西方的文化在这里交汇，不朽的杰作，使你在欢乐中增长智慧。”这是一本介绍威尼斯的书开头的几句。

小小一个威尼斯，短短的历史，却在文化史上占了重要的地位。中世纪，它博采哥特、拜占庭和伊斯兰文化的精华，熔铸出自己独特的文化。文艺复兴时期，画家出了提香（Tiziano Vecelli，一四八八/一四九〇至一五七六年）、丁托莱托（Tintoretto，一五一八至一五九四年）、维罗内斯（Paolo Veronese，一五二八至一五八八年）、帖波罗（Giovanni Battista Tiepolo，一六九六至一七七〇年）等一大批；附近名城的杰出建筑师，如珊密盖里（Michele Sanmicheli，一四八四至一五五九年）、帕拉提奥、斯卡莫齐也来到这里；罗马的雕刻家兼建筑师珊索维诺（Jacopo Sansovino，一四八六至一五七〇年）来了之后，教皇用极优厚的条件请他回去，他的回答很坚决：决不愿意离开一个共和制的政府去为专制君

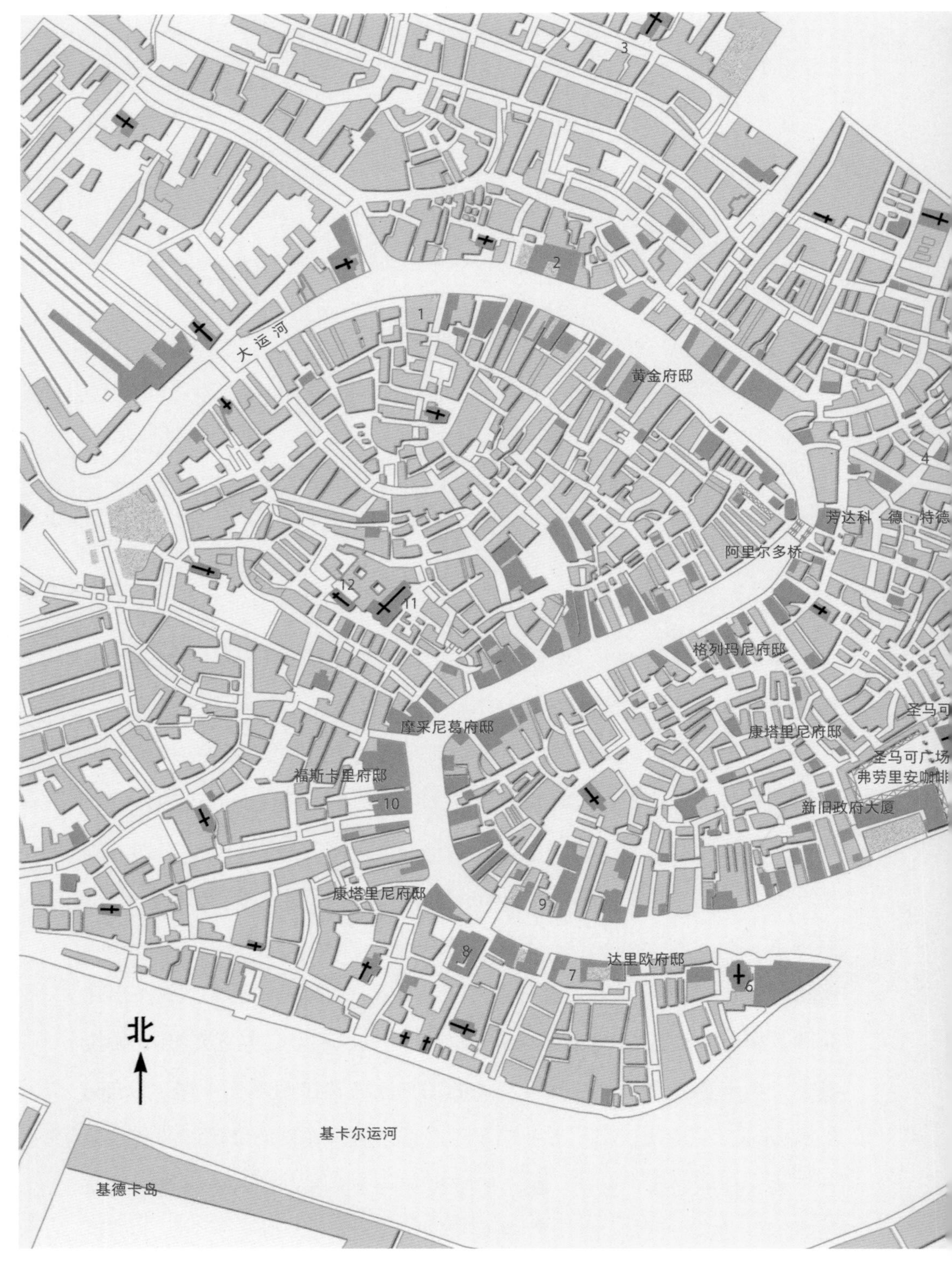
3
2
1
大运河
黄金府邸
4
芳达科·德·特德
阿里尔多桥
12
11
格列玛尼府邸
圣马可
摩采尼葛府邸
康塔里尼府邸
圣马可广场
福斯卡里府邸
弗劳里安咖啡
10
新旧政府大厦
康塔里尼府邸
9
8
达里欧府邸
7
6
北
基卡尔运河
基德卡岛

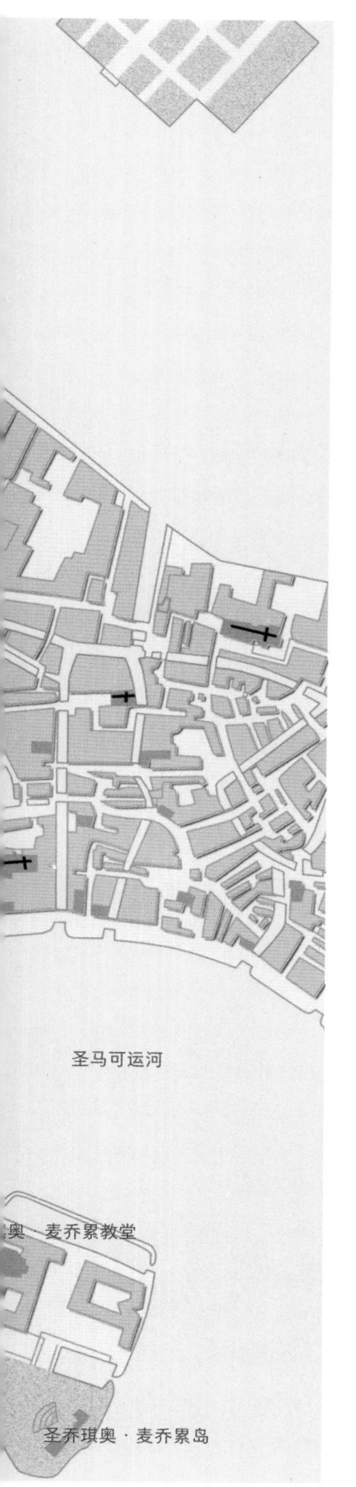

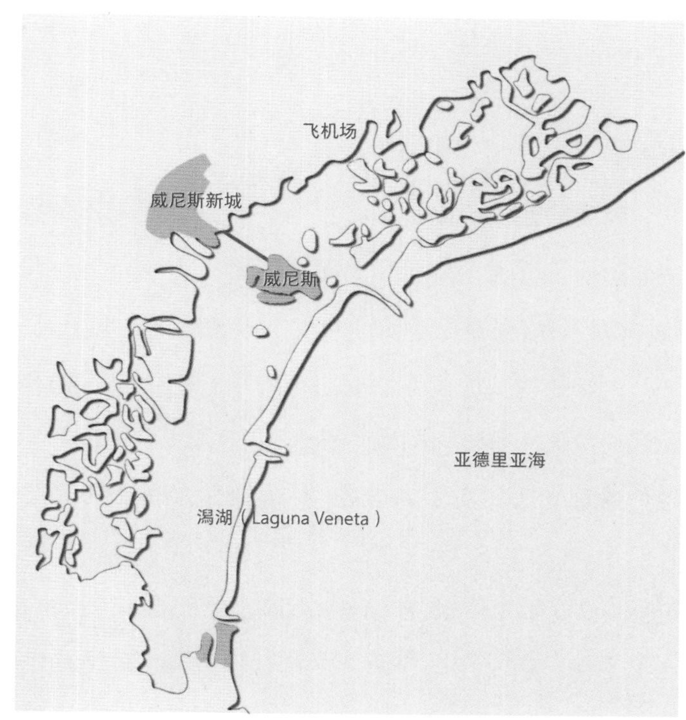

威尼斯城区地图。
威尼斯东侧有一条天然的堤坝型岛屿，使威尼斯免于潮汐的冲刷。

1. 土耳其货栈（Fond. dei Turchi）
2. 文德拉明尼府邸（Palazzo Vendramin）
3. 玛道娜 · 奥尔多教堂（Madonna dell'Orto）
4. 圣玛利亚 · 密勒可里教堂（Santa Maria dei Miracoli）
5. 圣约翰与保罗教堂（S. S. Giovanni Paolo）
6. 圣玛利亚 · 萨卢特教堂（Santa Maria della Salute）
7. 佩吉 · 古根海姆美术馆（Collezione Peggy Guggenheim）
8. 美术学院陈列馆（Gallerie dell'Accademia）
9. 巴尔巴罗府邸（Palazzo Barbaro）
10. 雷佐尼科住宅（Ca'Rezzonico）
11. 托钵修会－圣玛利亚－格洛瑞萨教堂（Santa Maria Gloriosa dei Frari）
12. 圣洛各大学校（Scuola Grande di San Rocco）

主服务。不走了。

到威尼斯去，东德小青年马丁和我决定离开我们的小团体。因为小团体要听许多关于陆沉、防浪、污染、工业布局、人口外流等问题的报告，而我们宁愿从文化史的角度去欣赏这座世界上独一无二的城市。

火车在淡淡的晨雾中驶过四公里长的海堤，我和马丁拼凑着我们的记忆：威尼斯曾被人叫作“美人”“亚德里亚海的珍宝”“海上女王”。阿拉伯人称它为“海上百合花”，斯拉夫人则称它“光芒四射的威尼斯”。我们正向它而去，心里感到幸福。这一天，我们期望得太久了。到了威尼斯，先买一份地图看，车站在大运河（The Grand Canal）西北端。从这里乘船，向左向右拐两个大弯，出大运河的东南河口，就傍圣马可广场（Piazza San Marco）的码头。一条运河，一个广场，威尼斯的建筑精华集中在这两处。

大运河全长三点七五公里，平均宽七十点三米，两岸一幢挨一幢密排着十二至十八世纪的府邸。在罗马和佛罗伦萨，我不大喜欢文艺复兴的府邸。到维晋寨一看，威尼斯哥特式的府邸比帕拉提奥的作品更吸引我。不过，我知道，威尼斯的文艺复兴府邸，龙巴都（Pietro Lombardo，一四三五至一五一五年）、珊索维诺和珊密盖里设计的，可不像罗马和佛罗伦萨的那么笨重呆板。它们的底层像基座，上面立两层高的柱子，窗子占满整个开间，长长的阳台，既华丽又轻快。它们比威尼斯哥特式府邸怎么样呢？我要看个究竟。

一上船，我挤到尾部，把上半个身子探出窗子，马丁个子矮，从另一个窗口探出一个头。船一走，大运河展开了它的图卷：两岸哥特式的府邸，水平并不都高，而且形式和风格也很杂乱，但它们都是土黄色或者土红色，点缀白色的细部，被墨绿色的河水映照，在两岸形成温暖明亮的彩带，错错落落地曲折向前流去。房屋的尺度适当，体积不大，门窗阳台随宜安排，有一种居家过日子的亲切气息，教人仿佛看到里面柔软的床铺，闻到喷香的烤饼，听到父母子女款款的笑语。但是，这两条洋溢着生活欢欣的彩带，却时时被一些灰白色的大方块打断。这些方块，就是著名的文艺复兴的府邸。它们的构图很完整，比例很严谨，工艺很精致，它们的质量毫无疑问比那些老的高，确实代表着当时建筑的进步。但是，它们的表情实在太傲慢，尺度那么大，一个基座层就有旁边哥特式府邸三层楼那么高。它们的完整、严谨和精致，教人觉得不是出于对生活的热爱，而仅仅是为了自高身份，端架子，摆阔气，总是瞧不起左邻右舍。相反那些威尼斯哥特式府邸，如黄金府邸、达里欧府邸（Palazzo Dario，一四八七年）、福斯卡里府邸（Palazzo Foscari，一四二八至一四三七年）等，构图不失完整而活泼自由，比例不失严谨而灵活多变，虽然装饰的华丽甚至可能超过文艺复兴的府邸，但是色彩跟一般府邸协调，尺度一致，而且风格平易，并没有傲气。它们可以很亲切地吸收拜占庭的、伊斯兰的各种手法和母题。黄金府邸的券廊，用白石做的哥特式和伊斯兰式的细节装饰，像升腾的火焰一样欢乐。达里欧府邸不那么奔放，它像刚刚成熟的姑娘，遏不住青春的喜悦，但又羞答答地要掩饰，做出庄重的样子。

三天里沿大运河看了几趟，这样的印象越发加深了。

威尼斯在公元八一一年由移民们建立。歌德说："人们逃到这些岛上来，并不是为了享乐。他们不得不跟着带头人来，不是因为嫌弃故土，而是迫不得已来寻求安全。"移民们一开始就建立了一个共和国，主要从事手工业、商业、航海业，曾经是地中海的强国。所以，市民文化一直很发达，而宗教的影响比较弱。它的中世纪建筑中鲜明地反映着市民文化的民主主义因素。威尼斯哥特式建筑的繁荣时期在十五世纪，这时候，资本主义生产方式已经萌芽，它的三千三百艘大小船只几乎垄断着地中海的贸易。新兴资产阶级的早期文化是从市民文化中发展出来的，同样，从市民建筑中发展出更加华丽、更加轻快、更加和谐的新建筑来，这就是威尼斯哥特式建筑。这种情况很像法国和尼德兰的一些城市的世俗的哥特建筑，它们本来在相当大的程度内担当得起承载资本主义萌芽时期新思想文化的任务，无需重借古代的柱式。所以，威尼斯哥特式建筑那么有生气，富有人情味。珊索维诺和珊密盖里设计的那些高傲的府邸，都是十六世纪中叶的，这时罗马的盛期文艺复兴文化已经相当贵族化了，它固然跟宗教神学对立，但同时也跟市民文化对立。表现在建筑上，那种格律严谨的柱式带来的冷漠和程式化，以及追求的雄伟壮丽的风格，就跟中世纪的和十五世纪的建筑格格不入。英国著名的艺术理论家拉斯金曾经在他的名著《威尼斯之石》里说过：雄伟肃穆从来不是普通老百姓的审美趣味。十六世纪中叶，威尼斯也造起了这样一批府邸和公共建筑，基本原因，就在一四五三年土耳其破坏了威尼斯的地中海贸易之后，威尼斯的经济开了倒车，一部分资产阶级贵族化了。于是，贵族化的建筑也就来到威尼斯。不过，共和的威尼斯毕竟不同于专制的罗马和佛罗伦萨，所以，珊索维诺和珊密盖里在威尼斯的作品，比起那里沉重封闭的府邸来，还是明朗愉快得多了。

市民建筑跟有贵族化倾向的柱式建筑的对立，也是圣马可广场建筑群内部的基本对立。在这个建筑群里，市民建筑唱着主角，成为构图中心，柱式建筑仅仅作为衬托它们的背景，这就是这组建筑群动人之处。

我们到小广场登岸，虽然晨雾初退，广场上却已经挤满了人，站在总督府（Palazzo Ducale / Doge' s palace，十二至十六世纪）前面，我们都很激动，马丁反复地说，呀，好像一场梦，好像一场梦。我比他沉得住气，但也兴奋得很，自己觉到身上的血在加速地流。我不由地想起，当年拿破仑一世来到这里时，曾经脱下帽子，深深地弯腰鞠躬。

面前的总督府，颜色很明艳，粉红，微微一点褐色。下部两层券，急急忙忙向上跳跳蹦蹦。它虽然很高大，但不教人觉得威严、矜持，只觉得它具有民间的节庆活动所需要的那种华美。这种印象在它旁边的圣马可主教堂上更加强烈了。它的立面是拜占庭式、威尼斯哥特式、伦巴底罗马式以及还有说不上什么式的混合物。雕刻、绘画、金底镶嵌样样都有，而且它们跟建筑构件一起，从各处搜掠来，胡乱用上，最有名的当然是尼禄皇帝的四驾马车，从君士坦丁堡抢来。此外还有许多古希腊，古罗马的异教雕刻甚至墓碑。好像可以说它拼凑堆砌，但是不！好像可以说它幼稚笨拙，但是又不！也许可以在它身上挑出许多构图的毛病来，但它不让你挑，它强迫你赞叹它的欢乐，承认它非如此浓妆艳抹不可，使你觉得在这里挑挑剔剔全是多余。

跟这两座中世纪的建筑物相对，文艺复兴时期的图书馆（Libreria San Marco，一五三六至一五五三年）和新旧政府大厦（Procuratie Vecchie，一四九六至一五一七年 / Procuratie Nuove，一五八四年），从小广场到大广场，绕了多半圈，基本不加变化，一色的柱廊，斩齐的檐口，尺度不大，只见立面而不见体积，淡淡的灰白色，安分地衬托着轮廓和色彩都很华丽的总督府和圣马可主教堂，真是恰到好处。从大广场底端远望主教堂和钟塔，在新旧政府大厦对照之下，那构图之美，世上少有能比的。文艺复兴的建筑，从不自甘充当配角，圣马可广场这样的设计，想来好像还没有第二处。如果建筑也要选最佳配角的话，金奖应该发到这里。

广场的地面是用火山岩和大理石铺的，图案简洁然而与建筑很和谐。过去，狂欢节的时候，广场铺上地毯，用锦缎装饰，连提香、乔其奥（Francesco di Giorgio Martini，一四三九至一五〇一年）等大师的绘画都搬到广场上来给大家看。那种华丽而生机勃勃的场面，可惜现在没有了。

圣马可主教堂里面非常暗，加上几百年来香烟缭绕，熏得黑漆模糊，连壁画也看不清了。唯一能看清的是它最自豪的祭台，很大，镶满了金银珠宝，做工极精，有千百支蜡烛和聚光灯照着。这祭台是十字军从君士坦丁堡抢来的。

游人可以走到主教堂檐头，铜马身边，去俯瞰整个大广场。

总督府的主要大厅都向公众开放。买了门票进去，先欣赏内院，它的北头是圣马可主教堂的侧面和一个钟塔。它们用白大理石造，非常多的层次，非常活泼的形体，参差错落争先恐后地向上蹿动。装饰细巧得玲珑透剔。要设想琼楼玉宇，这里就是。院子的其余三面都是文艺复兴时改建过的，比较平淡单纯，衬托着院子北头华丽的一群，所以，这院子影影绰绰有点像外面大广场的构想。

总督府里一个个的厅堂，它们的宏敞，它们的富丽豪华，远远超过我的想象，连罗马的梵蒂冈宫都相形失色。墙上，天花上，满铺满盖，金光灿灿的饱满的盘花缠绕着许多大幅的壁画，都出自提香、丁托莱托、维洛尼希、帖波罗等大师的手笔。构图宏伟，色彩浓重而绚烂。最大的是大会议厅（Sala del Maggior Consiglio），在三楼，靠南。它净空长五十四米，宽二十五米，高十五米，西墙上一幅丁托莱托画的天堂，有二十一点九米长，七米高，是当时世界最大的油画之一。这个大厅四壁的檐头有四十六个框子，放着十六世纪中叶之前历届总督的半身像，但有一个框子空着，只挂了块黑布，因为那个总督阴谋破坏共和制度，一三五五年被市民们在总督府的院子里砍下了脑袋。只有见到这许多大厅，才能对当年威尼斯共和国的繁荣富强和人文之盛，有一个差不多的认识。这些大厅给我的印象，是我在意大利所获得的最强烈的印象之一。那是强大的艺术力量的震撼。

总督府里，参观的人非常拥挤，最挤的地方在小小的“叹息桥”（Bridge of Sighs，一六〇〇年）上。它架在总督府二楼和东面的监狱之间，白大理石造的，雕刻得很精致。我们随着大溜，前后心贴着人，一步一蹭，过桥来到监狱。监狱也是大理石造的，但像一切中世纪的监狱那么可怕，漆黑的小囚室，像原始的岩洞。难怪那道桥叫叹息桥，判了刑的死囚经桥上过来，从花格窗最后望一望阳光下的海湾和岸边翘首站着的亲人，那一霎间发出的叹息，能有多么沉重！可怪的是这座桥竟造得那么漂亮，更可怪的是，执行死刑的刑场就在总督府前面大运河岸边美丽的圣马可石柱下，就刑倒像是一次愉快的旅行。

我们在总督府的南廊下躲了一场大雨，看对面圣乔琪奥·麦乔累教堂（San Giorgio Maggiore，一五六五至一六一〇年）和钟塔灰蒙蒙的，像缥缈的仙山。小广场在这一面完全敞开，吞吐海天，真是绝妙的构思。海水跟岸大致是平的，风一吹，涌上岸来，小广场上水深没踝。据说高潮位时遇到风雨，广场上水深及膝，贡多拉可以划进来，那倒也是奇景。

雨止云散，天格外蓝，我们赶快跑到钟塔，马丁要买电梯票，我说，走上去罢。他犹犹豫豫，怕我年老体弱，这塔高一百零二米，走起来不会太轻松。我不理他，抢先走上坡道，他才追了上来。坡道绕三十六圈到顶，绕得头晕。这时，空气刚刚洗过，在钟塔上把整个威尼斯和附近小岛看得清清楚楚，虽然数不出威尼斯市一百一十八个岛，一百五十九条河，三百七十八座桥和两百个小广场。当年，伽利略就是在这里让人们看他的望远镜的，真是选了个极好的地方。我们正望得出神，突然，噹！噹！五口大铜钟一齐敲了起来，震得人心肺痛。回头一看，它们大摇大摆，像发了疯。好几个小游客吓得哇哇大哭，一位母亲气冲冲质问管理员，为什么打钟之前不通知一下。管理员满不在乎地一扬头，说，全世界都知道这几口钟每半小时打一次。

下了塔，溜边绕广场又走了一圈，券廊里都是些高档小铺和咖啡馆。总督府的廊子里全是书摊。大广场南侧有一家弗劳里安咖啡馆（Caffè Florian），一七二〇年开业，曾经接待过卢梭、拜伦、歌德、乔治·桑、缪塞、格林卡、福楼拜、华格纳、契诃夫、果戈里等，它使圣马可广场成了欧洲文化的聚焦点。老板在几把椅子上挂了牌子，写着拜伦或什么人坐过，游客们挤上去抚摸它们，流露出崇敬之忱。

从圣马可主教堂北边的钟楼下走出去，一条三步一折的小巷通到大运河上的里阿尔多桥（Ponte di Rialto）。这一路，是威尼斯的商业街，旅游者必到之地。宽度不过三五米，两边单间的小铺面，卖首饰、纪念品和玻璃器物。威尼斯的玻璃工艺是世界第一，小店里，老板坐在酒精灯前，吹出蓝色的光束，烧化一团玻璃，拉拉捏捏，就成了飞禽走兽，很像我们中国的捏面人。除了玻璃器，威尼斯的特产就是烫花皮革制品和丝围巾。

小街的建筑并不出色，商业也不繁华，只因特色的商品吸引人。这在意大利的许多城市里都有。

第二天，我们乘渡船到了小广场对岸的圣乔琪奥·麦乔累岛（San Giorgio Maggiore）和基德卡岛（La Giudecca），参观帕拉提奥设计的圣乔琪奥·麦乔累教堂和里腾朵儿教堂（Redentore，一五七五至一五七六年）。小岛上的环境很好，房子和街巷整齐而宽敞，空间开阔，有不少绿地。在圣乔琪奥教堂前眺望威尼斯，静静的城，几座塔，总督府的南立面反射出一片亮光。这里所见，是圣马可广场最完美的景观之一。登上教堂六十米高的钟塔，能看到海湾外侧排列成弧形的岛屿，当年威尼斯强大的舰队就从那里挂帆出航。

回到大运河南岸，参观了教堂和美术馆，又过桥，到北岸，就迷失在无数阴暗的小巷里了。拿着一份比例尺相当大的地图，也很难走到要去的地方。除了西北部靠近火车站的新区外，威尼斯压根儿没有街道，只有乱麻一样的小巷子。宽的地方四至五米，窄的地方一米多一点儿，擦着肩膀过人。汽车到不了威尼斯，处处是拱桥，连自行车也骑不得。巷子里阴沉沉的，两边三至四层高的房屋，阳台歪歪斜斜，粉刷剥落，大门上的铁皮快要烂光，露出开裂的木板。楼上的窗子里，时时伸出竿子，晾着在潮湿的海风里老也干不了的衣服。脱了榫的窗扇上，偶然碎着几块残破的彩色刻花玻璃，更显得凄凉。有些窗子，连窗扇都没有了。难得见到人，更难得见到树木。河汊倒是多，比明沟好不了多少，飘着垃圾和死耗子。河边的房屋，水迹一直浸润到二楼，底层的墙都已经酥烂，早就不能住人。在巷子里拐来拐去地走，不期然来到个教堂前面，小小一方空地，太阳下常常有个人坐着，听见脚步声就拉起提琴，期待行人往帽子里扔几个硬币。

造成威尼斯的危机的原因，是陆沉，是海风和潮水盐性的腐蚀，是相隔四公里外大陆上炼油厂的污染。炼油厂大量抽取地下水，造成陆地下沉。为了炼油厂大型油船出入，威尼斯近海成半环形排列的条形海岛之间炸开了深水航道，以致潮汐升高，增强了冲刷力。炼油厂排出的二氧化硫使建筑物表面的大理石剥落，而威尼斯本来是以彩色大理石的建筑物闻名的，它们是这座城市的魅力所在。近年来，机械化的游艇日渐增多，它们在大运河上飞驶，不但破坏了姿态优雅的贡多拉渲染出来的悠然情调，而且掀起的波浪在沿岸府邸的墙上拍击，水花高溅，更加速了建筑的腐蚀。说威尼斯建在一百一十八个小岛上，不如说它建在几百万棵橡木桩上，现在，加强了的潮汐和波浪摇撼着这些木桩，危害到大大小小府邸的安全。

一份导游资料说，芳达柯 · 德 · 特德希府邸（Fondaco dei Tedeschi）里，提香和乔其奥的壁画完全被潮湿毁了，毁了的还有达比亚府邸（Palazzo Labia）里帖波罗的壁画，西纳罗府邸（Giambettino Cignaroli）的天顶画，康塔里尼府邸（Palazzo Contarini）里帖波罗和乔丹诺（Luca Giordano）的壁画，格列玛尼府邸（Palazzo Grimani）里提香、维洛尼希和丁托莱托等大师的壁画。

曾经多么高贵的府邸现在寂寞冷落。有些改成小客栈，有些住着小官吏，有些甚至先后当作兵营、军医院和成衣店。一八一八年拜伦住在里面写《唐璜》的摩采尼葛府邸（Palazzo Mocenigo），门上贴着招租条，竟无人问津。提香曾经住过的巴巴里府邸，空空的，门口连个标志都没有，我们差一点错过了它。

这种光景很教我心酸。在意大利，再没有第二个地方引发我这么凄凉沉重的沧桑之感，即使那些残石废墟。大约是因为我从书本上知道了太多威尼斯过去的强盛、豪华和美丽。我还记得，俄罗斯大画家列宾（I. E. Repin，一八四四至一九三〇年）在一八七三年给科学院的信里说：威尼斯“最下等人家的烟囱好像都是由某一个惊人的建筑天才造的。”

我到罗马不久，就听说，威尼斯正在死亡。有一本小书干脆就叫这名字。威尼斯建城一千多年，发生过几次大瘟疫；一八四八至一八四九年间，为保卫独立和共和制度，在奥地利大军围攻之下，悲壮地抵抗了十五个月，城市毁了三分之一。但瘟疫和战争都没有使它死亡。现在，它却真正感到死亡的威胁。这威胁不仅仅来自陆沉、污染和风浪冲蚀。也因为它没有维持现代城市生命的基本条件。它只靠旅游业生存，人口大量离去，连一些吃旅游饭的人，也是白天来，晚上到大陆上的新城去住。住在旧市区的，大多是低收入的人。现在，它的百分之四十已不能住人的房子却住满了人；另外有百分之四十还可以住人的房子全空着，社会矛盾在居住问题上表现得很尖锐。看看大运河和圣马可广场，人们会相信威尼斯日晷（Torre dell' Orologio）上刻着的铭文：“我只计快活的时辰。”但在那些小巷子里，哪个时辰是快活的呢？

有几座府邸维护得很好，专门给游客参观。府邸的形制大体都一样，楼上楼下，正中都是大厅。一面临河，另一面对着小巷，偶然窗下有个小小的花园。大厅，也包括其他的房间，都又高又大，金碧辉煌，活像演出宫廷戏剧的舞台。我越看越奇怪，在这种府邸里，坐在哪儿休息？哪儿读书？哪儿做倾心的交谈？莫非当时的阔人们，每时每刻都在盛装浓饰地演戏？活着累不累？虽然如此，这些府邸很高的艺术水平确实教我钦佩。

威尼斯全城的保护工作已经直接由联合国承担了。以世界的力量，它可能保得住。这对全世界都有重大的意义。威尼斯曾经以财富和文化称雄于欧洲，现在，财富或许逊色了，但它的文化价值是不朽的。

巴德瓦

我是独自应邀到巴德瓦（Padua）去的。到达的第二天，巴德瓦大学的维多利奥教授邀我到他家去做客，看看他的研究工作。他正在写一篇论文，是关于巴德瓦大学校舍变迁的历史。工作室很宽敞，四壁挂满了本城的历史地图，从十三世纪起一直到二十世纪。一道小小的楼梯引向夹层，那是很安静的读书角落，除了书桌和书柜之外，放着几张密斯式的轻便软椅。

这所住宅在旧城的历史中心，本来是一座贵族府邸的塔楼，把着十字路口的拐角。几年前经过改建，外貌依旧，里面已经现代化了。因为拆掉了几道隔墙，所以现在的室内空间变化多，地面和天花的高度都有变化，墙壁也有进退，处理得精心，很有趣味。这是意大利城市历史中心区改建的普遍情况。

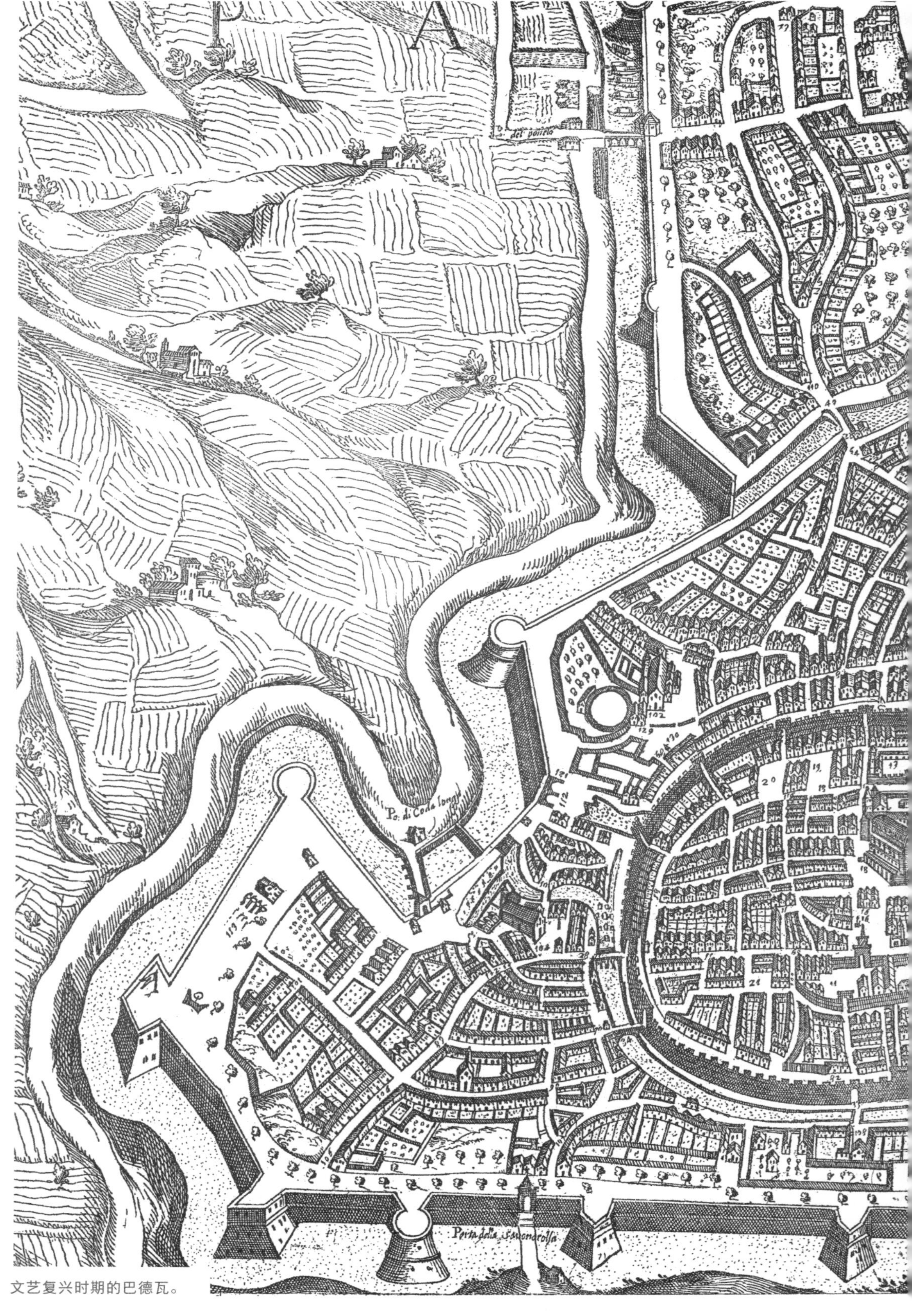

文艺复兴时期的巴德瓦。

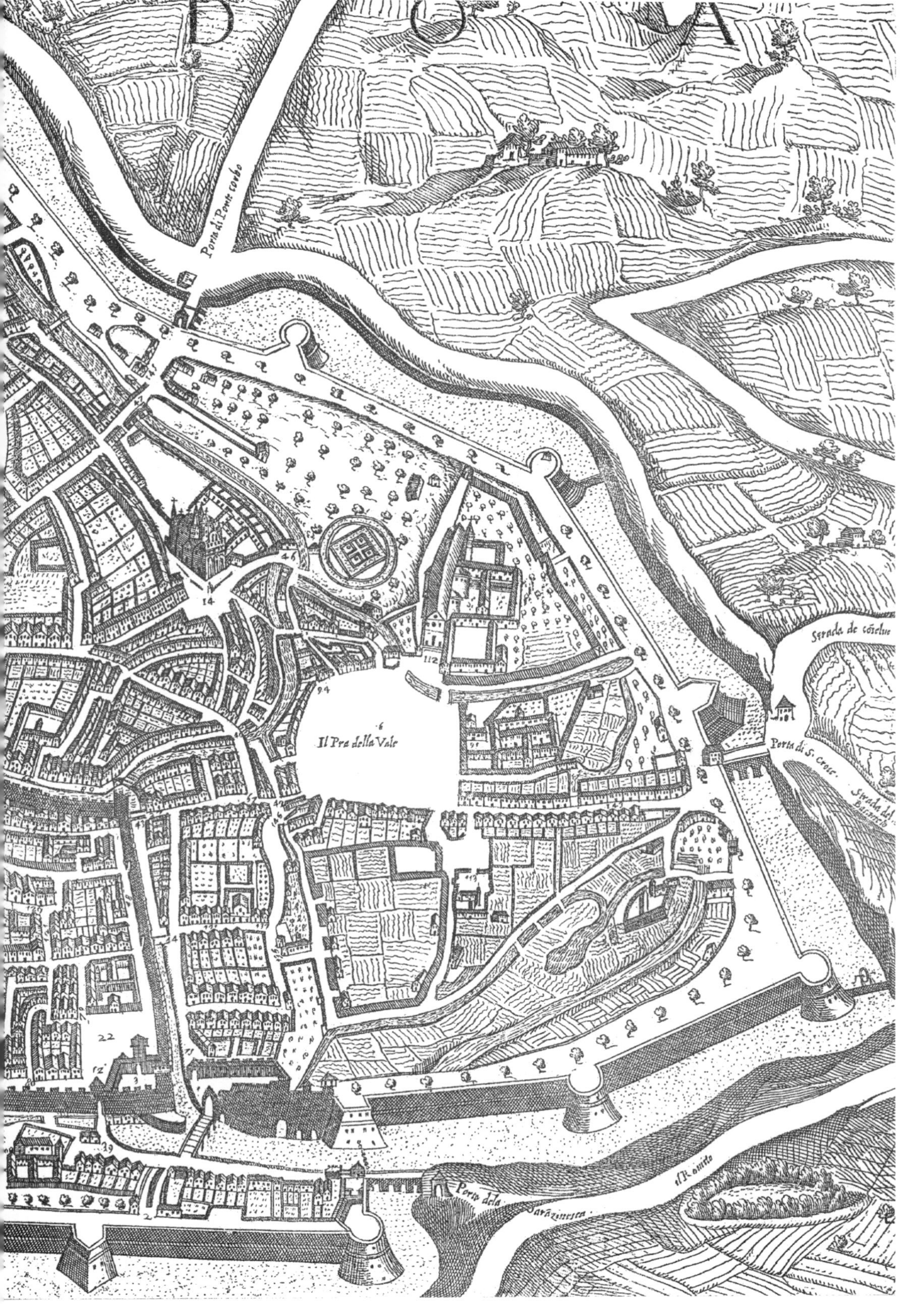
D
O
A
Porta di Ponte corbo
Strada de cõselue
Il Pra della Vale
Porta di S. Croce.
Strada del
Porta dela
il Ronito

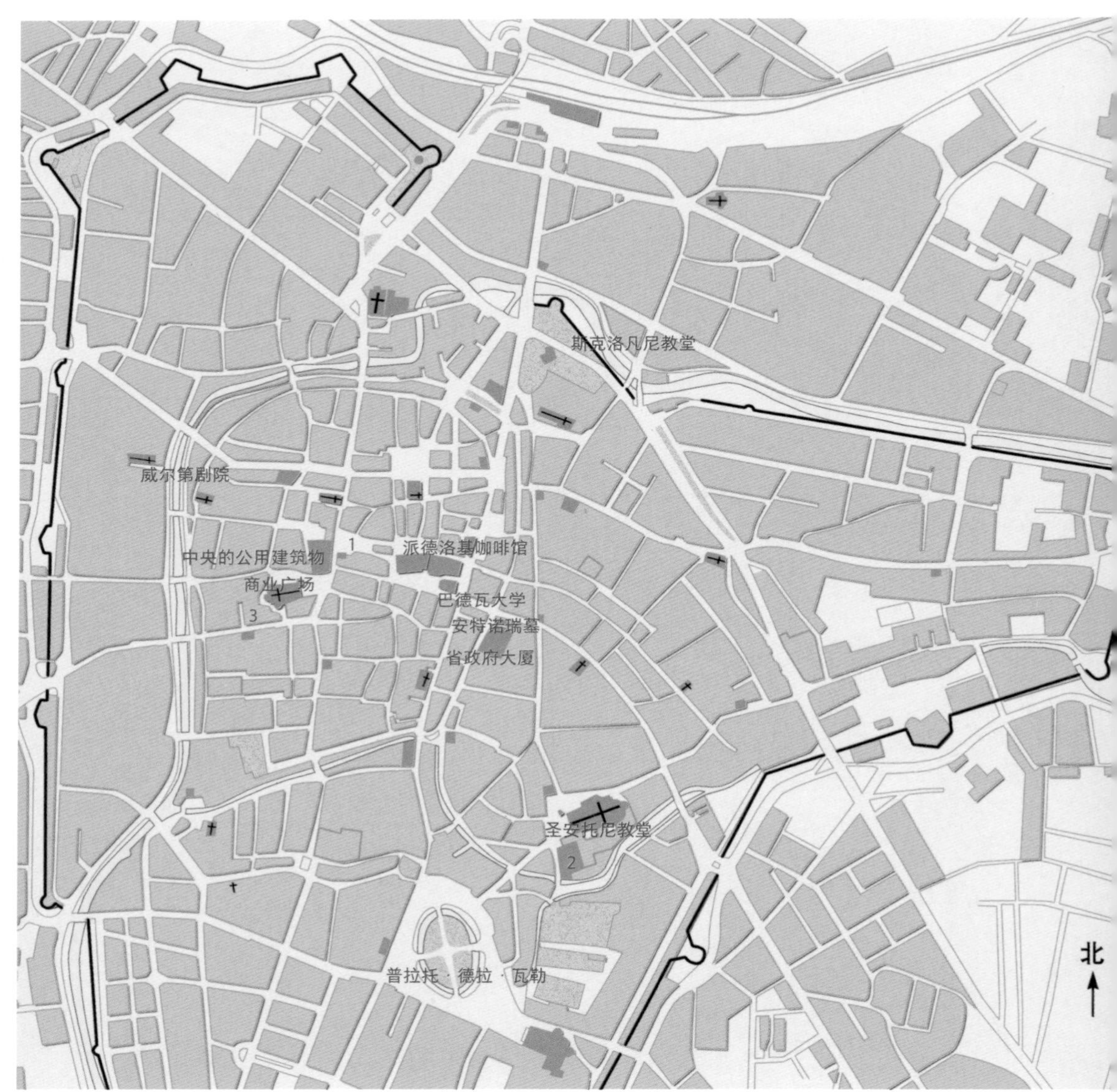

巴德瓦城区地图。

1. 市政广场（西尼奥里）
2. 市立博物馆（Museo Civico）
3. 主教堂（Doumo）

从阁楼走到阳台上，维多利奥教授指着附近的房屋，一幢一幢地给我介绍它们的历史，哪年造的，卖给谁了。还不断从夹子里拿出古老版画的复制品，给我看它们过去的面貌。这些都是中世纪以来最普通的民间住宅，两三层的砖石房子。

我问维多利奥，那么，这就是你的建筑史研究？他笑笑，陪我去的巴杰罗教授插嘴说："大的、宏观的建筑史研究已经山穷水尽，没有多少新鲜话可说了，所以我们现在都转向微观的建筑史。研究本乡本土的普普通通的房子成了热门。"我听罗马大学的法皮奥教授说过，现在，山村路边的一所中世纪磨坊，可以引起比古罗马宫殿还大的兴趣。我想，建筑史这门科学扩大眼界当然是好的，但是说宏观建筑史的研究已经几乎到头，这倒未必。

维多利奥补充说，做这样的研究，当然也跟古建筑的保护有关系。过去只孤立地保护个别的历史纪念性建筑物，后来连带着保护它们的周围环境，现在已经转向保护整个的旧城了。既然要保护，那就有一个研究问题，要对每一幢房子做周密的、历史的研究。

这一点我在罗马已经知道，而且在费拉拉参观过足足占了市政厅一层楼的历史图档馆，也看过圣玛利诺一个小村子的全部测绘图，所以就跟他们聊了起来。我问到这些研究成果怎么处理。巴杰罗说，出版呀！她把两臂一伸，比了一个半开本说，巴德瓦的这套书会出许多，光是维多利奥所住的这条小街，就已经出了十几本，一本就有一二十斤重。我直截了当地问："出版这种书不赔钱吗？"维多利奥满不在乎地说："当然由市政府出钱。"

维多利奥太太掇了一张小桌子来，打开几瓶葡萄酒，叫我们吃炒杏

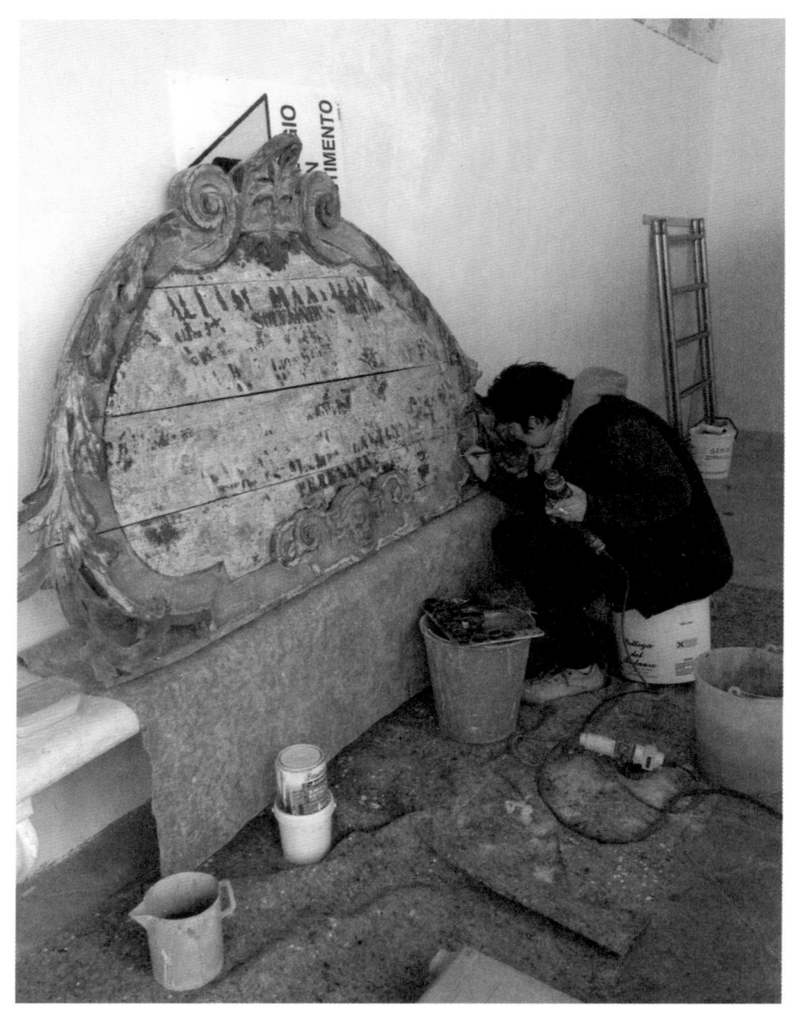

文物修复工作。

仁。五月的太阳，还不很热，透明的蓝天，刮一点小风，正是标准的意大利好天气。话说得投机，很亲切，但是我心里纳闷，为什么还不带我出去参观呢？终于，巴杰罗说了，今天原定参观街道、广场、古罗马剧场等，这些地方最好半夜里去，白天汽车太多，吵得人心烦，说话都听不清。我当然只好同意。

于是我们谈汽车。巴杰罗说，从她家里到维多利奥家，步行只要五分钟，开汽车却要二十分钟，因为旧城中心的小街小巷都是单行线，要跟着路标箭头不断地绕路。维多利奥苦笑着说，单行线还经常修改，过几天路标一换，就认不得路了，要赶快去买一份新的交通图才行。巴杰罗又说，所以，开车到两百米外的地方去，噪声和废气要散播在几公里的路途上，翻好几番。

我问，把中世纪的旧城纹丝不动地保护下去，它跟现代化交通的矛盾怎么解决呢？他们摇摇头。巴杰罗说，为了疏通汽车，六十年代把城里几条小河填平，改成了大街。我又问，威尼斯的小河世界闻名，你们怎么舍得把小河填平？巴杰罗笑笑，回答，有一个威尼斯就够了！不过，我想起在罗马跟国际文物建筑保护研习班的班主任诸葛力多的一次讨论，他不赞成在旧中心疏通道路，因为那样一来，必定会招引来大量的过路车辆，交通更糟了。他只赞成在历史中心搞步行区，干脆不许汽车走。从一九八二年六月份起，罗马就开始试行步行区制度了，不知效果会怎样。

还在费拉拉的时候，有两个晚上请布拉格和华沙的总文物建筑保护师报告他们的工作经验。华沙的报告特别引起我的兴趣。那位总文物建筑保护师说，第二次世界大战之后，重建华沙时，旧市中心区完全照原样恢复。这做法当时引起全世界的注意。但是，现在后悔了，因为刚刚过了几十年，就发生了再改建的问题，它太不适应现代生活了。花大钱买了个包袱背着。这个难题的唯一解答，是另建新城区，把城市生活的许多发展负担放到新区里去。欧洲人近来热衷于“复活”历史古城区，这是不可能成功的，只会搞得两败俱伤。有点儿冷清，才是保护历史地段的最佳状态。当然，即使不求“复活”，历史古城区也是要适当改善生活质量的，这是一件十分细致的工作。

安特诺瑞的墓静悄悄地立在不大的安特诺瑞广场边上。创建人如此朴素简约，丝毫没有骄气。陪伴他的是一位诗人的墓。拿破仑统治时期一道法令规定：“安特诺瑞的墓留在原地，不可触动。”虽然这个法令把一座九世纪的教堂都卖掉。

在维多利奥家一直聊到晚上十点钟，主人才慢悠悠问我爱吃鱼还是爱吃肉。我说，吃鱼罢。他们商量了一下，然后，开汽车半个多小时到一座树林里，找到了巴德瓦最有名气的吃鱼的餐厅。

饭后回到市中心，已经过了午夜。把车扔在家门口，维多利奥和巴杰罗陪我步行参观。巴德瓦是个非常古老的城市，传说，它的创建人安特诺瑞（Antenore）是跟罗马城的创建人一起在特洛伊城陷落之日逃出来的，所以它是罗马的姐妹城。这位创建者的坟墓还立在省政府大厦前面。不过除了少数古罗马遗址外，现在的旧城基本是中世纪后期和文艺

唐纳泰罗的作品——骑马的戈达梅拉达像（Gattamelata）。

复兴以来的面貌，这也是意大利绝大多数城市的一般情况。巴德瓦城的一个重要特点是街道两侧都连绵着券廊骑楼，巴杰罗兴致勃勃地叫我看骑楼里，家家大门口上方，券廊的拱顶上有一个小洞口。她说，以前，每逢有人叫门，主人先在楼上打开这洞口往下看一看，才决定是否开门。这小洞只有巴德瓦才有。维多利奥笑着说，美国人一定会把这办法叫作安全系统，现在美国人把无论什么都叫作系统。

巴德瓦、费拉拉、维罗纳、曼都亚、维晋寨等许多北方城市的旧历史中心，主要是三个广场：一个是商业广场，旁边有一座大的公用建筑物，可以当市场；一个是市政厅广场；另一个是主教堂广场。三个广场紧挨着。帕拉提奥的杰作维晋寨的巴西利卡就一侧是市政广场，一侧是市场。公用建筑物、市政厅和主教堂是全城第一流的历史纪念性建筑物。它们高大，轮廓复杂，大多有钟塔和穹顶。在费拉拉和曼都亚，封建大公的堡垒、府邸和广场也跟它们联系在一起。这些壮丽的公共建筑和宽阔的广场，构成历史性城市中心的主要部分，确实非常动人。巴德瓦的商业广场（Piazza della Erbe）中央的公用建筑物（Palazzo della Ragione），造于一一七二至一二一九年间，形制很像维晋寨的巴西利卡，下层做市场，上层现在是展览厅。展览厅在一四二〇年修理过，它的净空长八十米，宽二十七米，高二十四米，比维晋寨巴西利卡的大厅还要大得多，里面有十五世纪的壁画。大厅一头放着一匹很大的木马，造于一四六六年，传说是大雕刻家唐纳泰罗设计的。纪念特洛伊的陷落，也就是纪念巴德瓦的奠基人。

夜深人静，我们在几个广场上来回溜达，借着明亮的灯光，维多利奥给我详细讲解建筑物的特点，他能记得每幢房子历史的一切细节。慢慢走到那条填河而成的路上，我们看了几座公元前一世纪的石拱桥。它们都已经埋在路面之下，但是被钢筋混凝土的结构保护着，好像陈列在地下展览厅里，专家们可以下去看，这种文物保护真教我感动。它纯粹出于对历史的尊崇，丝毫没有功利的目的。维多利奥几乎认识全城所有看管古迹的人，总有办法敲开熄了灯的住宅，把管理人请来给我们开锁、亮电灯。最后来到一座文艺复兴的府邸，参观里面的生土建筑图片展览。维多利奥叫开门，几个管理人员一直等我们看完，没有一点厌烦。看完的时候，发觉巴杰罗不见了，赶忙寻找，原来她坐在门厅里睡着了，睡得很香。

维多利奥和巴杰罗从小就是朋友，他们的父亲都是巴德瓦大学的高级教授，学术委员会的成员。维多利奥跟巴杰罗这两位年轻教授，工资比工人低，工作比工人累，寒暑假都要到古建筑保护现场去度过。巴杰罗为了学术，快三十岁了还没有找对象。她悄悄告诉我："巴德瓦大学一共只有两位女教授，都还没有恋爱，我们就像女王一样，有一大批男青年围着转，听我们的指挥。结了婚，就不会有这么多人来巴结了。"原来她如此俏皮。

过了两天，我从维罗纳回到巴德瓦，还是巴杰罗和维多利奥陪着我继续参观。第一个参观的就是我住的旅馆对门的一所十九世纪上半叶的古典主义房子，以前是派德洛基咖啡馆（Caffè Pedrocchi）。一八四八年二月八日，巴德瓦人民为驱逐奥地利占领军举行了武装起义，起义被血腥镇压下去，巴德瓦大学的一些学生据守在这座建筑物里抵抗到最后，全部壮烈牺牲。从那以后，店主人派德洛基先生决定日夜二十四小时把咖啡馆向巴德瓦大学学生开放。不久前，他的后人又把这座建筑物送给

漏斗一样的阶梯教室，现在不用作课堂了，但每年的学生会选举都在这里举行，让学生们记住历史。

了市政当局，现在正做装修，要改成美术陈列馆，为纪念那次起义中殉国的大学生，这美术馆专给青年人使用。我们进去转了一圈，工程正在进行之中，看不到什么。负责人送了我一枚金牌，刻着这座房子的外观和起义的年、月、日。我怀着崇敬的心情珍藏了它。

咖啡馆的斜对面就是巴德瓦大学的总部，巴德瓦大学建立于一二二二年，是意大利第二所最老的大学。总部现存的房屋大部分是十六世纪以后的，内院是巴德瓦文艺复兴建筑的代表作，它的大门最古老，是十六世纪造的，额上镌刻着一句拉丁文的铭文，巴杰罗翻译给我听："进来一天比一天长知识；出去一天比一天更有益于国家和基督教。"门厅迎面的墙上刻着建校以来历任校长的名字和任期，每个名字之下是他对学校的贡献。贡献有多有少，还真有几位名下是一片空白。这

伽利略在巴德瓦大学的讲台，木板钉的，很粗糙，伽利略在比萨斜塔上做落体试验的时候，就是巴德瓦大学的教授。

个题名碑实际是块褒贬碑，校长可不好当。内院四周的券廊里，墙上挂满了纹章、头像、武器等，纪念在学术上有成就的、为国家和公众做出卓越功绩的以及被教会封为圣徒的毕业生。有一间大厅里还有大幅的浮雕，纪念在第二次世界大战末期反法西斯起义中牺牲了的校友。浮雕下面的墙上，刻满了牺牲者的名字。世界上任何一所有身份的学校，都不会只传授知识，它一定还要培养人的道德情操，让他们知道对社会的责任。还有两件文物也使我感动。一件是伽利略一五九二至一六一〇年间在巴德瓦大学教课时的讲台，木板钉的，虽然很粗糙，意义可不平凡。伽利略在比萨斜塔上做自由落体试验的时候，就是巴德瓦大学的教授。另一件是像漏斗一样的阶梯教室“解剖剧场”（The Anatomical Theatre，一五九四年）。它有六圈座位，容纳三百个学生。漏斗底上放着一张木桌子，桌子下的地板是活的，可以抽掉，下面是一条小河汊。这是十六世

圣安托尼教堂，上面密密挤着七八个大穹顶，轮廓饱满，是威尼斯圣马可教堂式的。

纪末意大利第一位人体解剖学家法勃里齐（Girolamo Fabrizio）教授专门设计的。当时天主教会严厉禁止人体解剖，这门课程万一被教会查到，法勃里齐就得上火刑柱。所以，上课的时候，有人把风，看到教会的督学来了，就立刻抽掉活动地板，尸体和解剖设备一起落到河汊里准备着的一只小艇上，火速运走。可惜，现在河汊已经填死了。为了科学的进步，人们得坚定地决心奉献一切，甚至生命。欧洲的科学发展史，就是由这样的人写成的。我在罗马的住所离花市广场不远，那里的布鲁诺铜像的基座上刻着："火刑柱就在这里"。每天都有年青人庄重地去读这句话。这间阶梯教室有一间前室，玻璃柜子里放着一排骷髅，每个前面都有卡片写着人名和生卒年月。我问巴杰罗，这都是些什么人。她说，这些都是支持法勃里齐的巴德瓦大学教授，他们自愿放弃进天国的机会，甘犯宗教的罪孽，把遗体送给法勃里齐当解剖教材。说完，她在胸前画了十字。我也肃然起敬，两眼发酸，端立了一下致礼。现在，每年学生会竞选都在这间阶梯教室举行，让学生们记得他们的历史使命。

派德洛基咖啡馆和巴德瓦大学总部，它们庄严的历史压倒了它们在当地建筑史上的地位。另外几座教堂、府邸、市政厅等则完全因为建筑的重要而成为历史文物。例如圣安托尼教堂（S. Antonio，一二三二至一三〇七年），规模宏大，足足有一百一十五米长。上面密密挤着七八个大穹顶，轮廓饱满，都是威尼斯圣马可教堂式的。巴德瓦曾经长期隶属于威尼斯，建筑明显受到威尼斯的影响，街上还可以看到一些威尼斯哥特式府邸。圣安托尼教堂里有好多唐纳泰罗和他的弟子做的浮雕，都是不朽的名作。离火车站不远的斯克洛凡尼教堂（Cappella degli Scrovegni，一三〇三年）则以大量乔托的壁画闻名。巴德瓦是乔托的老家。

圣安托尼教堂祭坛上的青铜浅雕刻——《唱歌的天使》，唐纳泰罗的作品。

斯克洛凡尼教堂乔托的壁画——《犹大之吻》，犹大在出卖耶稣基督的同时表现得殷勤热烈，极其卑鄙的两面派。

巴杰罗问我，有没有注意到，许多大教堂集中在现在已经填平的那条纵贯全城的河道两岸。我问为什么。她说，像几乎所有的古罗马城市一样，巴德瓦古时候有一座大剧场和一座角斗场，分别在这条河的南北两头。中世纪，这两座建筑物被当作石矿，拆它们的石头造教堂。为了运输方便，教堂就大多在河的两岸。有一部分石头甚至卖到威尼斯，那儿的圣马可主教堂就用了巴德瓦剧场的石头。这情况跟罗马城的一样，那里的古建筑也是因为被当作石矿才破坏掉的，天然破坏则很有限。拉斐尔在给利奥十世教皇的信里，就曾经慷慨陈词，痛斥历代教皇愚蠢的

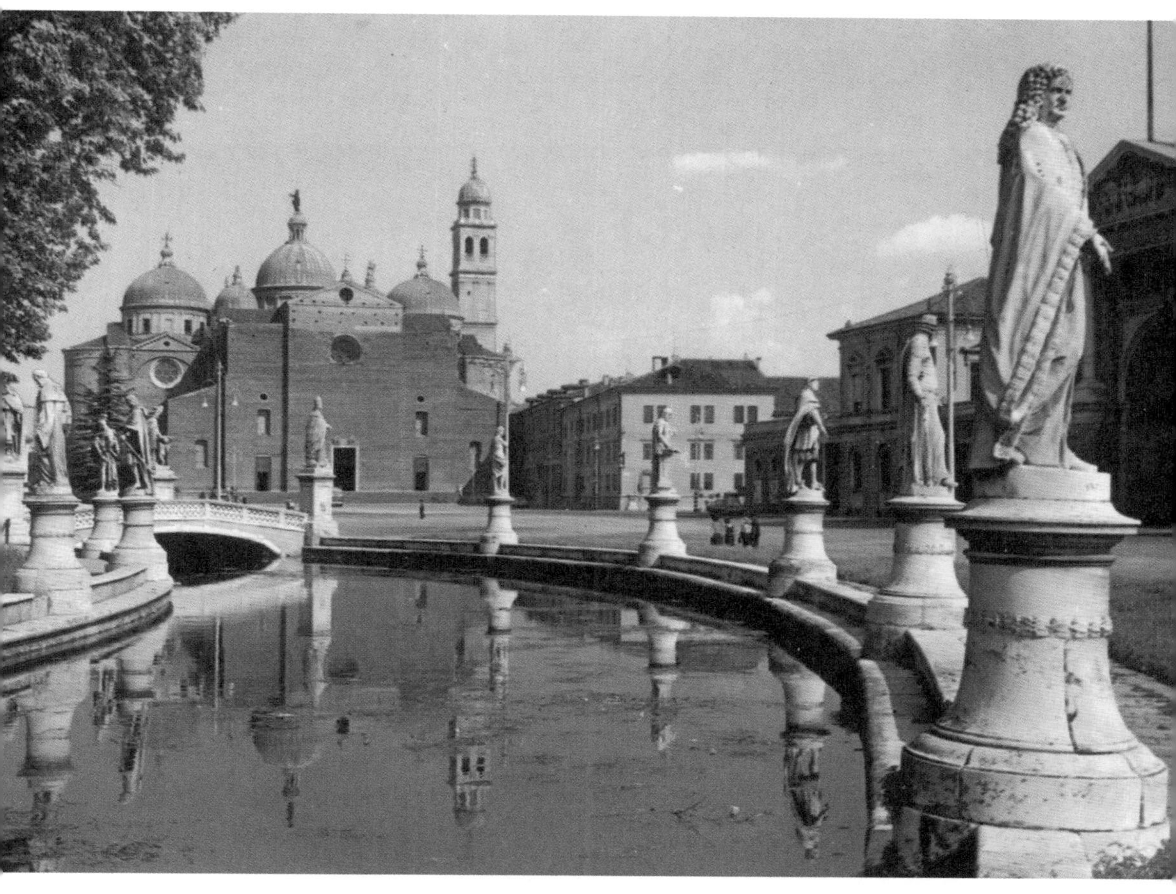

普拉托·德拉·瓦勒，在很大的绿地中央，沿古剧场的外廓挖了椭圆形的一圈水渠，围着一片树林，水渠两岸的大理石栏杆上，周遭一共立着八十七尊白石雕像，都是本地的历史名人，倒影落在浓绿的水里，非常恬静。绿地的构思人是威尼斯的大法官，既不是建筑师，也不是艺术家，却有这么独创性的构思。

破坏行为。罗马有一句谚语说："巴巴里安（即野蛮人）没有做的事，巴巴里尼（教皇乌尔班八世）做了。"

古剧场的遗址现在是花园。剧场的遗址上，一七七五至一七七六年间造了一片世界上独一无二的绿地，叫普拉托·德拉·瓦勒（Prato della Valle）。在很大的绿地中央，沿古剧场的外廓挖了椭圆形的一圈水渠，围着一片树林，水渠外侧过去有草地，现在是人行道。水渠两岸的大理石栏杆上，周遭一共立着八十七尊雕像，都是本地的历史名人，包括城市

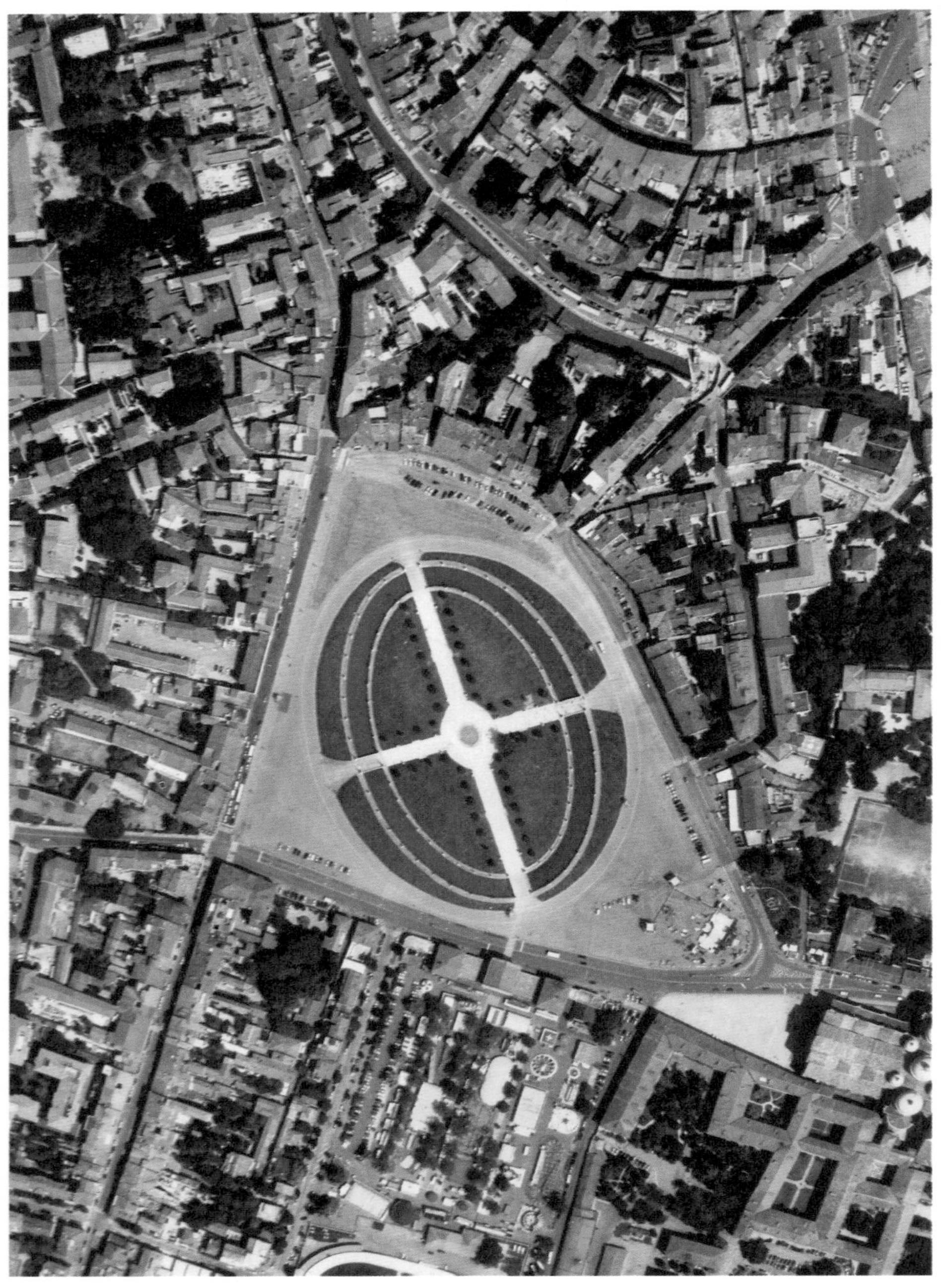

俯瞰古剧场及周边。

的创建者安特诺瑞和巴德瓦大学的一些学者。雕像是白石做的，倒影落在浓绿的水里，非常恬静。椭圆形的长轴正对着广场北面一幢不大的小楼，这是绿地的构思人的家，他是威尼斯的大法官，既不是建筑师，也不是艺术家，却有这么独创性的构思。广场的东南是主教堂。

在广场边露天咖啡座上喝了一杯冰水，维多利奥便告辞走了，他第二天要去克里特岛（Crete）参加一座古城的发掘。巴杰罗过几天要到土耳其去。做现场工作，是他们假期的惯例。我告诉她说，我很羡慕他们满世界跑。她张大了眼睛，觉得很奇怪，说，我们当小学生的时候就出国参观了。想了一想，又说，那么，我再多给你看一点东西罢。其实这时候她已经累得脚步都不利索了，却还是强打起精神把我带到考纳罗府邸（Palazzo Cornaro）。

考纳罗府邸的院子里，右边是一座家用剧场（一五四三年），左边是一个敞廊（一五二四年）。剧场现在用来展览一些文物，墙上装饰着拉斐尔风格的粉塑图案。敞廊的立面很典雅，有勃拉孟特的味道。巴杰罗要我看的是敞廊的维修工程。敞廊用的是巴德瓦产的一种土黄色石头，质地很松，线脚和各种雕饰都已经烂得模模糊糊，剩下来的也大多成了粉末，一吹就能飞落。廊子里的壁画像鱼鳞一样，一片片翘曲起来。残损到这样，连尘土都不敢掸，蜘蛛网都不敢挑。所采用的维修办法是，用塑料薄膜把敞廊严严地围起来，在里面将一种特制的胶喷成极细的雾。整整三十天之后，胶就能渗进石头表面两百毫米，把那些粉末和鱼鳞状的壁画全都粘住，当然连同蜘蛛网和尘土。粘住后的样子，就是风化所成的样子，连石头粉末沿线脚和雕刻上的凹槽落下来长期形成的一撮一撮圆锥形堆积也保持着。这样的维修工程，要的是轻手轻脚，人不能多，当然更不许参观。巴杰罗认识那两个工人，把我放了进去。特别嘱咐我连呼吸都要轻轻的，以免动了粉末。胖胖的老工人给我看试修过的小角落，叫我用手摸。我试了一试，那些圆锥形的粉末堆，已经很硬。鳞片一样的壁画，在喷雾过程中先被胶质的雾软化，恢复了原状，回到原处，服服帖帖粘到了墙上，然后变硬，颜色似乎也鲜了一些。这种绝对保持现状，并不修复，仅仅止住了进一步破坏的“干预”办法，是意大利古建筑维修工作的正宗，号称意大利学派。他们那种挑战困难的傻劲，真教人佩服。

维罗纳

到维罗纳（Verona）去，陪伴我的是梅丽娜。她刚从上海复旦大学毕业，中国话说得不错。巴杰罗教授这两天主考研究生，脱不开身，就请梅丽娜陪我，她们是好朋友。

在维罗纳古堡博物馆（Castel Vecchio，一三五四年）等着我的也是巴杰罗的朋友，叫玛格丽达。

宽阔的阿蒂基河（Fiume Adige）到维罗纳连续转了两个急弯，在左右两岸各形成了一个不大的舌状地带。维罗纳旧城就在右岸的舌状地带的舌根上，古堡占西南角，北面临阿蒂基河，南面靠城墙，东、北两面有墙和护城河。它建于一三五四至一三七五年间，是斯卡拉（Scala）王朝国王的宫殿。东边一个大院子，西边是居住区，两者之间隔一道高墙。墙的北端造了一座塔楼，它脚下有一道大桥（Ponte Scaligero，一三五四年），向西跨过河去，万一城里发生事变，国王一家可以从这里逃跑。六百多年之后，十九世纪初，拿破仑的军队在北边院子里沿河造了一座

宽阔的阿蒂基河到维罗纳连续转了两个急弯，在左右两岸各形成了一个不大的舌状地带，维罗纳旧城就在右岸的舌状地带的舌根上。图的下部便是古堡博物馆。

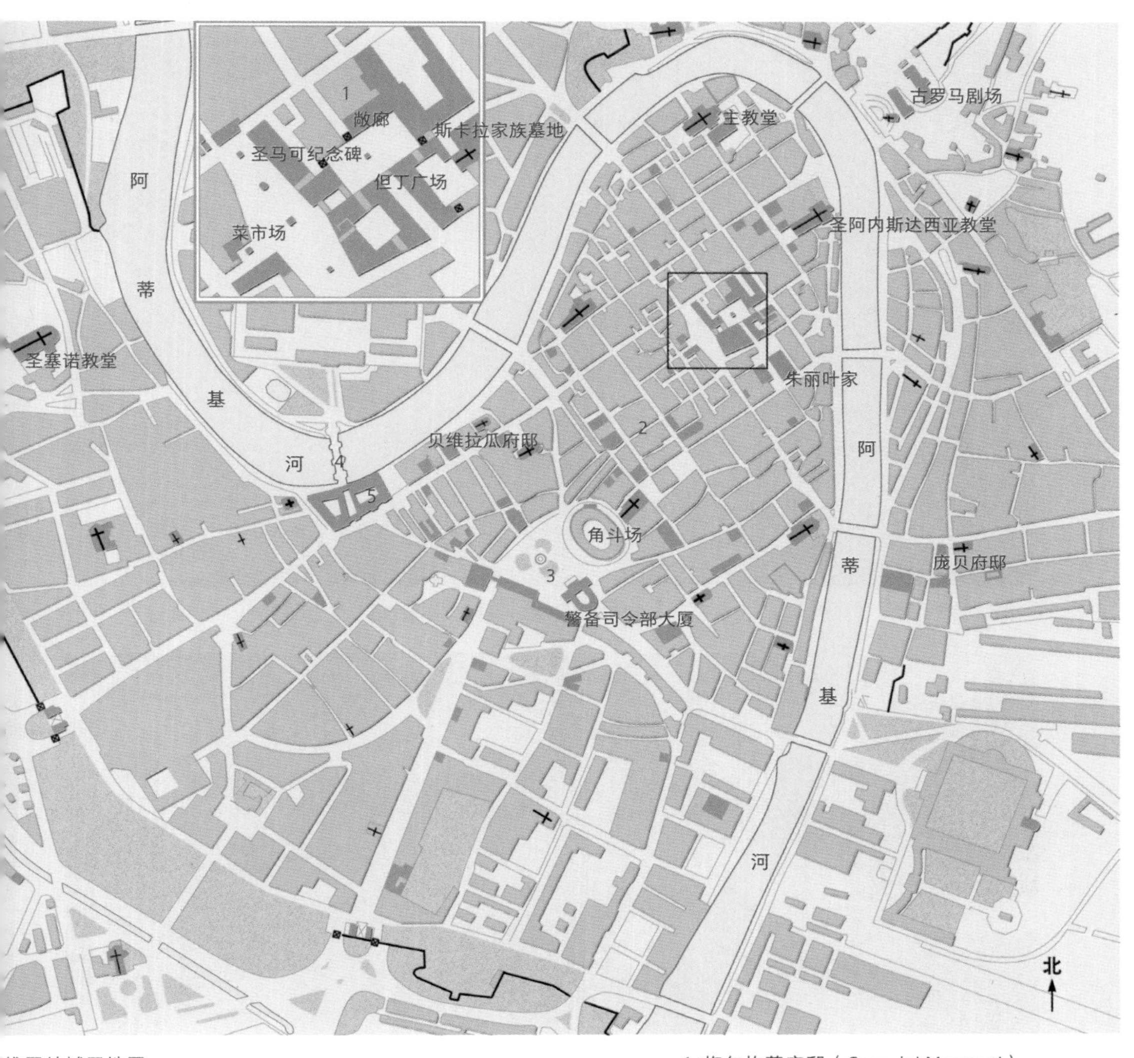

维罗纳城区地图。

1. 梅尔坎蒂府邸（Casa dei Mercanti）
2. 马齐尼街（Via Mazzini）商业街
3. 布拉广场（Piazza Bra）
4. 大桥
5. 古堡博物馆

斯卡巴修复的另一个经典作品——威尼斯 Querini Stampalia 基金会。

威尼斯 Querini Stampalia 基金会庭院细部。

第二次世界大战之后，意大利著名的文物建筑保护家和博物馆设计家斯卡巴负责古堡的维修工作，他在这里工作了整整二十年，使一座旧军营的改造竟成了闻名世界文物界的杰作。

斯卡巴修复的维罗纳古堡细部。

威尼斯 Querini Stampalia 基金会临河细部。

两层的营房，遮挡了古堡的一部分。一九二三年至一九二六年间，成立市博物馆，把一座因修建河岸而拆掉的哥特式府邸的立面装到兵营的东立面上，正对着古堡的大门。

第二次世界大战之后，意大利著名的文物建筑保护家和博物馆设计家斯卡巴（Carlo Scarpa）负责古堡的维修工作。他在这里精雕细刻，干了整整二十年，他基本按照意大利学派的原则办事，不改变历史形成的面貌，把粗糙简陋的兵营保留下来，同时，力求使古堡原来的面貌清晰可读。他拆掉了营房南端一小段，把营房跟分隔院落和居住区的那道墙脱离，让人能从缝隙间见到墙，更重要的是看到墙西端的塔楼的全貌。他又拆掉营房西北一小角，让人在营房里面能见到另一座古堡塔楼的全貌。营房西墙在恰当的位置巧妙地开了几个很小的窗口或者缝隙，分别可以见到那道桥、城墙、水闸、河面、芦苇丛和对岸的教堂。总之，凡营房建造之前在院子里可以见到的一切，全都可以见到，虽然要更换几处观赏点。营房内部，梁、隔墙和楼板等跟搬来的哥特式立面不合辙的地方，一概照旧暴露，不加掩饰。为了做博物馆，营房内部所有隔墙的中央都挖了一个大券洞，使空间连通。最有趣的是，营房南端拆去了一小段之后，从二楼造了一道曲折的钢结构走廊，凌空越过拆成的空隙，通到古堡的塔楼里去。而在这道走廊的中部，又有一棵钢筋混凝土的方柱子，头上拐成一段悬臂梁，梁端斜放着古堡的创建者国王坎格朗德的骑马像（Statue of Cangrande）。这像是从他的坟上搬来的，古色古香。这些新的结构，跟营房和古堡对比很强烈，却又完全统一，真是杰作。营房前面花园里点缀的喷泉、花坛之类的小建筑物，也全是现代风格的，但丝毫没有不协调的感觉。斯卡巴的这些创作的设想之巧，水平之高，使一座旧军营的改造竟成了闻名世界文物界的杰作。不过，也有人对安置那尊骑马像有些批评。

对于原有的古堡和居住部分，则很严格地保持原样。为了展品采光，有时掀掉一片瓦，用玻璃明瓦代替。因腐朽而抽换过的木梁和楼板有意显著跟原件不同，避免混淆。例如原有的条木地板是顺向的，挖补上去的则是横向的。斯卡巴是当代文物建筑保护的意大利学派的代表，他对《威尼斯宪章》的形成有过影响。

玛格丽达非常腼腆，但又很希望练习练习英语，轻声轻气地向我介绍，遇到有些意思表达不出来，脸就红了起来，抱歉地笑笑。梅丽娜是个急性子，大嗓门，本来是打算跟我温习中国话的，因此常常抢玛格丽达的话。但她不懂英语，所以在玛格丽达柔性地坚持说英语的时候，急得气粗。

离开古堡的时候，我再三辞谢了玛格丽达的盛情，没有让她陪我参

古罗马奥古斯都时代的角斗场，保护之好，在意大利是数得着的。观众席全部完整如初，不过最外圈的墙已经差不多拆光，只剩下全部十二个开间里的四个开间了。它长轴一百五十二米，短轴一百二十八米，观众席一共四十三排，两万五千个座位，是几个最大的古罗马角斗场之一。

观旧城，梅丽娜因此很高兴。

维罗纳是历史名城，号称北方的钥匙，古罗马重镇。六世纪时，是东哥特人的首都之一。古迹很多，古罗马的城门、券门就有好几个。它的古罗马奥古斯都时代的角斗场保护之好，在意大利是数得着的。角斗场在市中心，离古堡不远，观众席全部完整如初，不过最外圈的墙已经差不多拆光，只剩下全部七十二个开间里的四个开间了。它长轴一百五十二米，短轴一百二十八米，观众席一共四十三排，两万五千个座位，是几个最大的古罗马角斗场之一。外墙高三十点七五米，那剩下的一部分相当壮观。我们参观的时候，正在为夏季音乐节做准备。

角斗场西侧的广场上有个很大的喷泉，附近一大片地方都凉飕飕发潮。广场西边是警备司令部大厦（Gran Guardia Vecchia，一六〇九年），体形是长方的一块，棱角整齐，看上去硬而冷，基座层高高，上两层用柱式，是珊密盖里式的。

古罗马剧场在河的左岸，正对着旧市区舌状地带的顶端。它大部依山修筑，像古希腊的剧场，小部分像古罗马剧场，是拱券结构的。这一部分现在用作艺术博物馆。观众席修复了前二十排，也正在筹备音乐节。有一座十世纪的哥特式小教堂竟造在观众席上，现在也保留着不动。保护古建筑，主要是尽可能多地保存有价值的历史信息，而不是追求单个建筑的完整，所以这座小教堂不必要或不应该拆除。当然在实践中对历史信息价值的认定会有不同的意见，这就导致保护措施的差异，我总算渐渐懂得了这一点。从剧场的高处，眺望维罗纳旧城，教堂的穹顶和各种各样的塔高高挺起在红色的屋顶海洋之上，城市的轮廓很丰富活泼。

维罗纳是珊密盖里的故乡。这位文艺复兴的建筑大师，像帕拉提奥一样，在桑梓之地留下了他最重要的作品，形成了一个流派，维罗纳的文艺复兴建筑因而有了自己的特色和很高的地位。珊密盖里本来是个军事工程师，设计的城门都很出色。他把军事构筑物的粗犷力量带到了府邸建筑里，发展了起始于拉斐尔的立面构图：底层做成高高的粗石墙，窗子小，整个像基座。上面两层立着凸出的强有力的柱子，柱身凹槽很深；几乎整个开间是窗子，没有墙面；细节却很精致。他的作品大多在旧城历史中心的重要位置，现在用作公共建筑物。贝维拉瓜府邸（Palazzo Bevilacqua，一五二七年）是其中比较著名的一个，开间的处理作方圆的交替，柱身上作螺旋形的凹槽，这种有悖于柱式的严谨格律的倾向，是“手法主义”的特征。手法主义是介于文艺复兴和巴洛克之间的一个发展阶段，一般认为牵头的是米开朗琪罗。这位不羁的天才，不顾当时越来越学究化，越来越僵死的柱式规范，不去遵守已经没有实际意义的虚假的结构逻辑，干脆把早就只不过是装饰因素的柱式当装饰品处理，率先在美迪奇家庙和劳伦齐阿图书馆门厅里开辟了自由运用柱式的风气。后来追随的人渐渐多了，珊密盖里、珊索维诺和瓦萨里都是其中翘楚，最后导致十七世纪巴洛克建筑的诞生。

不过，珊密盖里设计的庞贝府邸（Palazzo Pompei，一五三〇年）却很严谨，也比较清秀而没有那种粗犷的性格。它在河的左岸，面对着河堤，现在是个博物馆。这座府邸充分表现了他的独创精神和审美修养。难怪维罗纳人纪念他，给他在市中心造了一尊雕像。

为了看庞贝府邸，我们赶路很猛，梅丽娜吃不消，建议休息一下，在河边树荫下吃一顿烤饼。吃的时候，有一帮小青年用轮椅推来好些个残废人喝啤酒，我问梅丽娜是怎么回事，她说，意大利有些城市招聘青年人推残废人上街走走，每天一两个钟头，报酬是让他们免费上大学。我逗她轻松一下，问：“我今天把你拖着在街上跑十个钟头，是不是可以在意大利免费上大学？”她吐一口气说，想不到你这个老头儿这么有劲。也真难怪她埋怨我，为了想多看些东西，把她累得连紫

雷奥尼（Leoni）门，古罗马的城门嵌进住宅的山墙，已经成了住宅的构件。

贝维拉瓜府邸，珊密盖里的作品，开间的处理作方圆的交替，柱身上作螺旋形的凹槽，这种有悖于柱式的严谨格律的倾向，是“手法主义”的特征。

红色裙衫都湿透了。

珊密盖里设计的府邸虽然是文艺复兴建筑的第一流作品，而且比起佛罗伦萨和罗马那种在长方形大墙面上排窗子的府邸要华丽得多，但是，我更喜欢那些旧市中心的广场和它们的建筑物，就跟我在威尼斯的时候，更喜欢威尼斯哥特式建筑一样。如同所有的意大利北方城市，维罗纳的旧市中心也是由几个广场组成的，不过它的内容特别丰富，空间特别曲

庞贝府邸，建筑风格很严谨，也比较清秀，没有“手法主义”那种粗犷的性格。

折，建筑物形式特别多变，雕刻、喷泉、券门和过街廊等装饰性小建筑物特别精致华丽。最热闹的是菜市场（Piazza delle Erbe），就在古罗马时代的广场上，当年它的外环是赛马场的跑道。现在的地面已经比古代的高出三点五米，场里有喷泉、中世纪时公布政府告示和法庭文书的柱子以及纪念像等。这些装饰物都有动人的掌故，所以在摊贩们色彩缤纷的帆布伞之间，不但有鲜菜香果，而且可以寻觅浓厚的历史趣味。菜市场的两端各有一座高塔，东南一座“公社塔”（Torre dei Lamberti），红砖的，用白石作装饰，造于一四六二至一四六四年，八十多米高，一九七二年装了电梯，开放参观。它脚下的“公社大厦”造于一一九三年，本来是斯卡拉王朝的宫殿，它有个宽敞的方形内院，也跟广场群连通，以前就叫市场，现在当作露天剧场用。有一座楼梯，哥特式的，大理石造，分两折登上大厦的二层，给这院子添一分活泼的生气。不同于费拉拉市政厅的楼梯的是，它没有顶子。紧挨着“公社大厦”的另一面，是市政广场，因为有一尊但丁的像（一八六五年），又被叫作但丁广场（Piazza Dante）。但丁从佛罗伦萨流亡出来，一三〇三至一三〇四年间在维罗纳受到过国王斯卡拉家族（Scaligeres）的庇护。市政广场上有一座敞廊（Loggia del Consiglio），十五世纪后半叶造的，本来是市政厅的一部分，后来给警察当休息廊用，这是意大利文艺复兴最优美的建筑物之一，非常温柔。一八七三年修复，檐头上安了五个当地名人的雕像，其中一个是古罗马建筑师维特鲁威（Vitruvius，公元前一世纪人）。维罗纳人喜欢说他是他们城的人。在意大利，政治家的雕像寥寥无几，建筑师却很受尊重，阿尔伯蒂、帕拉提奥、珊密盖里都有纪念碑，有广场。罗马圣彼得大教堂的穹顶鼓座上有一个龛，龛里陈放着米开朗琪罗的铜像，我每次上去，都会在它面前停一停，肃然起敬，感谢他对全人类文化的贡献。

从市政广场的一角，穿过券门，就是十四世纪维罗纳统治者斯卡拉家族的墓地（Arche Scaligere）。每座墓都是一座哥特式亭子，大理石的，精雕细刻。纤秀空透的柱子、尖顶、神龛、小券等错错杂杂组合在一起，非常轻盈玲珑而富有向上升腾的动态。亭子中央放石棺。石棺的顶子是带台阶的金字塔式的，顶尖上是死者的骑马像。台阶寓意这个家族的姓氏斯卡拉，斯卡拉，意大利语就是“台阶”的意思。在墓地东侧，还有两个互相垂直的长方形广场。

城市中心广场群的建筑物，大多用当地产的彩色大理石，红、赭、粉红都有。意大利的城市建筑大多有浓重的颜色，以土红、土黄为主，那是砖的颜色，而维罗纳的主色调却由大理石确定。

意大利北方城市里的广场，比罗马城里的广场更引人入胜。原因之一是它们成群，互相之间以券门、台阶、短巷等又连通又分隔，空间和景观的变化比罗马的丰富得多；原因之二是它们是日常生活的中心，敞

维罗纳的旧市中心——热闹的菜市场，建在古罗马时代的广场上，现在的地面已经比古代的高出三点五米，场里有喷泉、中世纪时公布政府告示和法庭文书的柱子，以及纪念像等。在摊贩们色彩缤纷的帆布伞之间，不但有鲜菜香果，而且可以寻觅浓厚的历史趣味。

“公社大厦”，本来是斯卡拉王朝的宫殿，在它宽敞的方形内院里，有一座哥特式的楼梯，大理石造，分两折登上大厦的二层，给这院子添一分活泼的生气。

市政广场，位于“公社大厦”的另一面，因为有一尊但丁的像，又叫作但丁广场，但丁曾在维罗纳受到过国王的庇护。图中左侧的敞廊，是十五世纪后半叶造的，本来是市政厅的一部分，后来给警察当休息廊用，这是意大利文艺复兴时期最优美的建筑物之一。

斯卡拉家族的墓地，每座墓都是一座哥特式亭子，大理石的，精雕细刻。亭子中央放石棺。石棺的顶子是带台阶的金字塔式的，顶尖上是死者的骑马像。台阶寓意这个家族的姓氏斯卡拉。斯卡拉，意大利语就是台阶的意思。

主教堂内院。主教堂造在古罗马建筑遗址之上，可以下去看老遗址。图中一棵柱子就是旧遗址上的，从它旁边下去。

廊、公用大厅、市政厅、钟塔等占主要地位，而罗马的几个著名巴洛克广场都以教堂为中心；另外一个原因是，罗马的广场有些是巴洛克时期定的形，轴线对称，比较呆板，而且被交通线穿过，北方城市的广场大多没有轴线，不求对称，构图很复杂而活泼。最后，北部城市的广场里有高高的钟塔，形成垂直轴线，而罗马的广场大都没有钟塔，或者只有附属于教堂的钟塔，比较低，景观便显得简单一些。

维罗纳虽然不在伦巴底，但毕竟挨得很近，伦巴底的罗曼建筑和哥

朱丽叶的家，阳台下，大约当年罗密欧站的位置，亭亭立着一尊朱丽叶的铜像，像后面，衬着一片爬满了常青藤的墙。

特建筑在这里都有些重要的代表作，如圣塞诺教堂（San Zeno Maggiore，十一世纪）、主教堂（Duomo di Verona，十二世纪）和圣阿内斯达西亚教堂（Santa Anastasia，十二世纪）等。我希望一个都不剩地全看到，东奔西跑。梅丽娜很不耐烦，再三要我跟她走。原来她认为我应该把兴趣放在维罗纳最重要的古迹上，这就是朱丽叶之家（Casa di Giulietta）和她的香冢。朱丽叶，就是莎士比亚笔下那缠绵悱恻的爱情悲剧的主角，那么，她的家我当然想去看，于是就跟着梅丽娜走。朱丽叶的家离中心广场不远，进入一个幽静的小院落，右侧就是。哥特式的，红色砖墙，二楼挑出一个白石的阳台，在那儿朱丽叶曾向罗密欧倾诉衷肠。阳台下，大约当年罗密欧站的位置，亭亭立着一尊朱丽叶的铜像，像后面，衬着一片爬满了常青藤的墙。参观的人来了一批又一批，老头老太们满面笑容站在朱丽叶的像边摄影留念，请不幸的情人做他们爱情幸福的见证人。虽然据说发生于一三〇二年的罗密欧和朱丽叶的故事是虚构的，这幢"故居"仅仅出于好事者的附会，但参观的人宁愿相信它是真的。这就是旅游者和文物古迹研究者、保护者之间的差别。这种差别在我们国家给保护工作造成了很大的困难。不过，这朱丽叶故居也实在可爱，我多照了好几张相，梅丽娜见了很高兴，问我："你知道那对情人的故事吗？"我说知道，还说了个大概。她问："你怎么知道的？"我告诉她，我读过莎士比亚的剧本。她撇一撇嘴，哼了一声，说："不，这对情人的故事是维晋寨人达沧多写的，一五三一年在威尼斯出版。"我听了不禁肃然起敬，惭愧我实在说不出程伟元是哪一年刻印了《红楼梦》的，更不用说梁山伯和祝英台的故事是怎么流传下来的了。

从维罗纳回巴德瓦，一上火车，梅丽娜就睡着了，但半路上醒来一次，很有意见地对我说，在复旦大学的时候，中国老师把她的名字译成了梅丽娜，而她却愿意译成美丽娜。"美丽多好，梅丽算什么！"

她确实非常非常美丽。

曼都亚

曼都亚（Mantua）是个水城。一直到十六世纪末，它还是四面被大湖包围。湖面拐到城里，形成两个内港，一周圈的船码头。它靠几道长堤跟外界连接，对岸堤头筑一座要塞，带碉楼的城墙围着教堂和少量住宅。现在，城南的水面已经填平，东面的也填没了一小半，城里的内港一个成了绿地，一个只剩下一点痕迹。

我和巴杰罗一下火车，候在车站的古奇多就把我们让上汽车，径直穿过全城，把我们带到西北角长堤对岸的野树林里。我正纳闷，他下车拨开一人多高的稠密的芦苇，叫我过去。或许是我有点儿迟疑，巴杰罗推了我一把，我钻进去了。苇叶割着我的脸和手，好痛！艰难地走出芦苇丛，到了浩浩渺渺的大湖边，看对岸好一幅景致。原来古奇多要我欣赏曼都亚的轮廓线。它是这座城市的骄傲。虽然穹顶和钟塔的数量并不比维罗纳的多，但是很集中，穹顶也比较饱满，再加上大片湖水的映衬，确实非常美。古奇多说，曼都亚的轮廓线、城外残存的湖面和湖对岸的

文艺复兴时期的曼都亚，那是它四面被大湖包围，是一个地道的水城。

OVA
S. Maria della gratia
Bour
Ponte de Molin
Ponte de S. Giorgio

曼都亚城区地图。

1. 上湖（Lago Superiore）
2. 中湖（Lago di Mezzo）
3. 主教堂
4. 菜市场（Piazza delle Erbe）
5. 圣劳伦佐圆形建筑物（Rotonda）
6. 下湖（Lago Inferiore）

圣杰米尼阿诺被誉为“中世纪的曼哈顿”，那酷似“双子星塔”的碉楼已经在那里耸立了近千年。

绿地，无论如何是要保护的。意大利的古建筑保护，大致经历三个阶段，最早是保护个别的纪念性建筑，后来保护整体的历史性城区和村落，最近是扩大到它们很大范围的自然的和人造的环境。照古奇多的意思，很后悔第三个阶段的认识来得太晚了，损失已经很多。我心想，我们连第一个阶段都还没有真正进入呢，再拖几年，损失不知会有多大。

意大利北部的城市和村庄一般都有钟塔、穹顶或者教堂高高的山花，它们组合在一起，参差错落，从不同角度看去构图都不一样，确实是妙姿横生。一点点儿大的山村圣杰米尼阿诺（San Gimignano），离西耶纳不远，本来有七十二座塔，现在还剩下十四座。它们当初不仅有军事防御作用，更有炫耀贵族家世的作用。对居民来说，每个城市和村庄的轮廓线有它的特色，老远就能识别，自然给居民一种亲切的乡情。因为大多数旧城镇或者它们的历史中心都当作文物整个保存下来，所以，这些轮廓线大约不致再遭到破坏。有一天，著名的英国文物建筑保护家费尔登（B. M. Feilden）在罗马圣彼得大教堂前眺望旧城的轮廓线，赞扬意大利人基本上保护了它。加拿大人约翰在旁边说，可惜伦敦圣保罗教堂（St Paul’s Cathedral）附近造起了高楼，轮廓线全被破坏掉了。费尔登博士侧着头，很有信心地微笑着说：“莫着急，只要圣保罗教堂在，总有一天这些无聊的东西会拆掉。”我望着他的眼镜，一边有玻璃，一边只有空框，总是侧着脸看人，觉得很奇怪。他的这些话，怪呢还是不怪？（一九九三年秋，我的右眼病残了之后，他来信告诉我，他的左眼在四十年前打猎时被枪打瞎了，现在的眼球是假的。）

看完曼都亚的轮廓线，古奇多要带我们去看他负责维修的教堂和修道院。巴杰罗不同意，说：“当然要先到我外婆家。”我一听觉得不妙，意大利人多半是慢性子，糊里糊涂就能耗掉几个钟头，耽误了正事也满不在乎，但又怕不去也许很不礼貌，有点儿犹豫。古奇多只是笑笑，开了车。到大公爷府（Palazzo Ducale）门口，下了车，巴杰罗才告诉我，她的母亲出身于大公爷贡查迦家族（Gonzaga），所以她把大公爷府叫外婆家。

贡查迦家族在十五世纪统治着曼都亚，和意大利几乎所有的统治家族一样，很有文化修养，几代都是文学艺术的保护人，对意大利文化的灿烂，做出过贡献。阿尔伯蒂、罗曼诺（Giulio Romano，一四九二／一四九九至一五四六年）、鲁本斯（Peter Paul Rubens，一五七七至一六四〇年）和丁托莱托这些文艺复兴和巴洛克的大师都在曼都亚工作过。大公爷府里收藏着大量的艺术珍品。

大公爷府包括一座十四世纪的堡垒圣乔尔乔城堡（Castello di San Giorgio）、十六世纪的府邸和教堂（Basilica S. Barbara）。加在一起有十五个院落、四百五十间以上的房间和大厅。堡垒外形跟费拉拉的艾斯塔家堡垒有一点像。府邸由许多部分组成，是陆续建造的，风格不统一。它保存着从十六世纪直到十八世纪的室内装饰，俨然是三百年装饰艺术的展览馆，精致华美，很有价值，其中有几个大厅水平很高。大量的壁画中有鲁本斯、丁托莱托和罗曼诺的作品。罗曼诺还设计了它的跑马院，四周建筑立面用重块石，非常粗犷有力。据巴杰罗说，这立面上的螺旋形柱子是同类中最早的，罗马圣彼得大教堂圣坛上的青铜华盖，伯尼尼设计的，用的是这种柱子，晚了一百年。罗曼诺是个手法主义者，螺旋形的柱子就是手法主义的一种表现。更有手法主义特色是柱子之间的额枋，在水平构件正中镶了一块龙门石，而且向下错开，好像掉下了一半的样子。构造逻辑被刻意破坏了。府邸里有一区专门给侏儒用，包括卧室、餐厅、起居室等，尺度很小，像托儿所。中世纪和文艺复兴时期，统治者喜欢养一批侏儒作解闷的玩意儿，这是一种很残忍的风尚。巴杰罗带我看了看这一区，默默无言。在其余部分，她滔滔不绝，讲着许多有趣的遗闻轶事。她以特别的感情，介绍生活在十五世纪末、十六世纪初的大公爷夫人，费拉拉艾斯塔家的伊萨培拉。这是一位绝色美人，文化教养很高，大公爷府的艺术品大部分是她收集的。费拉拉的艾斯塔大公是意大利北方文艺复兴艺术的最主要保护人和倡导者。他家几代都有很漂亮的女儿，嫁到各公国贵族家中后，就把文艺复兴文化带了过去，婚姻起了传播文化的作用，费拉拉也就成了北方文艺复兴文化的中心之一。

从大公爷府出来，在主教堂前面一家餐厅吃午饭，巴杰罗要的是扇贝。这种扇贝，贝壳长得匀称，放射形的纹理整齐而且清晰，是意大利巴洛克和法国洛可可艺术常用的装饰题材。难怪欧洲人爱把巴洛克和洛可可艺术叫作自然主义的，或者就把洛可可艺术叫作贝壳式艺术。我想起了罗马城里野生的忍冬草，叶子肥大多汁，初冬出芽，整个冬季浓绿油亮，非常茂盛，四月抽苔开花，五月枯死。找一棵长得端正的忍冬草，砍下来，就是现成的一朵科林斯式柱头，简直用不着多少程式化加工。罗马人爱用科林斯柱式，也是一种自然主义趣味。欧洲艺术史家一向鄙薄自然主义，嫌它没有经过精炼，这就牵涉到欧洲园林和中国园林的差别了。

饭后到古奇多家，那是一座旧府邸，他住的一套房子全是洛可可式的装修，包括壁炉和吊灯。虽然装上了现代化设备，但光线太弱，套间太多，房门太大，天花太高，终究并不舒适。古奇多告诉我，旧城中心所有的老房子，虽然是私有的，但维修工作都要由有专门执照的文物建筑保护师来做，而所做的设计，还得由地方当局的专门审核单位批准才行。没有批准，连一点小修理都不许，更不用说改变了。所有的房屋都有一本档案，记录详细，有图有照片，专门的保护单位定期检查，偷偷地改也行不通。古奇多是个有执照的私人开业的文物建筑保护师，热爱古建筑，虽然这套房子不大合用，还是很得意。而且，这府邸本是他家祖产，所以他的得意更富有感情色彩。这份得意显然是他的家传，正是他八十多岁的老妈妈，特意点亮了一个古老烛台，拿着，颤颤巍巍走到壁炉边，照亮墙上残存的一小块装饰花纹给我们看。这块花纹只剩下一巴掌大，已经磨损得很厉害了。老太太不会说英语，只好用意大利语反复说："洛可可，洛可可！"满脸皱纹里都洋溢着心满意足的微笑。这微笑展示着一个民族的文化修养，真是动人得很。

然后参观古奇多负责维修的一座十三世纪的教堂，圣玛利亚·戴尔·格拉达洛教堂（Santa Maria del Gradaro）。他采用的是复原式修复，把教堂立面上后来开的两个窗子都堵死了，不过，他清晰地保留着窗子的痕迹，一点也不掩饰，这就是保持文物建筑历史的可读性。教堂内部，最重要的是清除了后来填的一米来高的地面和历年的添加物，恢复了教堂内外的完整统一。旁边修道院的立面则不采取复原式的维修，上面各时代改过的门窗一律不动。我觉得很可惜，因为原来的哥特式窗子很漂亮，而后来的很简陋。教堂和修道院采用不同的维修方式，是因为修道院改了的窗子很合用，而教堂是在第二次世界大战中被德国兵当作军马厩的时候开窗子和填地面的，现在重新用作教堂，那窗子和地面就要改回去。意大利的文物建筑保护师很严格地遵守保护工作的理论原则，但原则并不琐细僵化，给具体的实际工作留下不小的灵活处理的余地。没有坚定的原则什么也干不好，没有权变的余地同样是什么也干不好。意大利人把这个分寸掌握得很合适。

看完这个维修工程，又回到市中心参观阿尔伯蒂设计的圣安德烈教堂（Sant' Andrea，一七八二年封顶）。这教堂的内部是我在意大利见到的最出色的之一。它规模宏大，难得的是处理得非常单纯，几何形体极其明确。经过多层次的烘托，尺度既近切于人又适合于它的规模，加上细节的做法有鲜明的室内建筑特色，所以，它既充分显示了宏大高敞，又不教人觉得压抑。这个内部到十八世纪才全部建成，但完全忠实于阿尔伯蒂的原设计。比较一下，更觉得莱米尼的圣弗朗西斯科教堂内部没有按阿尔伯蒂的原设计建造，是个太大的损失。

圣安德烈教堂是拉丁十字式的，在交点上造穹顶，正立面前只有小小一个回旋空地，所以只能在它侧面的菜市场上才能观赏穹顶。这跟佛罗伦萨的主教堂以及其他许多北方城市的教堂相似，并不教人觉得遗憾。但罗马的圣彼得大教堂却不同，那个教堂在城的边缘，以正面对城市，侧面并没有任何广场之类，所以，正面见不到完整的穹顶，就是个憾事了。

圣安德烈教堂里有朗杰努斯（Longinus）的墓，这是一个古罗马兵士，传说耶稣基督钉死在十字架上后，他用长矛刺耶稣基督的身体。伤口流出的血溅到他的眼睛，使其双眼复明，他当场立时三刻皈依了基督教。曼都亚人居然给了他这么一个体面的墓地。我对巴杰罗说，你们意大利人确实很宽容，她回答，也许是太不认真，马马虎虎。

就跟维晋寨和维罗纳一样，曼都亚在文艺复兴时期也有它自己的建筑大师，这就是罗曼诺。他出生在罗马，但后半辈子长期在曼都亚工作。现在有一条街叫罗曼诺街（Via Giulio Romano），街上有他的故居。故居是两层的临街四合院。跟他设计的大公爷府里跑马院的立面一样，故居的立面也用重块石，底层简单的小方窗跟主层的大窗子的对比很强。大窗子上边又用重块石发券。他的风格有点像珊密盖里，不过更粗犷，更严峻，细节更少而几何性更强。

罗曼诺的代表作是南门外的戴尔丹府邸（Palazzo del Te，一五二五至一五三五年）。这是一座夏宫，单层的，围在开阔的方形院子四边，立面很长，平展展地贴在草地上。门窗上的重块石和宽宽的壁柱很有力量。院子后面有一片更大的草地花园，对着府邸的那一端用半圈环廊兜着。戴尔丹府邸也是贡查迦家的产业，所以巴杰罗还是几乎有本事说出每一间大厅里发生的故事，而主角是另一位绝色美人，也叫伊萨培拉，但是故事里仍然有艾斯塔家的伊萨培拉掺在里面，我越听越糊涂。

戴尔丹府邸最出名的是四合院面对后花园的敞廊。敞廊三开间，发三个大券，每个券脚由四棵塔斯干式柱子支着，产生戏剧性的轻重对比和光影变化。开敞和戏剧性，这些独出心裁的处理，都是手法主义的特征，以后为巴洛克所发展了的。在方形院子里，多立克式立面上每开间中央的一块三陇板好像从原来的位置上向下滑脱，它跟大公爷府跑马院里的额枋一样，表现出手法主义反结构逻辑的矫揉造作。

罗曼诺又是个画家，他的画也是手法主义的，极其粗豪奔放，雄强有力而出奇制胜。在大公爷府有他在特洛亚大厅的壁画，在戴尔丹府邸里则有“巨人厅”（The Giants Room）的壁画（一五三二至一五三四年），更加淋漓尽致。这大厅没有窗，只有一扇门，从天花连四壁直到地面，画着一整幅惊心动魄的壁画。题材是地神和天神的儿子们巨人族反叛宙斯，妄图抢占奥林比斯圣山（Olympus），宙斯镇压叛乱。构图极其动荡，色彩极其强烈，百十来个巨人、妇女和天使像，其中有不少高达四米，赤裸着筋肉怒突的身躯，姿态动作变形得十分夸张，情绪激越到了仿佛要爆炸的程度，互相冲突撞击，互相挤轧叠压。一团团沉重的浓云，从他们的胁侧、腰间或者胯下喷涌而出。反叛者把巨大的山岩和烈焰熊熊的树木向山上扔去，宙斯发出震天动地的霹雳，击毁了巨人们的殿堂，断裂成碎片的柱子、梁、券和墙，四散飞迸，哗啦啦塌下，把巨人们砸得跌扑翻滚，声嘶力竭地号叫，表情或者大痛苦，或者大恐怖。整个巨人厅包围在这么一幅画中，那股巨大的力量，压迫得人透不过气来。这个故事常常受到欧洲美术家的青睐，在整个美术史中，大概没有第二幅这样摄人心魄的作品了罢。

出了巨人厅，舒几口气，惊魂稍停，我对巴杰罗说，宙斯肯定不是意大利人，他既不宽容，也不马马虎虎。不知为什么，她忽然说起意大利年轻人的吸毒、淫乱和不长进来。我很奇怪，因为那晚上她陪我夜游巴德瓦，我们在骑楼下遇见不少吸毒者和妓女，我说了几句不客气的话，她抢白我说，只要他们不伤害别人，谁也管不着。大概那时候我们还不熟，她觉得伤了她的民族感情。这时已经比较熟了，就说出了心里话。

过了几天，一个上午，在巴德瓦大学城市建筑系的办公室听了专门给我做的用远红外勘察地下古迹的介绍，这门技术我从来不曾接触，术语太多，不大听得明白，也没有深问。事后系主任驾车送我到火车站，我上了车，巴杰罗拉住了列车员，一遍又一遍地叫他一路好好照料我。车动了，列车员用意大利式又硬又脆的英语对我说："你是个好朋友！"

附录一

欧洲文物建筑保护的几个流派

一九四六年ICOMOS（国际古迹遗址理事会）大会上通过的《威尼斯宪章》，是当今国际公认的关于文物建筑保护的权威性文献，它的各项原则被普遍接受。二十多年过去，有人提出过补充，有人提出过把一些概念规定得再严格一些，却还不见有人对它的原则表示怀疑，或者提出挑战性的意见。

不过，在欧美各国文物建筑保护工作中，仍然可以见到有五花八门各不相同，甚至相反的做法。这原因很复杂。其中一个原因，是在《威尼斯宪章》诞生之前，欧洲有过几个影响很大的关于文物建筑保护的流派。它们各有在一定条件下的合理性。所以，有些文物建筑工作者就不免会从流派的立场去解释《威尼斯宪章》，或者在具体条件困难的场合，径自按流派本来的路子办事，于是有可能跟宪章抵触。

为了更深入地理解《威尼斯宪章》，为了更准确地借鉴国际经验，把欧洲那些流派弄弄清楚是大有好处的。

虽然修缮房屋的事古已有之，文物建筑保护至少在古罗马已经有过出色的事例，到文艺复兴时期，教皇在罗马设立了文物建筑总监，第一任就是大艺术家拉斐尔，但是，文物建筑保护作为一门专业科学，是从十九世纪中叶才开始的。在十九世纪下半叶，形成了法国派和英国派。二十世纪前半叶形成了意大利派。这一派比较晚出，所以比较成熟。《威尼斯宪章》是以意大利派为基础草拟的。

跟整个欧洲一样，法国直到十八世纪，还没有真正的保护文物建筑的观念，还常常为了拆取雕刻或者挖掘什么东西而毁掉古建筑。即使修复古建筑，也没有一定的理论和方法，主持者自行其是，以致大多数的所谓修复，后来都被认为其实是大破坏。

一七九四年，大革命年代的法国国民公会发布文件，要求保护文物。关于古建筑的保护，它说："文物建筑是过去某个时代的活的见证"，认识到了它的历史意义，但文件内容不具体，在兵荒马乱的时候，难起作用。以致按拿破仑在一八〇六年的指示做的巴黎北郊圣德尼修道院和教堂的修复工作，也很不得法。克洛斯贝（Summer Crosby）说，这教堂"进入了一个修复时期，而这修复却比愚民的暴行更严重地破坏了它"。

要保护古代建筑中的珍品杰作，这种意识的觉醒，首先由浪漫主义作家雨果为代表。他在《巴黎圣母院》的一八三二年勘定本的作者附告里说："我们在期待新的建筑物出现的同时，还是好好保护古文物吧！只要可能，我们就要激发全民族去爱护民族建筑。"作者宣称，本书的主要目的之一在于此。

一八三五年，另一位浪漫主义作家梅里美当了法国文物建筑总监。

这时候，浪漫主义是法国文艺中的主流。浪漫主义者珍重中世纪的文物。仿罗马式和哥特式教堂的修复成了热门。同时，受到考古学、历史学和社会学发展的影响，从政府到民间，建立了一些文物保护机构，研究保护和修复的原则和方法。

一八四〇年，一位重要人物，维奥勒–勒–杜克（Viollet–le–Duc）登上了法国文物建筑保护的舞台，在梅里美的支持下挽救了一些眼看就要毁灭的中世纪建筑物。他是第一个努力建立文物建筑保护的科学理论的人，是法国派的奠基人，最重要的代表。

维奥勒–勒–杜克在一八四四年给巴黎圣母院做修复设计的时候，提出了“整体修复”古建筑的原则。一八五八年，又在他的《法国十一至十六世纪建筑词汇注释》的“修复”（restauration）条目里加以发挥。发挥的是以维代（Vitet）为主席的文物建筑委员会的“纲要”，这纲要就是他草拟的。

“这个纲要首先在原则上认为，每座建筑物，或者建筑物的每一个局部，都应当修复到它原有的风格（style），这不仅在外表上要这样，而且在结构上也这样。”因此，这种整体修复后来也被称为“风格修复”（restauration stylistique）。

这个主张是针对时弊的。在他之前和当时，有些人修复文物建筑，只求外表形似而置结构于不顾。例如，不处理砌体开裂，只在表面上抹了一层灰就糊弄过去；有些人把从不同时期、不同地点，因而风格不同的建筑废墟里捡来的构件安装到一座待修复的教堂上去，等等。所以，这个主张是有积极意义。

他提倡："负责修复的建筑师，不但要确实地熟悉艺术史各时期特有的风格，而且要熟知各流派的风格……要有丰富的结构知识和经验……熟知各个不同时代和不同流派的建筑的建造方法。"他自己身体力行，成了法国中世纪建筑的权威，第一个真正理解了哥特式结构和构造的人。

因为"修复建筑是为了把它传给将来"，所以，"只许用更好的材料，更牢靠的或更完善的方法来取代坏掉了的部分"。例如，他主张用更厚的石块来代替柱子上较薄而压裂了的石块。

他说："经过了建筑师的手之后，建筑物不应该比修复之前更不便于使用。……保护文物建筑的一个好办法就是给它找一个合适的用途，好好地去满足这个用途的各种需要，条件是不改动它。"它嘲笑了书呆子式的考古学家。

他要求把修复工作建立在科学的基础上。他说："在修复工作开始之前，首要的是确切地查明每个部分的年代和特点，根据它们拟定一个有可靠文献为依据的逐项实施计划，或者是文字的，或者是图像的。"

维奥勒-勒-杜克的这些主张和建议对文物建筑的修复工作都是很有意义的，为这项工作的科学化做出了贡献。

但是，维奥勒-勒-杜克的认识有很大的缺陷。最根本的在于，他没有认识文物建筑的综合的价值，即它们在历史上、科学上、文化上、情感上、功能上各方面的价值，而仅仅以一个建筑师的眼光看问题。由此而产生两个失误：第一，只把少量建筑史上的珍品杰作当作文物建筑，因而使大量具有其他各种重在价值的建筑物未能得到保护；第二，片面加强了风格统一的重要性，忽略了对文物建筑所携带的历史、科学、文化等信息的保护。

这样的失误使他提出了几点有严重后果的主张。他说:“修复一座建筑物，不是维持它，不是修缮它，也不是翻新它，而是要把它复原到完完整整的状态，即使这种状态从来没有真正存在过。”他又进一步说：为了使文物建筑便于使用，“最好是把自己放在原先的建筑师的位置上，设想他复活回到这世界来，人们向他提出了现在提给我们的任务，他会怎么办”。这就是说，只要保持风格的统一，建筑师可以为当前的需要而在文物建筑上增添一些部分。这种主张，常常使维奥勒-勒-杜克的维修工作做得过了头，以致后人评论他的修复工作的时候，不免讽刺地说他“作了”某一座文物建筑。

维奥勒-勒-杜克从石材商人手里抢救了巴黎圣母院。但是他为追求风格的纯正统一，修理了它无数的创伤，补足了它所有的缺失，使它“焕然一新”，还加建了一个本来没有而他认为应该有的尖塔。结果，七百年的风风雨雨从它身上消失了。有人惋惜地说，巴黎圣母院失去了诗意，成了国际博览会上的假古董。他还“设计”修复了皮埃尔封寨堡和卡尔卡松寨堡的墙和塔，国际上已经不再承认它们是中世纪的遗物，因为他过于不尊重原物了。

维奥勒-勒-杜克的理论和做法，后来就叫作法国派。从十九世纪下半叶到二十世纪上半叶，它是主流派，欧洲各国的文物保护工作基本上就按这一派的原则办事。它的片面性和错误也就扩散开来，有些时候更加恶化，常常发生随意改建文物建筑，或者为追求风格的统一和“恢复原状”而主观地造假古董的事。对文物建筑承载的各种历史、科学、文化信息不懂得保护，在修复中破坏殆尽。因此，到二十世纪中叶，特别是《威尼斯宪章》被普遍接受之后，欧洲文物保护界一般认为法国派的做法实际上使欧洲大量文物建筑蒙受了重大的损失。

现在说到法国派，还要加上跟维奥勒-勒-杜克差不多同时的巴黎市长欧斯曼的所作所为。他在巴黎市中心区开辟了许多笔直的大马路，沿街造清一色的折衷主义大厦，根本改变了巴黎市中世纪和文艺复兴的面貌。从历史古城保护的角度看，欧斯曼是搞了一次大破坏。所以，现在欧洲人特别珍惜侥幸存下来的少数的巴黎老地段，如玛海区。

欧斯曼拆除重要文物建筑周围的原有房屋，把它们孤立出来，作为大马路的对景。它们周围的广场切断了它们跟城市的联系，破坏了它们的历史环境。最突出的例子是清除了巴黎圣母院和雄师凯旋门四周的中世纪和文艺复兴建筑。欧斯曼的这种做法，在欧洲也有大量的效法者，也造成了许多损失。十九世纪下半叶，曾经就罗马市中心的规划举行过一次国际竞赛。一位法国建筑师照欧斯曼的办法，建议开辟广场和林荫道。有一条林荫道纵贯古罗马共和时代的广场，拿第度凯旋门和塞维鲁斯凯旋门当两头的对景，居然直造了起来。后来才重新拆掉。

法国派虽然有片面性，会造成破坏或损失，但是它容易被普通建筑师理解和接受，在许多情况下比较简便。欧斯曼的做法也适合于城市改建的迫切需要，所以至今仍有不少建筑师和管理机构在一定条件下走这条路。

英国也是从十九世纪起才认真对待文物建筑保护工作的。那里一开始就争论，“整旧如新”还是“整旧如旧”的问题。十九世纪中叶，斯各特爵士（Sir George Gilbert Scott）是英国文物建筑保护的权威人物，主持过许多教堂的大修工程。他认为“教堂在存在过程中历代加上去的修改，都像原物同样可贵，值得精心保护，不应该为了风格的统一而除去。但是他又说，为了宗教和使用的目的，可以甚至应该更动文物建筑。他基本上是法国派的，在实际工作中干了许多“设计”文物建筑的错事。

散文家、文艺理论家兼建筑理论家拉斯金激烈地反对以斯各特爵士为代表的一派的做法。他在名著《建筑七灯》里针锋相对地写道：“修复（restoration，即维奥勒－勒－杜克用作条目的那个词）……意味着一幢建筑物所能遭到的最彻底的破坏；一种一扫而光什么都不留下的破坏；一种给补破坏掉的东西描绘下虚假形象的破坏……根本不可能修复建筑中过去的伟大和美丽，就像不能使死者复活一样。建筑物的生命，它的由工人们的手和眼所赋予的灵魂，是不能再现的。”

他彻底否定了修复，他主张加强经常性的保护：及时盖住屋漏，疏通水沟，固定松动的石头，给歪了的建筑物支上木撑，等等。“其实，只要适当地照顾你们的文物建筑，你们就没有必要去修复它们了。”不论多么小心保护，建筑物总是要死亡的，那就只好让它死亡了。“我们没有任何权力去触动它们。”既然灵魂不能再现，那么，徒然保住一个躯壳就毫无意义了。而一切修复都只能是造出一些没有意义的假东西来。

拉斯金崇拜自然和自由的神秘性。他说，建筑物成了废墟，是摆脱了人为的有限制之形，变成了自然的无限制之形。一切想象力都可以借无限制之形自由驰骋，无拘无束。所以，废墟是文物建筑形象变迁的最后阶段，而且是最激动人心的阶段。不必去修复废墟，而要把废墟用绿地包围起来，供人凭吊。

在这种浪漫主义思绪的笼罩之下，英国的文物建筑保护工作里，有一种做废墟的办法，当一座古建筑物，特别是中世纪的堡垒、修道院或者教堂，年久失修，墙倒屋塌时，不去修复它，而是把木料、铅皮、玻璃等会朽烂腐蚀的东西去掉，剩下砖石砌体，然后种上常春藤等，造成一种抒情性的情调很浓重的残迹，诱发人们的思古幽情。这种做法一直到现在还有，费尔顿（B. Feilden）爵士说，尸体是可憎的，而骷髅却可以鉴赏。

在拉斯金的建议下，"文物家协会"从一八五五年开始编制文物建筑档案，并且声明要"保护它们免受时间和疏忽所导致的破坏，而不企图作任何的增添、改动或修复"。协会谴责"借口修复而破坏文物建筑的特点"。拉斯金在一八七四年明确地指出，"以修复的名义所造成的破坏应归罪于建筑师"，因此他拒绝了英国皇家建筑学会给他的金质奖章。

以拉斯金为代表的文物建筑保护的学派叫作英国派。这一派稍晚一点的活动家是诗人、作家兼美术家的莫里斯（Willian Morris）。一八七七年，他写信给《雅典娜》报，说："现在我的双眼正紧盯住'修复'这个词。建筑师、牧师和乡绅的'修复'这个词。除了少数例外，建筑师们都是没有希望的，因为兴趣、习惯和无知限制了他们；牧师们是没有希望的，因为教规、习惯以及无知加粗俗限制了他们。"他最后说："我希望建立一个协会，监管文物建筑，保护它们不被'修复'，就是说，除了保证它们不受风雨气候的侵蚀之外，还要用文字的和其他的办法唤起人们，使他们认识到我们的建筑物并不仅仅是教会的掌中物，它们是国家民族成长的历史纪念碑和希望。"

在这封信里，莫里斯明确指出了建筑师和牧师对文物建筑保护的认识的局限性，他们的职业所造成的片面性使他们过于热心“修复”，以致破坏了文物建筑的价值。莫里斯指出，文物建筑的价值超出了建筑的范围，它们是历史纪念碑。在这些方面，莫里斯比维奥勒-勒-杜克是进了一步。

一八七七年，莫里斯创立了英国第一个全国性的文物建筑保护组织，就叫“文物建筑保护协会”。他亲自撰写创建《宣言》，这份宣言可以看作英国派的纲领。它的主要论点是：

第一，修复古建筑是根本不可能的。所谓修复，就是把古建筑的历史面貌破坏掉。破坏了历史面貌之后，古建筑不过是一个放无生命的假古董。

第二，用“保护”（protection）代替修复。保护古建筑身上的全部历史，用经常的照料来防止它们的败坏。

第三，凡为了加固或遮盖而用的措施，都要一眼就能看得出来，而决不伪装成什么，也决不窜改古建筑的本体和装饰。

英国派的纲领有很有价值的思想。不过。它过于极端地反对一切修缮和修复，反对一切为延长文物建筑所必须的变动，认为新的技艺一介入，文物建筑就必定会遭到破坏，这些都很不实际。这种片面性之所以产生，仍然是因为他们对文物建筑的价值的认识不够全面。英国派的倡导人主要是学者、文人、美术家，在当时浪漫主义的大激流中，他们对文物建筑的爱好过多地沾染了浪漫的抒情色彩，浓重的对中世纪宗法社会的哀哀戚戚的眷恋。不综合地理解文物建筑的历史和科学价值，就不能正确地以科学的态度并采取恰当的措施，力争把它们传之永久。

这种片面性也表现在文物建筑的概念上。英国政府在一八八二年的法令中规定，文物建筑不仅包括上古的古栏、中世纪的堡垒，还包括府邸、庄园、住宅，甚至“具有历史意义或与历史事件有关的小建筑物、桥梁、商场、农舍和谷仓、畜棚”。这比起以前只着眼于中世纪的宗教建筑来，是一个大进步，但是，还局限在“具有历史意义或与历史事件有关”，仍然是很不够的。

意大利派崛起得比较晚，它汲取了十八、十九世纪以来有关文物建筑保护的理论和方法的合理因素。它的形成过程也比较长，因此，理论上更周到严密。

从十八世纪末叶起，意大利人开始追寻古罗马的伟大荣光，陆续在帝国广场做了些发掘工作。这时候，兴趣专注在古罗马的遗迹上，以致把广场上一些中世纪建筑物破坏了。

一八〇七年和一八〇八年两次给角斗场加固，采用了新方法。大角斗场本来是用灰白色石灰石造的，这加固而砌筑的部分一律用红砖，因而跟原物显著不同，绝不混淆。这是一种新的观念。效果虽然很好，但当时没有被普遍赞同。一八二三年修复失火的城外圣保罗教堂时，还是造了假古董。十九世纪下半叶，意大利基本上按法国派办事。

一八八〇年，两位意大利文物建筑保护家提出了新的思想。第一位是贝尔特拉密（Luc Beltrami），他反对流行的法国式的以原作者自居的主观“修复”，要求把保护工作建立在牢实的科学基础上，要尽可能多地收集有关资料，彻底研究，根据确凿的证据进行工作，决不允许自己去分析、去推论。维修工作者必须同时是个历史学家、文献学家，能够阅读并且真正懂得有关的一切文件、著作、图录等，而不仅仅是个建筑师。

另一位叫波依多（Camillo Boito，一八三六至一九一四年），是意大利派的奠基人。他既反对维奥勒-勒-杜克，也反对拉斯金。他首先完善了文物建筑的概念，明确地提出，文物建筑不仅仅是艺术品，它是文明史和民俗史的重要因素，珍贵的资料，它的价值是多方面的。从这个新概念出发，他主张，必须尊重文物建筑的现状，修缮的目的只是保护，要保护历史上对它的一切改变和添加，即使它们模糊了它的原始面貌。修缮，首要是加固，而且力争一劳永逸地作最后的一次干预，此后不必再做。在为加固而非添加什么不可的时候，切不可改变文物建筑从它的时代和它的原作者所呈现的面貌。一切有过的改变都要有详尽的记录。

一八八三年，在罗马举行了工程师和建筑师大会，通过了一个关于保护和修复文物建筑的指导思想。它比波依多的思想更深入的地方主要有两点：第一，它说："除非绝对必要，文物建筑宁可只加固而不修缮，宁可只修缮而不修复"；第二，为了加固或者其他的绝对必要而非添加什么不可的时候，添加的部分必须用跟原有部分"显著不同的材料"，有跟原有部分"显著不同的特点"，以避免可能有的哪怕一点点的伪造。在这次大会之后，意大利摆脱了法国派的影响，不再修复或翻新文物建筑，而只是加固与保护。

一九三一年，乔瓦诺尼（G. Giovannoni，一八七三至一九四七年）改写并补充了波依多的理论。一九三三年，由国际联盟倡议成立的"智力合作所"在雅典召开了国际会议，通过了关于文物建筑修缮与保护的《雅典宪章》，这宪章以乔瓦诺尼的文章为基础，因此，可以说，意大利派从此得到国际的公认。同年，意大利文物和美术品最高顾问委员会制定了《文物建筑修复规则》。

一九三九年，意大利政府在罗马设立了“文物修复中心研究所”。它的第一任主任布朗迪（Cesare Brandi）进一步修订了一九三三年的《文物建筑修复规则》，意大利学派真正创立。

意大利学派最主要的理论是：

第一，文物建筑具有多方面的价值，它不仅仅是艺术品，它是文化史和社会史的“活见证”，因此，保护工作不能着眼于它的构图的完整或风格的纯正，而应该着眼于它所携带的全部历史信息。

第二，不仅要绝对尊重原先的建筑物，而且要尊重它身上以后陆续添上去的部分、改动的部分，它们都是文物生命的积极因素，都是它的真实性的重要部分，是文化史的重要资料。要保护文物建筑的全部历史信息，并且使这部历史清晰可读。

第三，因此，反对片面追求恢复文物建筑的原始风格，当它实际已损坏，已丧失时，更不能去“创造”根本不存在的纯正风格。修缮工作者不应该像维奥勒-勒-杜克说的那样，让原作者在自己身上复活，而要客观地、无个性地去研究文物建筑。

第四，要保护文物建筑原有的环境。

这些理论观点，比起维奥勒-勒-杜克和拉斯金、莫里斯的来，是成熟得多了。

意大利学派虽然在一九三〇年代形成，但是它的实际作用受到很大的压制。因为，一九二〇至一九三〇年代，正是法西斯政权统治意大利时期，它按照它的利益和意识形态，另搞了一套文物建筑“保护”办法，这些办法，现在就被人揶揄地叫作“法西斯学派”。

作为一个法西斯头子，墨索里尼要把自己比作古罗马皇帝的继承人，同时，又要煽动起人民的民族主义感情，所以，他在一九二五年十二月对罗马市第一行政长官说：要把罗马城搞得“宏大、整齐、雄壮，就像奥古斯都大帝时那样”。他因此特别重视显耀古罗马的伟大建筑物。他接着说：“必须把我们历史的永恒纪念物周围清理干净，使它们显得高大。”为了显示古罗马帝国建筑文物，不惜清理掉中世纪和文艺复兴时期的大量建筑物。

在法西斯政权时期，清理了巴拉丁山、卡比多山前缘、中心广场、帝国广场群、阿庇业古道两侧、银塔广场古庙群等古罗马建筑遗址。成绩是使这些遗址比较完整地显现了出来，代价是毁掉了大量中世纪和文艺复兴时期的建筑物。其中，帝国广场群上从十三世纪以来，尤其是十六世纪下半叶之后，早已建成了稠密的市区。

墨索里尼为了在威尼斯广场兴行阅兵式，从军队集结的大角斗场到威尼斯广场建了一条八百米长的可以通过重型坦克的路，叫帝国大道（现在叫帝国广场大道），它恰好穿过帝国广场群，压掉广场群的百分之八十四。本来是，一共八万平方米的广场群已经发掘了七万六千平方米，这一下又毁了绝大部分。为集结军队，角斗场和君士坦丁凯旋门近旁的一些遗址，包括一个喷泉，都被埋掉了。石块铺装的地面也都改成了沥青的。另一端，为了让机械化部队从威尼斯广场散出，毁掉了卡比多山前缘的一些古代遗址。现在，角斗场周围已重新挖掘，帝国大道也已下决心拆除。因为它有每小时两千辆汽车的交通量，要拆除它当然是很困难的。

在那个时期，还发掘了奥古斯都大帝的一座“和平祭坛”，但没有在原址保护，却把它搬到奥古斯都大帝陵墓旁边的泰伯河大堤上，为它造了一所陈列馆。

在墨索里尼亲自过问之下，一九三一年制订了罗马城市规划，贯彻了他一九二五年对罗马市第一行政长官讲话的精神。规划里要清除古罗马大型建筑物周围的房屋，设立文物建筑区，要在历史中心区开辟大马路，等等，办法很像欧斯曼在巴黎干的那一套。因为经费不足，规划没有完全实施，除了帝国大道外，只有一条从威尼斯广场到维多利奥·艾玛努勒桥头的大路开通了。

直到现在，采取法西斯派做法的也未曾绝迹，所以要写上一笔。

第二次世界大战结束后，在大规模的重建工作中，文物建筑和古城区的保护问题空前紧迫和复杂。各国，甚至各城市都有自己的做法。有的把它们跟战争废墟一起清理掉了，有的匆匆忙忙在没有科学研究的前提下“重建”起来。联合国教科文组织和梵蒂冈，都曾经反复提醒各国在新的历史情况下注意保护历史文物。它们呼吁：文化资产处于危急状况。

为了促进各国对文物建筑和古城区的保护，为了使这项保护工作建立在真正科学的基础上，一九四七年，在联合国教科文组织领导下成立了ICOM，即国际文物建筑工作者议会。一九六四年，在ICOM的第二次大会上，改成了ICOMOS，即国际文物建筑和历史地段工作者议会。在这次大会上通过了《威尼斯宪章》。《威尼斯宪章》基本上重申了《雅典宪章》，体现了意大利学派的理论。它有几点新的重要发展：

第一，它扩大了历史纪念物，即文物建筑的概念。它说："历史文物建筑的概念，不仅包含个别的建筑作品。而且包含能够见证某种文明、某种有意义的发展或某种历史事件的城市或乡村环境，不仅适用于伟大的艺术品，也适用于由时光流逝而获得文化意义的在过去比较重要的作品。"比起十九世纪法国派和英国派的认识来，比起早先的意大利派来，这个概念是更加合理了，叙述也比较科学了。它已经注意到了"环境"，不再只把个别的东西看作文物建筑了。跟这点近似的，是下面这一条。

第二，它规定"保护一座文物建筑，意味着要适当地保护一个环境。任何地方，凡传统的环境还存在，就必须保护……一座文物建筑不可以从它所见证的历史和它所产生的环境中分离出来"。

第三，它为"必须利用……一切科学技术来保护和修复文物建筑"。

第四，它说"保护文物建筑，务必要使它传之永久"。

（这第三、第四两点，显然是为克服英国派的片面性的。）

第五，针对法国派，它明确规定，对于遗址，"预先就要禁止任何的重建"。

第六，它允许"为社会公益而使用文物建筑"。

其他的原则规定没有什么变化，有些更具体明确，更严谨一些。

《威尼斯宪章》制定之后，国际上的一个新趋势是更加扩大文物建筑的范围，进而从保护个别建筑物发展为保护建筑群，一个人类建造的真正的环境。于是，一九七六年十一月，联合国教科文组织在肯尼亚内罗毕召开的第十九次全体大会上制定了《关于保护历史的或传统的建筑群及它们在现代生活中的地位的建议》，简称为《内罗毕建议》。

差不多同时，一九七二年，教科文组织通过了《世界文化和自然遗产公约》（一九七五年生效），力求把文化和自然遗产的保护国际化，以帮助落后和贫困的国家保护它们的文化和自然遗产。各参加这公约的国家可以把它们的处于危险之中的文物申请列入《世界遗产表》，从而取得国际性技术和经济的援助。

目前，国际性的潮流是进一步又从保护建筑群扩大到保护历史性城市。ICOMOS于一九八七年在华盛顿通过了一个《保护历史性城市和城市化地段的宪章》。当然，城市的保护远比文物建筑的保护要复杂得多。所以，这个宪章的内容也就具有很大的灵活性。

中国的文物建筑和古城的保护比起欧洲的来要更困难得不可比拟。因为中国文物建筑大多都是用木材这种非永久性材料建造的，而且古建筑物和古城市的质量都很低，几乎不可能使它们适合于现代生活的要求。所以，在具体做法上，我们不得不有一些自己的特色。但是，欧洲人在文物建筑和历史性城市保护上的基本理论和原则，是他们两百多年工作经验的总结，看来确乎严谨合理，科学水平相当高，我们应该认真对待。

原载于《保护文物建筑和历史地段的国际文献》（陈志华编译，中国台湾博远出版有限公司，1992年版），本文为陈志华为该书撰写的第二部分内容。

附录二

年表

对于一本涉及地理和历史的书来说，不管是普及的还是学术的，地图和年表都很重要。没有它们，我们就不知道历史事件发生的空间—时间关系。尤其是讲外国的历史，地图和年表更是必需的。除了年表，还要有人名和地名的译文对照，否则我们就不知道维晋寨和维琴查是同一个城市，都是Vicenza。因此，地图、年表和译名对照，在本书里都做了。下面就本书的这几页《年表》做几点说明：

1. 第一栏是意大利古建筑栏，把本书正文里提到的大多数意大利古建筑按照时间顺序做了排列。有些古建筑的建造年代，是很不容易确定的，有时会有几种说法，前后相差几十年。所以，我们对这些只能给出一个大致的时间段，这个时间段可能会是一个世纪。

2. 第二栏，将与今天意大利地理范围内有关的政治、宗教、军事等大事按照时间做了排列。希望从中能看到一些建筑与政治、宗教、军事的紧密关系。

3. 第三栏，罗列的都是从古希腊以来，建筑、哲学、文化、艺术的巨匠，其中以建筑师为主，占了大多数；这些熠熠生辉的名字，直到今天都在影响着世界。

4. 第四栏，选取了中国现存的一些重要的古建筑，把它们与意大利（西方）古建筑放在同一个时间轴里排列、对照。这犹如在同一个时间，不同的剧场上演不同的戏剧，希望能从这里看到中国建筑的演进和传统与意大利（西方）建筑的不同。由于我们对中国的历史习惯于汉朝、唐朝的说法，所以在第四栏特别加中国的朝代。

753B.C.

510B.C.

伊达拉里亚人的墓葬

彼斯顿巴西利卡(前六世纪中期)
彼斯顿农业女神赛雷庙
(前六世纪末)

彼斯顿波赛顿庙 (前五世纪)

巴拉丁山 开始营建

伊达拉里亚人到达意大利 (1200—700B.C.)

希腊人在意大利南部、西西里殖民 (900—600B.C.)

罗马建城 (753B.C.)

罗马共和开始 (510B.C.)

罗马十二铜表法 (4

毕达哥拉斯 (约 582—约 507B.C.)

希腊文化时期 (约 479—338B.C.)

苏格拉底 (469—399B.C.)
索福克利斯 (496—406B.C.)
希波克拉底 (约 460—370B.C)
希罗多德 (约 484—425B.C)
修昔底的斯 (约 460—400B.C.)
欧里庇得斯 (480—406B.C.)

770B.C.

475B.C.

西周

春秋

老子 (前六世纪)

吴开邗沟 (486B.C.)
孔子 (551—479B.C.)

390B.C. **290B.C.**

罗马赛尔维墙（378B. C.）

罗马银塔广场的神庙
（前四世纪）

罗马占领整个中意大利（290B.C.）

高卢人破坏罗马城（390B.C.）

罗马达伦屯战役占领南意大利（272B.C.）

第一次布匿战争（264—241B.C.）西西里并入罗马

图（约 427—347 B.C.）

芬（约 440—385 B.C.）

亚里士多德（384—322 B.C.）

阿基米德（287—212 B.C.）

221B.C. **206B.C.**

战国 **秦**

都江堰开始修建（256 B.C.）

秦朝修长城（约 220 B.C.）

秦朝建驰道

秦始皇陵（212 B.C.）

200B.C.　　121B.C.　　82B.C.

奥斯提亚的建筑开始（公元前二世纪）

马尔采输水道（144B.C.）

泰伯河上第一座石桥完成（142B.C.）

庞贝古城的建筑（至79A.D.）

厄尔古兰诺的建筑（至79A.D.）

第三次布匿战年（171—168B.C.）
罗马征服希腊（146B.C.）

苏拉独裁
（82—79B

第二次布匿战争（218—201B.C.）
迦太基沦为罗马属国

格拉古改革（133—121B.C.）

西塞罗（106—43B.

西汉

汉武帝茂陵（139B.C.—86B.C.）及霍去病墓

27B.C.

罗马麦乔累门的罗马共和末期古基，墓主死于公元前十二年

奥古斯都陵墓（13—9B.C.）

巴德瓦的石拱桥

阿庇亚大道

莱米尼的奥古斯都门（27B.C.）

维特鲁威的《建筑十书》

庞贝、克拉苏并立政权（70B.C.）

尤·凯撒的独裁（44—40B.C.）

奥古斯都·凯撒的独裁（27B.C.—14A.D.）

罗马帝国开始

罗马的“奥古斯都时代”

维吉尔（70—19B.C.）

李维（59B.C.—17A.D.）

奥维德（43B.C.—17A.D.）

西汉

0 100

马尔采拉剧场（44B.C.-13A.D.）

梵蒂冈圣彼得教堂下的墓葬群

罗马大角斗场（75—80）

尼禄皇宫（地下）（60—67）

第度凯旋门（81）

庞贝与厄尔古兰诺被维

苏威火山埋掉（79）

波孰奥里的角斗场（一世纪末）

波孰奥里的塞拉比斯庙（公元一世纪）

克劳迪亚输水道（38—81）

维罗纳角斗场（100）

图拉真巴西利卡（109—113）

图拉真广场（109—113）

图拉真纪功柱（113）

图拉真市场（110—112）

阿德良离宫（118—128）

万神庙（120—124）

奥斯提亚中心广场主庙（二世纪）

奥斯提亚城建筑

尼禄在位（30—68）

基督受难（约30）

圣保罗的传教工作，至罗马（约35—约67）

罗马军队灭耶路撒冷

图拉真在位（98—117）

罗马与波斯的战争（161—165）

罗马军人皇帝时期（193—284）

罗马征服两河流域（198）

罗马的“银拉丁”伟大时期

塔西陀（约55—120）

尤维纳尔（55—约140）

马维里阿尔（38—102）

8 23/25

新

东汉

200

300

罗马的赛维路斯凯旋门（203）

罗马的卡拉卡拉浴场（211—217）

罗马的欧瑞里墙（三世纪后期）

戴克利先浴场（305—306）

玛克辛提乌斯巴西利卡（307—312）

君士坦丁巴西利卡（310—320）

君士坦丁凯旋门（312/315）

罗马的圣保罗教堂（386）

巴伊阿的皇家浴场、戴安娜庙

奥斯提亚的罗马公共厕所

罗马泰伯河岸的圣母玛利亚教堂（337—352）

罗马迫害基督徒（250）

罗马三十暴君（260—268）

“不可征服的太阳”被宣布为罗马的神（274）

戴克利先皇帝（284—305）

《米兰敕令》（313）

君士坦丁在位（306—337）

君士坦丁统一罗马（323）

君士坦丁承认基督教（325）

迁都君士坦丁堡

基督教成为罗马官方宗教（380/392）

提奥多西一世在位（379—395）

罗马帝国分为东、西两部分（395）

罗马法学家完成罗马法律体系（约200）

圣奥古斯丁（354—430）

220

魏晋南北朝

东汉高颐墓阙（209年）

中国开始使用磁罗盘（271）

敦煌莫高窟开凿（366）

395

476

拉温纳的圣维达莱教堂及修道院（521—547

拉温纳的圣乔凡尼教堂（424）

拉温纳的迦拉·普拉奇迪亚墓（440）

拉温纳的八角形的东正教洗礼堂（五世纪中期）

拉温纳的老圣阿保利纳教堂（535—538）

拉温纳的新圣阿保利纳教堂（六世纪早期）

拉温纳的迪奥多尔墓（六世纪）

402 年西罗马定都拉温纳

404 年《圣经》拉丁文译本 *Vulgate* 完成

410 年西哥特人破坏罗马城

意大利东哥特王国（迪奥多尔）（493—526

查士丁尼（527—565）

查士丁尼重新统一东西罗马（535）

罗马法《大全》（约 550）

伦巴底人占领意大利北部，建立国家（568）

西罗马帝国灭亡 （476）

魏晋南北朝

云冈石窟开凿（460）

龙门石窟开凿（500）

登封嵩岳寺塔（523）

600 **1000**

佛罗伦萨的圣米尼阿多教堂（1062）

比萨主教堂（1063—1092）

威尼斯圣马可教堂（十一世纪）

罗马近郊克瑞顿乔家族城堡（十一世纪）

路加主教堂（1070 始建）

维罗纳圣塞诺教堂（十一世纪始建）

774 年查理曼征服意大利

800 年查理曼在罗马加冕
（神圣罗马帝国开始）

811 年威尼斯建立

1054 年，罗马天主教与东正教分裂

1071 年，诺曼人完成对意大利、
拜占庭的征服

1095—1099 年，第一次十字军东征

罗马教皇　格利高利一世在位（590—604）

建筑和艺术领域的罗曼风格
（约 1000—1200）

581 隋 618 唐 907 五代十国 960 北宋

赵州安济桥（605—617）

开凿大运河（七世纪初）

五台山南禅寺（782）

五台山佛光寺（857）

南京栖霞寺塔（937—975）

蓟县独乐寺（984）

太原晋祠圣母殿（1023—1032）

赵县陀罗尼经幢（1038）

大同下华严寺薄伽教藏殿（1038）

正定隆兴寺摩尼殿（1052）

应县木塔（1056）

泉州万安桥（1078）

山西灵丘觉山寺塔（1089）

1100

1200

比萨钟塔（1124）

比萨洗礼堂（1153—1278）

费拉拉主教堂（1135）

西耶纳主教堂（1196—1215）

奥维埃多的人民广场人民大厦

路加的圣米盖里教堂（1143 始建）

威尼斯总理府（十二至十六世纪）

维罗纳主教堂（十二世纪）

奥维埃多教皇宫（1157 始建）

巴德瓦圣安托尼教堂（1232—1307）

费拉拉市政厅（1243）

奥维埃多圣阿高斯蒂诺教堂

西耶纳圣多米尼各教堂（1226—1340）

那不勒斯王家堡垒（1279—1282）

西耶纳市政广场（1288—1309）

佛罗伦萨主教堂（1296—1436）

佛罗伦萨新玛利亚教堂
（1246 始建，十四世纪中叶完成）

佛罗伦萨巴格洛美术馆（1250）

奥维埃多主教堂（1290 始建）

佛罗伦萨圣克洛齐教堂（1294 重建）

1250 年弗里德里希二世，德国、意大利皇帝权力崩溃

1275 年马可 · 波罗到达中国

欧洲第一批大学兴起

波仑亚（法律）……

但丁（1256—1321）

1290 年意大利发明

1127

南宋

1279

《营造法式》（1103）

卢沟桥（1189）

大同上华严寺大殿（1140）

尼泊尔工匠建北京

妙应寺白塔（1271）

泉州开元寺双塔（1228—1250）

1300 **1400**

佛 罗伦萨市政厅（1299—1314）

巴德瓦斯克洛凡尼教堂（1303）

维罗纳朱丽叶宅邸（1321）

维罗纳古堡（1354—1375）

维罗纳斯卡拉家族墓地（十四世纪）

佛罗伦萨老桥（十四世纪）

费拉拉城堡（十四至十六世纪）

那不勒斯圣基艾亚教堂

曼都亚大公爷府的堡垒

佛罗伦萨育婴堂（1419—1445）

佛罗伦萨巴齐礼拜堂（1420）

威尼斯黄金府邸（1427—1437）

维罗纳菜市场的公社塔（1462—1464）

威尼斯圣马可学校（1485—1495）

维罗纳市政广场敞廊（十五世纪后半叶）

佛罗伦萨市政广场

庇第府邸（1457 始建）

佛罗伦萨的圣劳伦佐教堂（1425—1446）

佛罗伦萨的斯特洛兹府邸（1489）

佛罗伦萨的美迪奇府邸（1444—1462）

西耶纳的圣凯萨玲圣堂（1464）

罗马的威尼斯府邸（1455 始建，十六世完成）

维罗纳的圣阿内斯达西亚教堂（1471）

莱米尼圣弗朗西斯科教堂（1447）

意大利文艺复兴开始（1350—1500 约）

1349 年黑死病开始流行

教皇大分裂（阿维尼翁）（1378—1417）

美迪奇银行（1397—1494）

意大利的市民人文主义（1400—1450）

意大利北部各邦和平（1454—1485）

1430 年开始，美迪奇家族治理佛罗伦萨

法国入侵意大利（1494）

乔托（1267—1337）

薄伽丘（1313—1375）

唐纳泰罗（1386—1466）

勃鲁乃列斯基（1379—1446）

马萨乔（1401—1428）

阿尔伯蒂（1404—1472）

菩提切利（1444—1510）

达·芬奇（1452—1519）

马基雅弗利（1469—1527）

拉斐尔（1483—1520）

米开朗琪罗（1475—1564）

1368

元 **明**

1324 年洪洞县广胜寺下寺水神庙大殿

1376 年山东蓬莱水城

1381 年太原崇善寺大悲殿

北京故宫开始营建（1407—1421）

北京明十三陵（1424 年至十七世纪中叶）

北京大正觉寺金刚宝座塔（1473）

1500 1600

费拉拉 钻石府邸（1492—1567）
曼都亚圣安德烈教堂（1500 年至十八世纪）
罗马坦比哀多（1502—1510）
曼都亚大公爷府邸和教堂
曼都亚的戴尔丹府邸敞廊（1525—1535）
梵蒂冈圣彼得大教堂（十六世纪）
美迪奇家庙（1520—1534）
劳伦奇阿图书馆（1523—1526）
巴德瓦考纳罗府邸（1524—1534）
威尼斯圣马可图书馆（1536—1553）
维晋寨巴西利卡（1549）
维晋寨园厅别墅（1551—1606）

巴德瓦大学漏斗阶梯教室（十六世纪末）
圣马可广场（十六世纪末建成）
维晋寨黄金府邸
罗马的朱利亚三世别墅（1550—1555）
佛罗伦萨乌菲斯博物馆（1560）
威尼斯新旧政府大厦（1496—1584）
维罗纳庞贝府邸（1530）
维罗纳贝维拉瓜府邸（1527）

那不勒斯王宫（1600—1602）
维罗纳警务司令部大厦（1609—1614）
罗马保拉喷泉（1612）
罗马四喷泉圣卡洛教堂（1683—1667）

维晋寨奥林匹亚剧场（1580—1584）
圣彼得大广场（1586）
威尼斯圣乔琪奥·麦乔累教堂（1565）
威尼斯里腾朵儿教堂（1575—1576）
那不勒斯圣艾尔摩堡垒
罗马基里纳尔府邸（1574）
奥维埃多圣巴特里齐欧井
罗马法尔尼西纳别墅（1508—1511）
威尼斯叹息桥（1600）
罗马的法尔尼斯府邸（1520—1580）

一五二七年神圣罗马皇帝查理三世军队洗劫罗马
1529 年西班牙在意大利取得优势

意大利经济衰落（1580—1700 约）
利玛窦 1582 年到达澳门（1552—1610）

塞利欧（1475—1554） 维尼奥拉（1507—1573）
彼鲁齐（1481—1536） 帕拉提奥（1508—1580）

巴洛克风格开始流行

珊密盖里（1484—1559） 哥白尼《天体运行》（1543）
珊索维诺（1486—1570） 帕拉提奥的《建筑四书》
一六〇〇年布鲁诺 被处火刑
丁托莱托（1562—1637）
伽利略（1546—1642）
龙巴都（1453—1515） 维罗内斯（1528—1588）
斯卡莫齐（1552—1616）
勃拉孟特（1444—1514）
伯尼尼（1598—1680）
阿利西（1500—1572）
波洛米尼（1599—1667）

1644

明

洪洞县广胜寺飞虹塔（1515—1527）

计成著《园冶》（1631—1634）

布达拉宫（1645）

1700

1800

1900

那不勒斯圣基艾亚教堂女修道院的改造工程
巴德瓦“普拉托 · 德拉 · 瓦勒”（1775—1776）

罗马的特列维喷泉完工（1762）

那不勒斯圣卡洛剧场（1737）

那不勒斯十字形室内市场
巴德瓦圣派德洛基咖啡馆

罗马的维多利奥 · 艾玛努勒
二世纪念碑（1885—1911）

1714 年那不勒斯归奥地利

1796 年拿破仑远征意大利

意大利统一运动（1858—1866）
一八六一年意大利王国开始形成
罗马并入意大利 （1870）

1884 年中国首任常驻意大利
使节许景澄上任

郎世宁（1688—1766）1715 年到达北京，
任宫廷画师并参与圆明园的设计

皮罗（1696—1770）

清

承德避暑山庄和外八庙 （1703—1780）
1750 年开始建清漪园（1888 年改为颐和园）

译名对照表

陈志华先生译法	通用翻译
帕拉提奥	帕拉第奥
唐纳泰罗	多纳泰罗
泰伯河	台伯河
甲尼可洛山	贾尼科洛山
保罗喷泉	帕欧拉喷泉
安尼妲	安妮塔
卡比多里广场	卡比托利欧广场
卡拉卡拉浴场	卡里卡拉浴场
巴巴里尼	巴尔贝里尼
维多利奥 · 艾玛努勒	维克托 · 伊曼纽尔
卡比多山	卡比托利欧山
马尔采拉剧场	马采鲁斯剧场
波仑亚	博洛尼亚
基里纳尔府邸	奎里纳尔宫
赛尔维墙	塞维安城墙
欧瑞里墙	奥利安城墙
纳齐奥那勒大街	纳兹奥纳勒大街
彼阿门	庇亚门
翁贝多街	翁贝托街
彼斯顿	帕埃斯图姆
阿芳丁山	阿文丁山
赛维路斯凯旋门	塞维鲁凯旋门
第度	提图斯
艾米利亚大会堂	艾米丽亚大会堂
罗慕路斯	罗穆卢斯
和谐庙	协和庙

波洛米尼	博罗米尼
麦乔累	马焦雷
新阿尼欧输水道	新阿尼奥输水道
法尔尼西纳别墅	法尔内西纳别墅
品巧山	平乔山
屋大维亚	屋大维娅
阿德良	哈德良
古奥斯提亚城	古奥斯蒂亚城
蒂伏里艾斯塔花园别墅	蒂沃利艾斯塔花园别墅
考尔索大街	科尔索大街
维晋寨	维琴察
圣米启尔大厦	圣迈克尔大厦
伯尼尼	贝尼尼
纳沃那	纳沃纳
考洛纳里街	科罗纳里街
王家堡垒	新堡
圣达鲁琪亚	圣卢西亚
康帕尼省	坎帕尼亚省
普吕尼	普林尼
芳丹纳	丰塔纳
伏末罗山	沃梅罗山
圣马丁修道院	圣玛蒂诺修道院
奥维埃多	奥尔维耶托
圣玛利诺	圣马力诺
圣基艾亚教堂	圣基亚拉教堂
普洛旺斯	普罗旺斯
圣劳伦斯 · 麦乔累教堂	圣洛伦佐 · 马焦雷教堂
厄尔古兰诺	埃尔科拉诺
巴依阿	巴亚
波孰奥里	波佐利
圣卡洛剧场	圣卡罗剧场
查理 · 鲍顿	查理 · 波旁
鲁克里诺	卢克里诺
海拉克尔	赫拉克勒
台莱弗斯	泰勒弗斯
朱匹特	朱庇特
塞拉比斯神庙	塞拉匹斯神庙
赛雷庙	克瑞斯神庙
希拉	赫拉
波赛顿	波塞冬
丹西翁	提塞翁
阿格里冈达	阿格里真托

圣保罗教堂	圣保禄教堂
尤利亚二世	尤里乌斯二世
朱彼得	丘比特
托斯干尼	托斯卡纳
菩提切利	波提切利
卡斯齐纳	卡希纳
圣米盖勒教堂	圣米凯莱教堂
骑士府邸	骑士宫
比斯都阿	皮斯托亚
阿瑞卓	阿雷佐
彼莎诺	皮萨诺
部谢多	布斯格多
艾丽莎	埃莉萨
波尔基斯	贝佳斯
乌菲斯	乌菲齐
美迪奇	美第奇
斯特洛兹宫	斯特罗齐宫
劳伦齐阿图书馆	劳伦齐阿纳图书馆
勃鲁乃列斯基	布鲁内列斯基
圣芳济会	圣方济会
维多利奥 · 奥弗里	维托里奥 · 阿尔菲耶里
乃普顿喷泉	海神喷泉
包勃利	波波里
圣米尼阿多	圣米尼亚托
圣玛利亚 · 特拉斯特维勒教堂	圣玛丽亚 · 托拉斯特维勒教堂
西耶纳	锡耶纳
瑞慕斯	雷穆斯
彼鲁齐	帕鲁齐
迦莫利亚	卡莫里亚
萨林伯尼	沙林贝尼
市政广场	坎波广场
阿 · 迪 · 坎皮奥	阿诺尔夫 · 迪 · 坎比奥
圣凯萨玲	圣卡特丽娜
梅达尼	马伊塔尼
拉斯金	罗斯金
圣阿高斯蒂诺教堂	圣阿戈斯蒂诺教堂
圣巴特里齐欧	圣帕特里克
小莎迦落	小桑迦洛
莱米尼	里米尼
拉温纳	拉韦纳
马拉逮斯达	马拉泰斯塔诺

圣弗朗西斯科教堂	圣弗朗切斯科
迪奥多尔	狄奥多里克
圣维达莱	圣维塔莱
迦拉·普拉奇迪亚	加拉·普拉奇迪亚
东正教洗礼堂	尼奥尼安洗礼堂
阿保利纳教堂	圣阿波利纳莱圣殿
提达诺	蒂塔诺
伦巴底	伦巴第
邦波莎	庞波沙
高马乔	科马乔
普劳斯拜里	萨克拉蒂宫
朱利亚大道	朱丽亚大道
罗沙利街	罗萨里街
巴德瓦	帕多瓦
盖立卡蒂府邸	基耶里凯蒂宫
奥林比亚	奥林匹克
塞利欧	塞利奥
丁托莱托	丁托列托
维罗内斯	委罗内塞
帖波罗	提埃波罗
珊密盖里	桑米凯利
珊索维诺	桑索维诺
乔其奥	马蒂尼
弗劳里安	弗洛里安
圣乔琪奥·麦乔累	圣乔治·马焦雷
华格纳	瓦格纳
里阿尔多桥	里亚托桥
里腾朵儿	雷登托雷
达比亚	拉比亚
西纳罗	西格纳诺利
维洛尼希	维罗尼斯
安特诺瑞	安泰诺雷
曼都亚	曼托瓦
派德洛基	佩德罗基
法勃里齐	法布里齐奥
花市广场	鲜花广场
圣安托尼	圣安东尼
斯克洛凡尼	斯克罗维尼
考纳罗	科尔纳罗
勃拉孟特	伯拉孟特
阿蒂基	阿迪杰

斯卡巴	斯卡帕
坎格朗德	坎格兰德
贝维拉瓜	贝维拉夸
斯卡拉	斯卡利杰尔
圣塞诺	圣泽诺
圣阿内斯达西亚	圣阿纳斯塔西亚
达沧多	路易吉·达·波尔图
圣杰米尼阿诺	圣吉米尼亚诺
大公爷	公爵
贡查迦	贡扎加
朗杰努斯	朗基努斯
戴尔丹	玳尔特
奥林比斯	奥林匹斯
彼鲁迦	佩鲁贾
亚德里亚海	亚得里亚海
凯撒	恺撒

* 在实行通用译名之前，《意大利古建筑散记》最早版本已出版，所以本书保留作者陈志华原翻译，附此表方便读者对照。

“人民文学版”编后记

《意大利古建筑散记》是陈志华先生二十世纪八十年代初在意大利做访问学者时的作品。陈先生后来说，那时改革开放不久，访问学者的经费有限，拍照片是奢侈的事情。所以，一九九六年，中国建筑工业出版社的杨永生先生把这本书收入“建筑文库”时，只是一本黑白印刷的三十二开小册子，发行数量四千一百册。进人新世纪后的二〇〇三年，我在陈志华先生的指导下，编辑这本书的修订版，同年九月交由安徽教育出版社出版。修订版是图文混排、四色彩印的十六开本，发行后颇受读者好评，版权还曾输出到海外。不知道这算不算是“文化走出去”。

二〇〇〇年前后，在国内出版界，彩色图文混排书还是一种“新生事物”。在此之前，类似的图书绝大多数都是彩印铜版纸，不仅纸张、印刷成本较高，而且书籍笨重，不易携带阅读。后来，随着电脑排版技术的普及，国外新型纸张（轻型纯制纸，有人也称作“蒙肯纸”）的引进、模仿消化，成本降下来了，书籍变轻了，彩色图文混排书就如雨后春笋般多了起来，“读图时代”开始了。当年开风气之先的，是三联书店的

“乡土中国”系列和“二十讲”系列。凑巧的是，这两个系列的第一本书，也都是陈志华先生的著作，一本是《楠溪江中游乡土建筑》，另一本是《西方古建筑二十讲》。《意大利古建筑散记》修订版就是在这样的背景下开始编辑的。

编辑修订版时，我做的工作，除了“增加大量图片，给读者一些感性认识”，还有就是强调“时空感”。时间这一块，就是附在书后的建筑物年表，特别做了一栏中国古建筑简要年表，以示对照。空间这一块，就是重视地图，我们绘制了书中每一个城市的地图，然后把书中提及的意大利古建筑悉数标注在上面。虽然不过就是十三年前，但是那个时候，出境旅行没有现在这么容易、普遍，更没有当下这么多的旅行网站、图片分享网站。所以，配图片只能去找国外画册来扫描，这本书的图片主要来自意大利驻华使馆的图书室，如果没有他们的帮助，很难完成这本图文书的编辑。其实最难做的还不是配图，而是给建筑物定位。今天看似非常简单，网络搜索不需要一秒钟的事情；搁在当时，没有什么谷歌、百度的地图搜索功能，只能用传统的办法，需要查阅不同资料，相互比对印证；有时甚至一两天才能确定一个位置点。

这回接受人民文学出版社的约请，再次编辑此书，文字部分除了订正个别错讹之处，其余均未做改动。觉得需要调整的，就是图文的编排形式。编辑修订版时，在意大利使馆图书室看到大量的精美图片，喜不自禁，难以抑制增加图片的冲动。结果在一定程度上图片切割了文字，影响了文字的连贯性，降低了阅读的愉悦感受。现在，为了避免这种情况，要使文字与图片适当“分离”。如果说修订版的风格是“巴洛克”的话，那么，这一版则是争取回归到“古典主义”。当然，究竟效果如何，还要看读者的阅读体验。

修订版出版后，我有机会去过几次意大利。当自己站在那些曾经于纸面上反复打量、琢磨、编辑过的建筑前面，就像是见到了久别的“故人”，既熟悉又陌生，那种激动与欣喜是无法用言语表达的。每次回来，陈先生都会问我，那座教堂怎么样了？那栋府邸保存得还好吧？我告诉他，书里写到的那些建筑，还都是二十多年前他见过的样子。虽然目前意大利的经济不是那么景气，意大利人也被认为是欧洲最懂得变通、脑袋灵活、很实际的民族，但是在保护文物建筑这方面，意大利人认死理，轴得很，他们没有为了一时的所谓发展，去牺牲、去破坏、去拆除文物建筑。意大利人认真地对待这些老祖宗留下的遗产，这是具有“意大利特色”的发展模式。罗马，还是罗马。

陈志华先生在书里说，“整个意大利就是一个大文物”。是的，三千多年的西方文明，大多数都可以在意大利找到与不同历史阶段相对应的建筑实例，而且其中很多都是第一流的作品。文艺复兴之后，尤其是十八世纪开始的“大旅行”，不知道有多少人通过在意大利的旅行，如歌德、拜伦，熏陶了自己，获得了灵感，进而推动了世界文化艺术的发展。二十世纪伟大的建筑师勒·柯布西埃在游历过意大利之后，感叹道：“……蹩脚画匠的作品已经不能入眼了，可以说，两个月的意大利之旅让人变得眼光挑剔而不再轻许赞叹了。”所以，如果你还没有去过意大利，或者你已经去过、但是没来得及认真凝视那些璀璨的瑰宝，那么，就请带上这本书，去意大利吧。相信你的眼睛也会变得不一样，因为，那将是被美礼赞过的眼睛。

这一版的编辑，得到了意大利驻华使馆法律参赞费德里科（Prof. Federico Roberto Antonelli）先生、国际法专家白涛女士、我国驻意使馆前外交官张俊芳女士、北京外国语大学文铮先生、旅意华人李子傲先生的帮助与支持，在此表示感谢。同时还要感谢人民文学出版社的有关领导、责任编辑陈旻先生、美术编辑陶雷先生、特约编辑程忆南女士。作为编者，我最要感谢的是陈志华先生，能够编辑这本书，是我的荣幸，更是一次难忘的学习经历。

王瑞智

二〇一六年十一月于敦煌莫高山庄

“湘美·后浪版”编后记

这一版《意大利古建筑散记》出版发行之际，距离陈志华先生去世已经过去两年了。陈先生去世后，他的学生们决定为他编辑出版纪念文集，我也写了一篇怀念文章。因为我转行从事编辑工作，还与陈先生和这本《意大利古建筑散记》有着一些关系，所以，我在这里摘录自己文章里的几段：

> 1999年秋，我把开了几年的“硅谷梦店铺”关了，来到北大小东门外成府街，在“雕刻时光”咖啡馆后面的院子里，租下一间小房。小房五个平米，装进一张单人床和一个木书架之后，就转不开身了。幸好有前院的“雕光”作客厅和工作间，再把三五十米外的“万圣书园”当作“书房”。那段时间，我一边结识各路新朋友（不少与北大有关系），一边思考着职业上的转向，想找一件既喜欢又能谋生活的事情做。经过一番考量，决定选择编辑出版图书作为今后努力的方向。彼时，三联书店刚刚推出陈志华先生的《楠溪江中游

古村落》大陆简体字版，文图对照，蒙肯纸四色印刷，开“图文书”之风气。那大概也是陈先生第一次从建筑专业圈“破圈”，假如搁在当下，陈先生无疑可以成为“大网红”。我想，如果能编辑出版陈先生的书，肯定是叫好又叫座。后来才知道出版圈的行话，管这个叫“双效书”，既有社会效益又有经济效益。当然我也清楚，自己还从没有编辑过一本书，而编辑出版的相关经历也是白纸一张。这样贸然去向陈先生约稿，估计希望不大。但我又想，不去试试又怎么知道行不行呢？

抱着碰运气的想法，我通过在万圣书园认识的刘乐园先生和赵丽雅女士，拿到了陈先生家的电话。我在电话里与先生约好时间，到清华大学西南院陈先生家拜访，那大概是在2000年初夏。陈老师家在三楼，采光不太好，客厅里比较暗，我们到北屋里说话（就是著名的“北窗”之屋）。做了简单的自我介绍之后，我开始先谈阅读《楠溪江中游古村落》的感想，接着又谈对当时成为舆论热点的“国家大剧院设计方案”的看法。现在想来，自己当时真是无知无畏，班门弄斧。初夏的漫散射光线透过“北窗”洒在屋里，陈先生坐在背光里，听我口无遮拦地夸夸其谈。在我谈国家大剧院时，陈先生说，他认为安德鲁的方案是所有设计里最好的，只是觉得工程造价太高。（后来我在微信朋友圈里写到此事，当年参与“国家大剧院”设计工作的吴耀东先生看见了，对我说，这太珍贵了，他从未听陈先生提过。）这是我与陈先生第一次见面的经过。

或许是我的坦诚和执着打动了陈先生，通过一段时间的交往，他告诉我，“乡土建筑”是清华建筑学院乡土组与《汉声》杂志的合作项目，大陆版也已经与其他出版社有约在先了。不过，他有一本小册子《意大利古建筑散记》，初版的时间有些年头了，他现在想修订补充一些内容，再重新增加一些图片，问我有没有兴趣。这就是2003年由安徽教育出版社出版的插图新版《意大利古建筑散记》。编辑修订这本书的大部分时间，恰好赶上“非典”防疫。陈先生在“修订版题记”里写到清华荷清苑封闭，我们只能坐在外边马路牙子上讨论问题。还特别提到，“制止非典，靠的是科学，是政府的组织工作、专业人员的奉献精神和大家的齐心协力”。《意大利古建筑散记》，是我协助陈先生编辑出版的第一本书。

我没有在清华课堂上听过陈先生的课，但是20多年来，在清华西南院、荷清苑、建筑系楼，北大蔚秀园《万象》小院，挂甲屯台州小馆，还有电话里，我不时地向陈先生讨教。这种“滴灌”式的受业，具体有多少次，我自己也记不清了。因此，我可以毫不自谦地说，我是陈志华先生的编外“入室学生”。回溯陈先生对我的教导，单独看每一次，可能是片断式的，碎片化的，但是统合起来看，它们都围绕着一个主题，有一个明确的价值指向，那就是：人与建筑，“五四”的科学和民主思想。

从起初的“一本小册子”（陈先生“初版题记”语），到今天的精装图文书，时间过去了27年。如果算上《陈志华文集》（商务印书馆，2021年版）第十卷里收录的版本，湘美·后浪版应该是《意大利古建筑散记》的第五个刊行版本。相较于初版时的1996年，今天无论是普通民众，还是各级主管部门，对于文物建筑的认识、理解和保护，都有了相当程度的提升和长足的进步。当下前往各地文物建筑游览“打卡”，已经成为潮流时尚，甚至是一种休闲生活方式。文物建筑的“发烧友”很多。对文物建筑的这种热情，也催生了层出不穷的相关图书、新媒体资讯和深度研修团。但是与此同时，我也注意到，现在一谈到文物建筑，大多都是在强调文物建筑的美。许多文物建筑当然是美的，但是除了美，它们还有更重要的存在价值，那就是它们是人类历史的信息承载体。我们不能仅仅因为文物建筑的美而保护它，“美”不是文物建筑认定与保护的首要标准。在本书附录一《欧洲文物建筑保护的几个流派》里，陈先生有一段文字说的很清楚：“意大利学派最主要的理论是：第一，文物建筑具有多方面的价值，它不仅仅是艺术品，它是文化史和社会史的‘活见证’，因此，保护工作不能着眼于它的构图的完整或风格的纯正，而应该着眼于它所携带的全部历史信息……”他还说过，“‘国耻’建筑当然也要保护”。所以，我们应该既可以看到应县木塔时，从心底油然生出对古人技艺的赞叹；也可以在参访威海刘公岛北洋水师的旧址时，陷入对近代史的反思。文物建筑是人类一切领域的历史见证，承载着政治史、社会史、文化史、科技史、艺术史等方方面面的信息。今天的我们可以根据兴趣和需求，从不同的维度去审视文物建筑。透过它们，不光能看见人类历史的璀璨高光，也能窥见不堪回首。既要能“审美”，也要能“审丑”。

吴兴元先生是我二十多年的老朋友，这些年来，他主持的“后浪”已经发展成为国内人文社科图书的重要品牌，成绩斐然。吴先生是陈志华先生的“粉丝”，他一直有个愿望，就是“后浪”能出一本陈志华先生 的著作。恰好《意大利古建筑散记》前一个版本的出版授权到期，于是，就有了这个湘美·后浪版。相较于2018年的人民文学出版社版，湘美·后浪版重新做了书籍装帧；文字和插图方面未作大的调整，只是重新排版和订正了极个别的错漏。这次编辑和出版，得到了师母陈蛰蛰女士和陈先生其他家属的信任和支持。意大利驻华大使安博思先生（Massimo Ambrosetti）、文化参赞费德里科先生（Federico Antonelli）一直关心本书的编辑出版，北京外国语大学文铮教授也提供了咨询意见，后浪方面更是做了认真细致的工作。本书能顺利出版，也得到了湖南美术出版社黄啸先生和王柳润女士的支持。在此，我不仅对上述提到的诸位，也对之前给予过《意大利古建筑散记》安徽教育出版社版和人民文学出版社版帮助的师友，表示感谢。

此时此刻，回想起来，能在23年前的那个时间，遇见陈志华先生和《意大利古建筑散记》，是我的幸运。

王瑞智

2023年12月7日于北京颐和园谐趣园漪咖啡